CAN总线应用层协议J1939轻松入门

牛跃听　　周立功　　王　彬　　黄敏思　编著

北京航空航天大学出版社

内容简介

本书首先介绍CAN总线的基础知识，然后阐述了CAN 2.0协议与J1939协议的关系，进而详细解析J1939协议；结合徐工集团摊铺机找平控制系统，详细讲解了J1939协议在工程机械上的实际应用，供读者参考。笔者在多年实践基础上，从研发、后期故障维修的角度对工程机械J1939协议故障进行了详尽的实例解析，具体分析了软件、硬件中存在的问题，并给出了改进方案。

本书旨在为广大J1939协议的研发者提供通俗易懂的知识讲解、实战化的软硬件设计方案，书中的电路图、源程序、故障排除方法可以直接拿来参考运用。本书也适合从事汽车和工程机械检测、维修的技术人员参考。

图书在版编目(CIP)数据

CAN总线应用层协议J1939轻松入门 / 牛跃听等编著. -- 北京：北京航空航天大学出版社，2021.3

ISBN 978-7-5124-3480-6

Ⅰ. ①C… Ⅱ. ①牛… Ⅲ. ①总线－技术 Ⅳ. ①TP336

中国版本图书馆CIP数据核字(2021)第049629号

CAN总线应用层协议J1939轻松入门

牛跃听　周立功　王彬　黄敏思　编著

责任编辑　董立娟

*

北京航空航天大学出版社出版发行

北京市海淀区学院路37号(邮编100191)　http://www.buaapress.com.cn

发行部电话：(010)82317024　传真：(010)82328026

读者信箱：emsbook@buaacm.com.cn　邮购电话：(010)82316936

北京九州迅驰传媒文化有限公司印装　各地书店经销

*

开本：710×1 000　1/16　印张：17.25　字数：368千字

2021年4月第1版　2024年3月第5次印刷　印数：3 501～4 500册

ISBN 978-7-5124-3480-6　定价：59.00元

前言

近几年，笔者逐渐接触卡车、公共汽车、舰船、轨道机车、农业机械和大型发动机研发中的J1939协议相关工作时发现，市面上的现有资料大都是协议内容简介或J1939协议文件的直接翻译，内容晦涩难懂，于是就想用通俗易懂的语言来描述，这就是本书的由来。

本书以J1939协议解析与应用实例为主线，共7章。第1章为CAN总线的基础知识，便于读者对CAN总线有一个初步了解和认识；第2章介绍了CAN 2.0协议与J1939协议的关系，便于读者逐步从CAN 2.0协议过渡到J1939协议。第3章介绍了J1939协议解析，包括其报文格式、报文类型，并列举了大量的讲解实例，便于读者理解；第4章为J1939传输协议功能，介绍了J1939协议报文的传输过程；第5章为J1939协议中的故障诊断，讲解了其诊断故障代码的结构和类型，并详细分析了5种常用的故障诊断代码；第6章为摊铺机找平控制系统研发实例，讲解了J1939协议在工程机械上的实际应用，设计的电路板程序均已在实践中得到了应用，便于读者学习参考；第7章为工程机械J1939协议故障实例解析，分析了多个实际应用中遇到的工程难题。

本书配套完整的基于J1939协议的摊铺机找平仪通信程序源码，读者可以从以下方式获得：

本书由牛跃听博士主编，中国人民解放军陆军工程大学的方丹博士、中国人民解放军陆军研究院的王彬博士、天津捷强动力装备股份有限公司的赵丰文博士、中国人民解放军某单位的秦旭全工程师、徐工工程机械研究院的王斌工程师、广州致远电子有限公司的黄敏思工程师、河北交通职业技术学院的李会讲师也参与了本书的编写，在此一并表示感谢；全书由牛跃听和李会统稿。

中国人民解放军陆军工程大学、中国人民解放军陆军研究院、徐工工程机械研究院、广州致远电子有限公司、天津捷强动力装备股份有限公司在本书的编写过程中给予了大力支持和帮助，在此表示感谢！

本书虽经多次审稿修订，但限于我们的水平和条件，不足仍在所难免，衷心希望读者提出批评和指正，使之不断提高和完善。

有兴趣的读者，可以发送电子邮件到：zdkjnyt@163.com，与作者进一步交流；也可以发送电子邮件到 xdhydcd5@sina.com，与本书策划编辑进行交流。

牛跃听

2021 年 3 月

目录

第1章

CAN 总线基础知识

1.1 CAN 总线简介

CAN(Controller Area Network)指的是控制器局域网,是一种由德国 Bosch 公司为汽车应用而开发的多主机局部网络,应用于汽车的监测和控制。德国 Bosch 公司开发 CAN 总线的最初目的是解决汽车上数量众多的电子设备之间的通信问题,减少电子设备之间繁杂的信号线,于是设计了一个单一的网络总线,使所有的外围器件可以被挂接在该总线上。

没有 CAN 总线时,传统的汽车线束连接如图 1-1 所示。图中的 ASR 为防滑驱动控制系统。发明 CAN 总线后,汽车的 CAN 网络如图 1-2 所示。

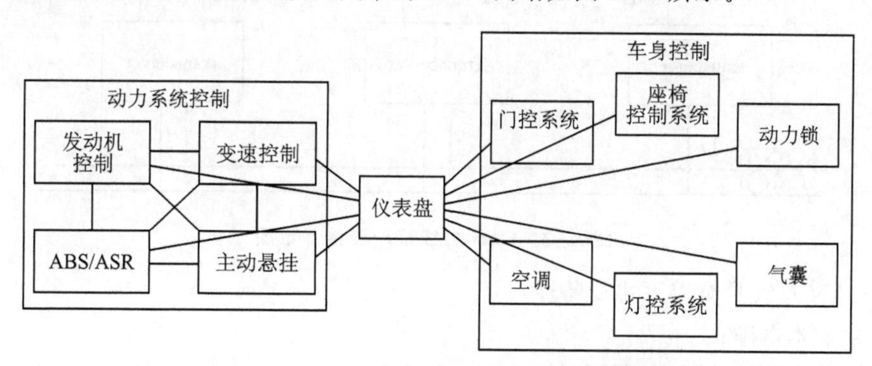

图 1-1　无 CAN 总线时的汽车线束连接示意图

1991 年 9 月,Philips 半导体公司制定并发布 CAN 技术规范:CAN 2.0 A/B。1993 年 11 月,ISO 组织正式颁布 CAN 国际标准 ISO11898(高速应用,数据传输速率小于 1 Mbit/s)和 ISO11519(低速应用,数据传输速率小于 125 kbit/s)。

作为一种技术先进、可靠性高、功能完善、成本较低的网络通信控制方式,CAN

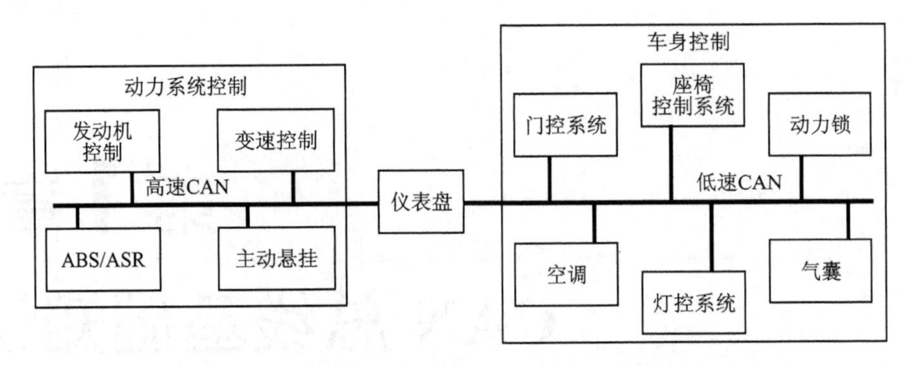

图1-2 发明CAN总线后的汽车线束连接示意图

总线广泛应用于汽车工业、航空工业、工业控制、安防监控、工程机械、医疗器械、楼宇自动化等诸多领域。例如,在楼宇自动化领域中,加热和通风、照明、安全和监控系统对建筑安装提出了更高的要求,现代的建筑安装系统越来越多地建立在串行数据传输系统(CAN总线系统)之上,通过其实现开关、按钮、传感器、照明设备、其他执行器和多控制系统之间的数据交换,实现建筑中各操作单元之间的协作,并对各单元不断变化的状态实时控制。

CAN总线是唯一成为国际标准的现场总线,也是国际上应用最广泛的现场总线之一,其节点连接示意图如图1-3所示。

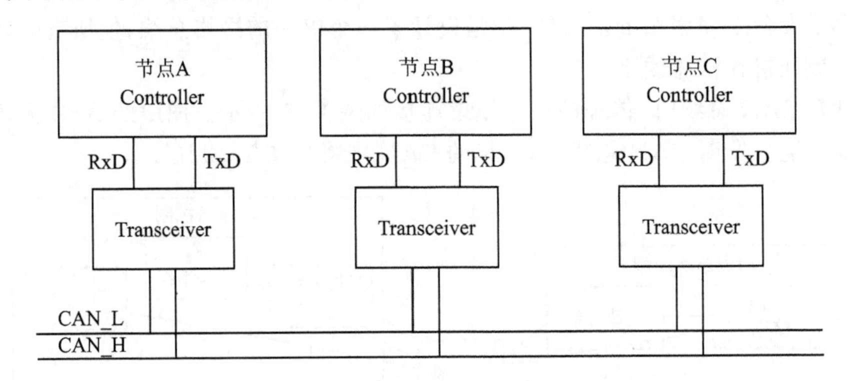

图1-3 CAN总线节点连接示意图

CAN总线具有以下主要特性:

- 成本低廉;
- 数据传输距离远(最远长达10 km);
- 数据传输速率高(最高达1 Mbit/s);
- 无破坏性的基于优先权的逐位仲裁;
- 借助验收滤波器的多地址帧传递;
- 远程数据请求;
- 可靠的错误检测和出错处理功能;

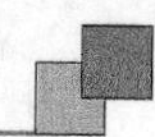

➢ 发送的信息遭到破坏后可自动重发；
➢ 暂时错误、永久性故障节点的判别以及故障节点的自动脱离；
➢ 脱离总线的节点不影响总线的正常工作。

基于CAN总线的优越特性，许多著名的芯片生产商，如Intel、Philips、Siemens、原Motorola都推出了独立的CAN控制器芯片，或者带有CAN控制器的MCU芯片。CAN总线的以上特性决定了其被广泛应用于低成本、数据量不太大的工业互联网领域。

1.2　CAN总线基本工作原理

CAN通信协议主要描述设备之间的信息传递方式。CAN协议规范中关于层的定义与开放系统互连模型(OSI)一致，设备中的每一层与另一设备上相同的那一层通信，实际的通信发生在每一设备上相邻的两层，而设备只通过模型物理层的物理介质互连。CAN的规范定义了模型的最下面两层：数据链路层和物理层。表1-1为OSI开放式互连模型的各层。应用层协议可以由CAN用户定义成适合工业领域的任何方案，已在工业控制和制造业领域得到广泛应用的标准是DeviceNet，这是为PLC和智能传感器设计的。在汽车工业领域，许多制造商都使用自己的标准。

表1-1　OSI开放系统互连模型

层　数	层名称	描　述
7	应用层	最高层，用户、软件、网络终端等之间进行信息交换，如DeviceNet
6	表示层	将两个应用不同数据格式的系统信息转化为能共同理解的格式
5	会话层	依靠低层的通信功能进行数据的有效传递
4	传输层	两通信节点之间数据传输控制操作，如数据重发、数据错误修复
3	网络层	规定了网络连接的建立、维持和拆除的协议，如路由和寻址
2	数据链路层	规定了在介质上传输的数据位的排列和组织，如数据校验和帧结构
1	物理层	规定通信介质的物理特性，如电气特性和信号交换的解释

一些组织制定了CAN的高层协议。CAN的高层协议是一种在现有的底层协议(物理层和数据链路层)之上实现的协议，是应用层协议，如表1-2所列。

表1-2　CAN高层协议

制定组织	主要高层协议
CiA	CAL
CiA	CANOpen
ODVA	DeviceNet
Honeywell	SDS
Kvaser	CANKingdom

CAN能够使用多种物理介质，如双绞线、光纤等，最常用的就是双绞线，信号使

用差分电压传送。如图 1－4 所示，两条信号线被称为 CAN_H 和 CAN_L，静态时均是 2.5 V 左右，此时状态表示为逻辑 1，也可以叫作隐性；用 CAN_H 比 CAN_L 高表示逻辑 0，称为显形，此时通常电压值为 CAN_H ＝ 3.5 V 和 CAN_L＝ 1.5 V。

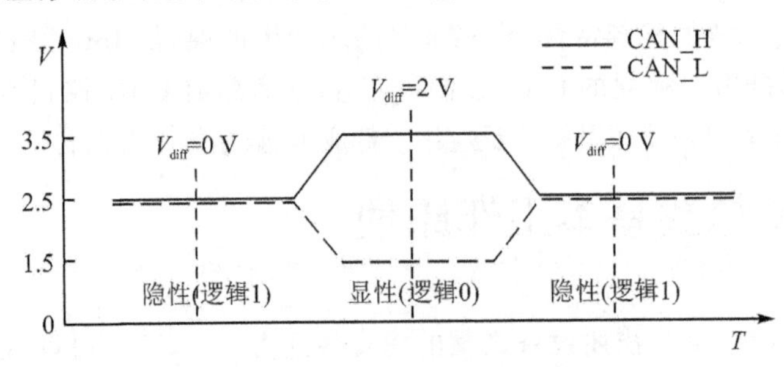

图 1－4　双绞线 CAN 总线电平标称值

1.3　CAN 的标准格式和扩展格式

标准 CAN 的标志符长度是 11 位，而扩展格式 CAN 的标志符长度可达 29 位。CAN 2.0A 版本规定 CAN 控制器必须有一个 11 位的标志符，同时在 2.0B 版本中规定 CAN 控制器的标志符长度可以是 11 位或 29 位。遵循 CAN 2.0B 协议的 CAN 控制器可以发送和接收 11 位标识符的标准格式报文或 29 位标识符的扩展格式报文。如果禁止 CAN 2.0B，则 CAN 控制器只能发送和接收 11 位标识符的标准格式报文，而忽略扩展格式的报文，但不会出现错误。

1.4　CAN 的节点构成

CAN 总线节点的硬件构成如图 1－5 所示。

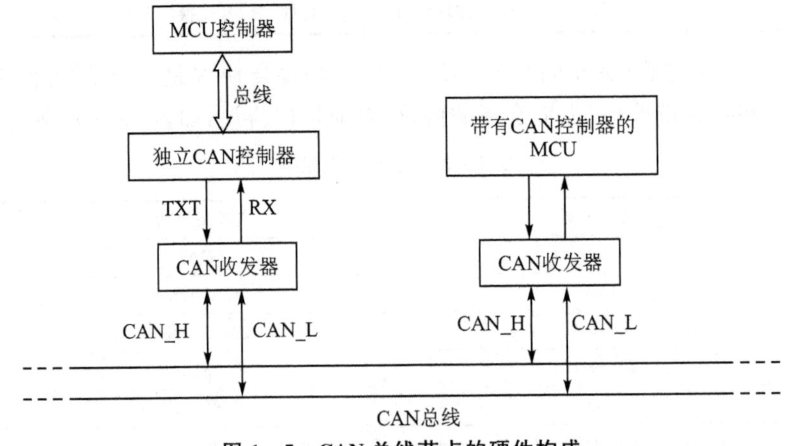

图 1－5　CAN 总线节点的硬件构成

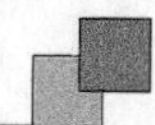

CAN总线节点的硬件构成方案有两种：

① MCU控制器＋独立CAN控制器＋CAN收发器。独立CAN控制器如SJA10000、MCP2515，其中，MCP2515通过SPI总线和MCU连接，SJA1000通过数据总线和MCU连接。

② 带有CAN控制器的MCU＋CAN收发器。目前，市场上带有CAN控制器的MCU有许多种，如P87C591、LPC2294、C8051F340等。

两种方案的节点构成都需要通过CAN收发器同CAN总线相连，常用的CAN收发器有PCA82C250、PCA82C251、TJA1050、TJA1040等。

两种方案的节点构成各有利弊：

第①种方案编写的CAN程序是针对独立CAN控制器的，程序可移植性好，编写好的程序可以方便地移植到任意的MCU。但是，由于采用了独立的CAN控制器，占用了MCU的I/O资源，电路也变得复杂。

第②种方案编写的CAN程序是针对特定选用的MCU，如LPC2294，程序编写好后不可以移植。但是，MCU控制器中集成了CAN控制器单元，硬件电路变得简单些。

1.5 CAN控制器

CAN控制器用于将欲收发的信息（报文）转换为符合CAN规范的CAN帧，通过CAN收发器，在CAN总线上交换信息。

(1) CAN控制器分类

CAN控制器芯片分为两类：一类是独立的控制器芯片，如SJA1000；另一类是和微控制器做在一起，如NXP半导体公司的Cortex－M0内核LPC11Cxx系列微控制器、LPC2000系列32位ARM微控制器。CAN控制器的大致分类及相应的产品如表1－3所列。

表1－3　CAN控制器分类及相应产品型号

类　别	产品举例
独立CAN控制器	NXP半导体的SJF1000CCT、SJA1000、SJA1000T
集成CAN控制器的单片机	NXP半导体的P87C591等
CAN控制器的ARM芯片	NXP半导体的LPC11Cxx系列微控制器，TI半导体Stellaris（群星）系列ARM的S2000、S5000、S8000、S9000系列

(2) CAN控制器的工作原理

为了便于读者理解CAN控制器的工作原理，下面给出了一个SJA1000 CAN控制器经过简化的结构框图，如图1－6所示。

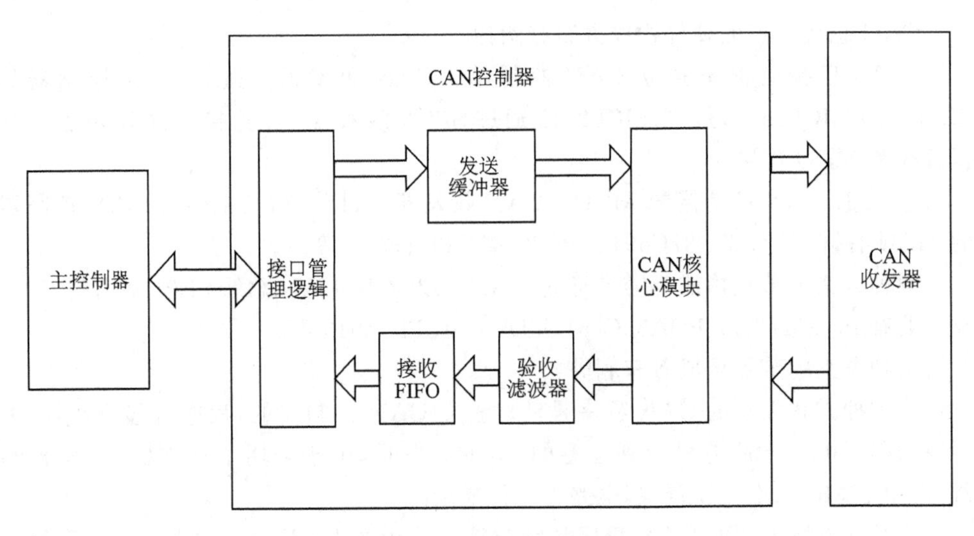

图 1-6　CAN 控制器结构示意

1）接口管理逻辑

接口管理逻辑用于连接外部主控制器，解释来自主控制器的命令；控制 CAN 控制器寄存器的寻址，并向主控制器提供中断信息和状态信息。

2）CAN 核心模块

收到一个报文时，CAN 核心模块根据 CAN 规范将串行位流转换成用于接收的并行数据，发送一个报文时则相反。

3）发送缓冲器

发送缓冲器用于存储一个完整的报文，当 CAN 控制器发送初始化时，接口管理逻辑会使 CAN 核心模块从发送缓冲器读 CAN 报文。

4）验收滤波器

验收滤波器可以根据用户的编程设置，过滤掉无须接收的报文。

5）接收 FIFO

接收 FIFO 是验收滤波器和主控制器之间的接口，用于存储从 CAN 总线上接收的所有报文。

6）工作模式

CAN 控制器可以有两种工作模式（BasicCAN 和 PeliCAN）。其中，BasicCAN 仅支持标准模式，PeliCAN 支持 CAN 2.0B 的标准模式和扩展模式。

1.6　CAN 收发器

如图 1-5 所示，CAN 收发器是 CAN 控制器和物理总线之间的接口，将 CAN 控制器的逻辑电平转换为 CAN 总线的差分电平，在两条有差分电压的总线电缆上

传输数据。目前,市面上常见CAN收发器的分类及相应产品如表1-4所列。

表1-4　CAN收发器分类及相应产品

CAN收发器分类	描　述	相应产品
隔离CAN收发器	隔离CAN收发器的主要功能是将CAN控制器的逻辑电平转换为CAN总线的差分电平,并且有隔离功能、ESD保护功能及TVS管防总线过压功能	CTM1050系列、CTM8250系列、CTM8251系列
通用CAN收发器	—	NXP半导体的PCA82C250、PCA82C251
高速CAN收发器	支持较高的CAN通信速率	NXP半导体的TJA1050、TJA1040、TJA1041/1041A
容错CAN收发器	在总线出现破损或短路情况下,容错性CAN收发器依然可以维持运行,这类收发器对于容易出现故障的领域具有至关重要的意义	NXP半导体的TJA1054、TJA1054A、TJA1055、TJA1055/3

1.7　CAN总线接口电路保护器件

在汽车电子中,CAN总线系统往往用于对安全至关重要的功能,比如引擎控制、ABS系统以及气囊等受到干扰而导致工作失常时。此外,在不受到干扰的同时,CAN总线系统也不能干扰其他电子元件。所以CAN总线系统必须满足电磁干扰(EMI)和静电放电(ESD)标准的严格要求。此外,在许多场合CAN总线接口有可能遭到雷电、大电流浪涌的冲击(如许多户外安装的设备),所以还需要使用保护器件以防浪涌。

1.7.1　共模扼流圈

共模扼流圈(Common Mode Choke)也叫共模电感,可使系统的EMC性能得到较大提高,确保设备的电磁兼容性,抑制耦合干扰,并且:

- ➢ 滤除CAN总线信号线上的共模电磁干扰;
- ➢ 衰减差分信号的高频部分;
- ➢ 抑制自身向外发出的电磁干扰,避免影响同一电磁环境下其他电子设备的正常工作。

此外,共模扼流圈还具有体积小、使用方便的优点,因而被广泛使用在抑制电子设备EMI噪声方面。图1-7是共模扼流线圈应用电路示意图。

设计中须选用CAN总线专用的信号共模扼流圈,从而抑制传输线上的共模干扰,而令传输线上的数据信号可畅通无阻地通过。EPCOS B82793外观如图1-8所示,该芯片具有如下的主要功能特性:

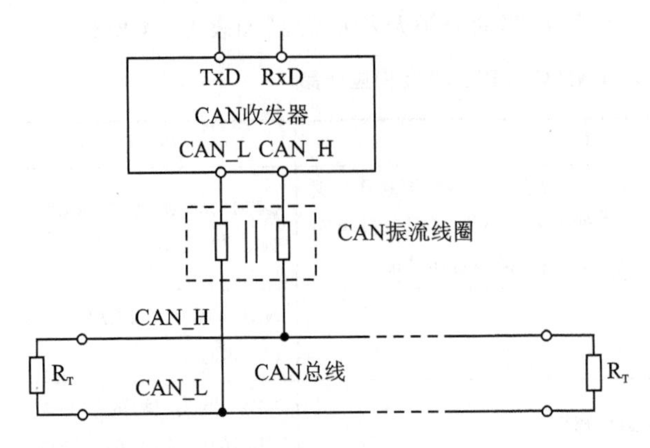

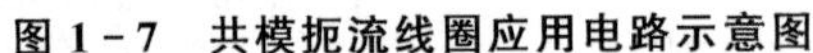

图 1-7 共模扼流线圈应用电路示意图

图 1-8 EPCOS B8793 外观

➢ 高额定电流；
➢ 元件高度经过降低处理，便于工艺方面处理；
➢ 符合汽车行业 AEC-Q200 标准；
➢ 便于进行回流焊。

1.7.2 ESD 防护

CAN 总线通常工作在噪声大的环境中，经常会受到静电电压、电压突变脉冲等干扰的影响：

➢ 静电放电产生的电流热效应：ESD 电流通过芯片时间短，但是电流大，产生的热量可能导致芯片热失效；
➢ 高压击穿：由于 ESD 电流感应出高电压，若芯片耐压不够，则可能导致芯片被击穿；
➢ 电磁辐射：ESD 脉冲所导致的辐射波长从几厘米到数百米，这些辐射能量产生的电磁噪声将损坏电子设备或者干扰其他电子设备的运行。

为对抗 ESD 及其他破坏性电压突变脉冲，设计 CAN 总线电路时，须选择 CAN 专用 ESD 保护元件，从而避免该 ESD 保护元件的等效电容影响到高通信速率的 CAN 总线通信。常见的 CAN 总线专用 ESD 保护元件型号有 NXP PESD1CAN 或 Onsemi NUP2105L 等 ESD 元件。

1.7.3 CAN 总线网络保护

除了 CAN 总线节点本身的保护，也需要对 CAN 总线网络进行保护，尤其是户外的 CAN 总线网络，以减少侵入到信号线路的雷电电压、电磁脉冲造成的瞬态过电压等损坏 CAN 总线网络中设备的机率。例如，用户可以外置 CAN 总线通信保护器，如广州致远电子有限公司的 ZF 系列总线信号保护器 ZF-12Y2，如图 1-9 所示（通常，同一网络中只需要在两端分别安装 ZF-12Y2 总线通信保护器即可）。

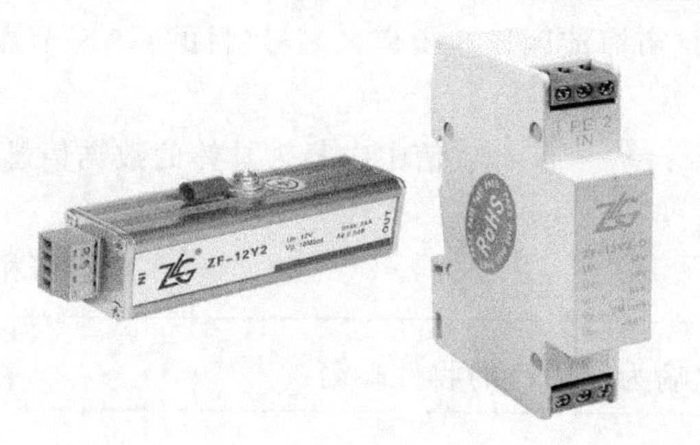

图 1－9　ZF－12Y2 总线信号保护器

ZF－12Y2 符合 IEC61643－21 标准要求（IEC61643－21 是国际电工委员会针对低压浪涌保护装置的标准），主要保护 CAN 总线、RS－485、RS－422 以及网络设备（如网络交换机、路由器、网络终端）等各种信号通信设备，为浪涌提供最短泄放途径。ZF 系列总线信号保护器具有以下功能特性：

- 多级保护电路；
- 损耗小，响应时间快；
- 限制电压低；
- 限制电压精确；
- 通流容量大；
- 残压水平低；
- 反应灵敏。

1.8　CAN 总线通信过程

CAN 总线节点传输过程如图 1－10 所示。

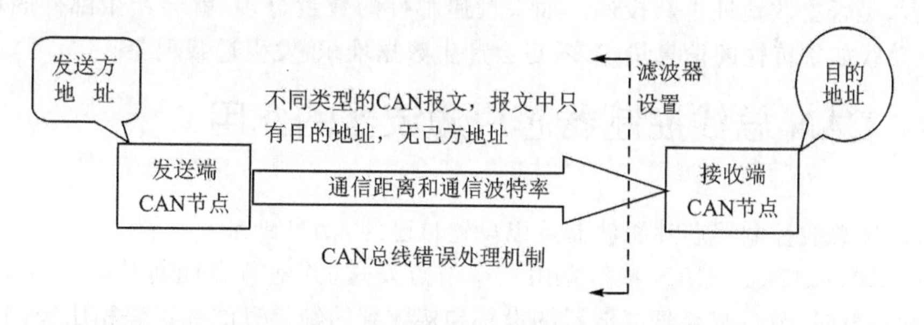

图 1－10　CAN 总线节点传输过程示意图

CAN 总线数据的发送过程可以用信件邮递来做一个比喻。CAN 总线上的发送节点可以比喻为邮寄一封信件：

邮寄：北京市海淀区××街道××号(目的 CAN 节点地址)。

(信中内容为具体的数据信息)

自：无(相当于匿名信件)。

接收节点可以比喻为家门口的收件邮箱：

这是“北京市海淀区××街道××号”邮箱(自己的 CAN 节点地址)，其他非邮寄到此信箱的信件，一概不接收(CAN 地址设置屏蔽掉其他地址)。

如果是邮寄到此信箱的信件，则接收信件。
(信中内容为具体的数据信息)

CAN 总线数据的通信过程中，数据信息通过不同的报文格式来传送，如数据帧、远程帧等，这就类似于邮件中可以有不同的内容，如文件、衣物、书籍等。

CAN 总线数据的通信花费的时间跟总线传输距离、通信波特率有关系，通信距离远，波特率就低，传输数据花费的时间就长。类似于从北京邮寄信件到石家庄，距离近，邮递时间就短；如果从北京邮寄信件到广州，邮递时间相对就长。另外，CAN 总线数据的通信花费的时间还跟通信介质的选取(光纤、双绞线)、振荡器容差、通信线缆的固有特性(导线截面积、电阻等)等有关系，类似于邮递信件时是选择 EMS 快递、挂号信，还是普通的平信。

当然，CAN 总线传输也有其传输错误处理机制，以保证总线正常运行。类似于邮寄信件，也有出错处理机制，例如，发送快递时，如果地址写错了，快递员就会联系发件者，是否更改地址重新投递。如果投递邮件的数量过多，就会产生邮件的堆积，CAN 总线如果传输的信息量过多，也会产生数据堆积，发生过载现象。

1.9 CAN 总线控制器芯片滤波器的作用

CAN 总线控制器芯片滤波器可以设置自己的 CAN 地址。

在 CAN 总线上，CAN 帧信息由一个节点发送，其他节点同时接收。每当总线上有帧信息时，节点都会把滤波器的设置和接收到的帧信息的标识码相比较，节点只接收符合一定条件的信息，对不符合条件的 CAN 帧不予接收，只给出应答信号。

这类似于家门口收信件的邮箱，用来标明自己家的详细地址。邮递员分发邮件的时候，带着一堆信件在小区内投寄，邮箱地址表明自己家的收信件地址，如果地址正确，邮递员就会把信件投递进邮箱(成功接收邮件)；如果地址不符，则邮递员不会

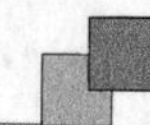

投送邮件(拒收该邮件)。

CAN总线控制器滤波的作用：

① 降低硬件中断频率,只有成功接收时才响应接收中断。

② 简化软件实现的复杂程度,提高软件运行的效率。

不同CAN控制器芯片的滤波器设置有所不同,下面将针对具体的CAN控制器芯片进行详细讲解。

1.10　CAN总线的报文格式

在CAN总线上传输的信息称为报文,当总线空闲时任何连接的单元都可以开始发送新的报文。

报文相当于前面比喻中邮递信件的内容。总线上的报文信息表示为几种固定的帧类型：

➢ 数据帧:从发送节点向其他节点发送的数据信息。

➢ 远程帧:向其他节点请求发送具有同一识别符的数据帧。

➢ 错误帧:检测到总线错误,发送错误帧。

➢ 过载帧:用于在数据帧或远程帧之间提供附加的延时。

CAN总线通信有两种不同的帧格式：

➢ 标准帧格式:具有11位标识符。

➢ 扩展帧格式:具有29位标识符。

两种帧格式的确定通过"控制场"(Control Field)中的"识别符扩展位"(IDE bit)来实现,两种帧格式可出现在同一总线上。

1.10.1　数据帧

如图1-11所示,数据帧组成：

➢ 帧起始(Start of Frame);

➢ 仲裁域(Arbitration Frame);

➢ 控制域(Control Frame);

➢ 数据域(Data Frame);

➢ CRC域(CRC Frame),即循环冗余码域;

➢ 应答域(ACK Frame);

➢ 帧结尾(End of Frame)。

其中,数据域的长度可以为0。

帧起始标志数据帧和远程帧的起始,由一个单独的"显性"位组成。只在总线空闲时,才允许节点开始发送。所有的节点必须同步于首先开始发送信息节点的帧起始前沿。

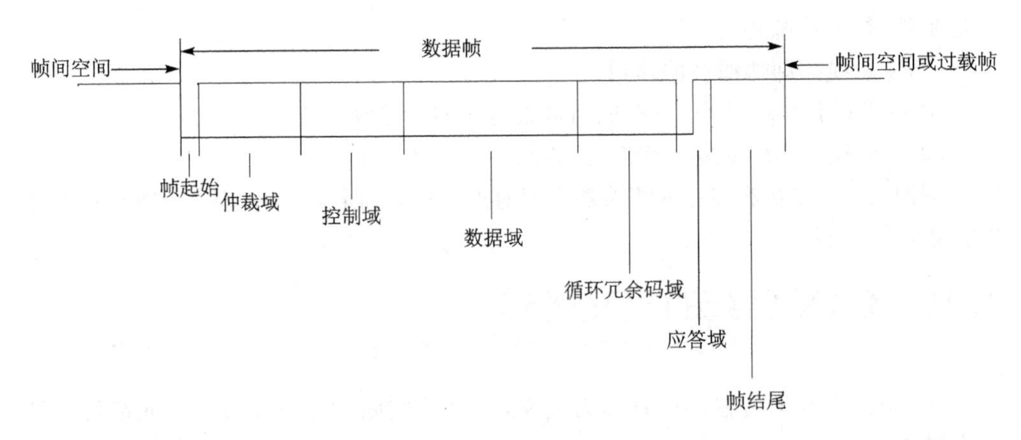

图 1-11　CAN 数据帧格式

仲裁域用于写明需要发送到目的 CAN 节点的地址、确定发送的帧类型(当前发送的是数据帧还是远程帧),并确定发送的帧格式是标准帧还是扩展帧。仲裁域在标准格式帧和扩展格式帧中有所不同,标准格式帧的仲裁域由 11 位标识符和远程发送请求位 RTR 组成,扩展格式帧的仲裁域由 29 位标识符和远程发送请求位 RTR 组成。

控制域由 6 个位组成,包括数据长度代码和两个将来作为扩展用的保留位。数据长度代码指示了数据场中字节数量。数据长度代码为 4 个位,在控制域里被发送,数据帧长度允许的字节数为 0、1、2、3、4、5、6、7、8,其他数值为非法的。

数据域由数据帧中的发送数据组成。它可以为 0~8 个字节,每字节包含了 8 个位,首先发送最高有效位 MSB,依次发送至最低有效位 LSB。

CRC 域包括 CRC 序列(CRC SEQUENCE)和 CRC 界定符(CRC DELIMITER),用于信息帧校验。

应答域长度为 2 个位,包含应答间隙(ACK SLOT)和应答界定符(ACK DELIMITER)。在应答域里,发送节点发送两个"隐性"位。当接收器正确地接收到有效的报文时,接收器就会在应答间隙(ACK SLOT)期间(发送 ACK 信号)向发送器发送一个"显性"的位以示应答。

帧结尾是每一个数据帧和远程帧的标志序列界定。这个标志序列由 7 个"隐性"位组成。

1. 标准数据帧

早期的 CAN 规格 (1.0 和 2.0A 版)使用了 11 位的识别域。CAN 标准帧帧信息包含 11 个字节,如表 1-5 所列,包括帧描述符和帧数据两部分。其中,前 3 字节为帧描述部分。

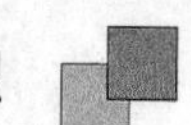

表 1－5　标准数据帧

字　节		位							
		7	6	5	4	3	2	1	0
字节 1	帧信息	FF	RTR	x	x	DLC(数据长度)			
字节 2	帧 ID1	ID. 10～ID. 3							
字节 3	帧 ID2	ID. 2～ID. 0		x	x	x	x	x	x
字节 4	数据 1	数据 1							
字节 5	数据 2	数据 2							
字节 6	数据 3	数据 3							
字节 7	数据 4	数据 4							
字节 8	数据 5	数据 5							
字节 9	数据 6	数据 6							
字节 10	数据 7	数据 7							
字节 11	数据 8	数据 8							

其中，字节 1 为帧信息，第 7 位(FF)表示帧格式，在标准帧中 FF＝0；第 6 位(RTR)表示帧的类型，RTR＝0 表示为数据帧，RTR＝1 表示为远程帧。DLC 表示在数据帧时实际的数据长度。

字节 2～3 为报文识别码，其高 11 位有效；字节 4～11 为数据帧的实际数据，远程帧时无效。

标准数据帧的示意图如图 1－12 所示。

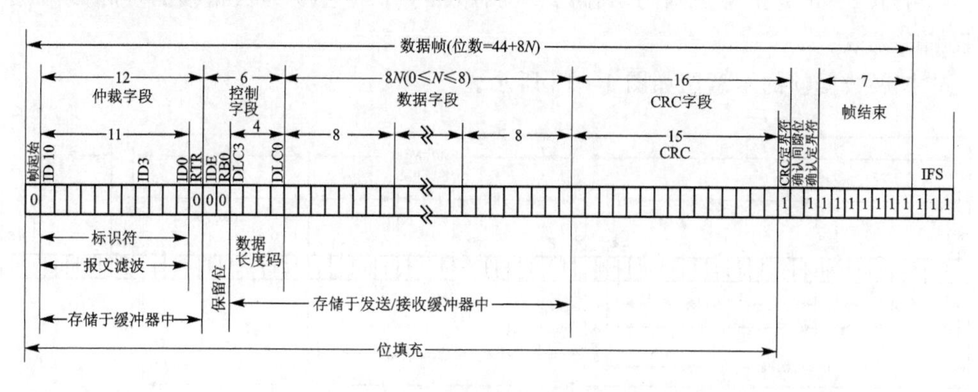

图 1－12　标准数据帧示意图

2. 扩展数据帧

CAN 扩展帧帧信息包含 13 个字节，如表 1－6 所列，包括帧描述符和帧数据两部分。前 5 个字节为帧描述部分。

表 1-6　扩展数据帧

字节		位							
		7	6	5	4	3	2	1	0
字节 1	帧信息	FF	RTR	x	x	DLC(数据长度)			
字节 2	帧 ID1	ID.28～ID.21							
字节 3	帧 ID2	ID.20～ID.13							
字节 4	帧 ID3	ID.12～ID.5							
字节 5	帧 ID4	ID.4～ID.0					x	x	x
字节 6	数据 1	数据 1							
字节 7	数据 2	数据 2							
字节 8	数据 3	数据 3							
字节 9	数据 4	数据 4							
字节 10	数据 5	数据 5							
字节 11	数据 6	数据 6							
字节 12	数据 7	数据 7							
字节 13	数据 8	数据 8							

其中，字节 1 为帧信息，第 7 位(FF)表示帧格式，在扩展帧中 FF=1；第 6 位(RTR)表示帧的类型，RTR=0 表示为数据帧，RTR=1 表示为远程帧。DLC 表示在数据帧时实际的数据长度。

字节 2～5 为报文识别码，其高 28 位有效；字节 6～13 为数据帧的实际数据，远程帧时无效。

扩展数据帧的示意图如图 1-13 所示。

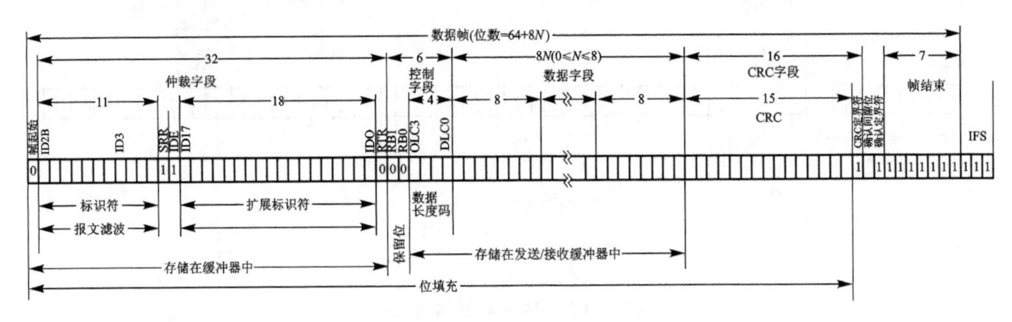

图 1-13　扩展数据帧示意图

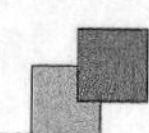

1.10.2 远程帧

远程帧除了没有数据域(Data Frame)和 RTR 位是隐性以外,与数据帧完全一样,如图 1－14 所示,RTR 位的极性表示了所发送的帧是数据帧(RTR 位"显性")还是远程帧(RTR"隐性")。

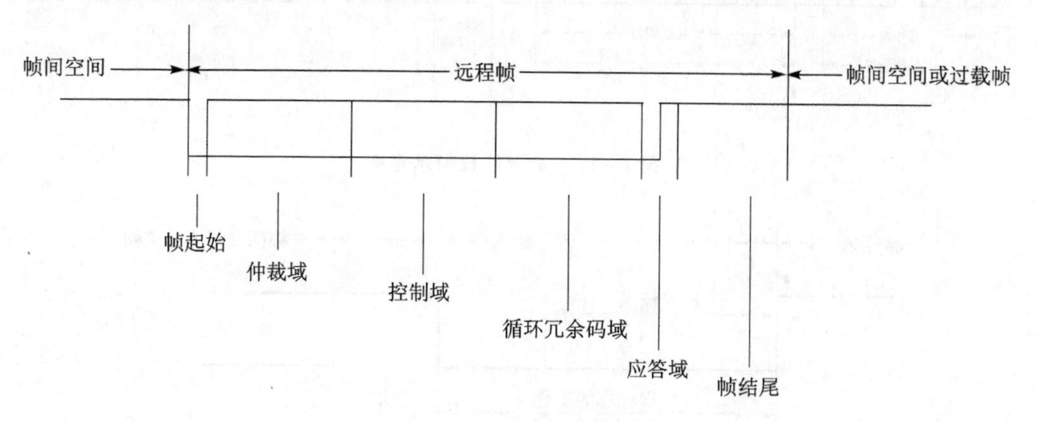

图 1－14　CAN 远程帧格式

远程帧包括两种,分别为标准远程帧(见图 1－15)及扩展远程帧(见图 1－16)。

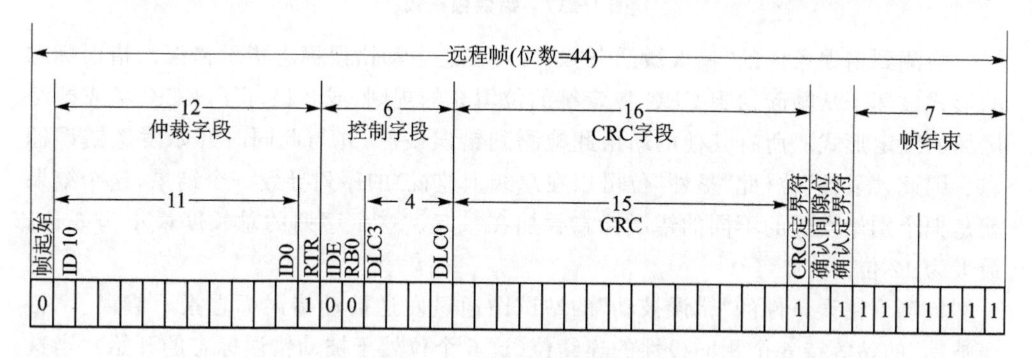

图 1－15　标准远程帧示意图

1.10.3 错误帧

当节点检测到一个或多个由 CAN 标准所定义的错误时,就产生一个错误帧。如图 1－17 所示,错误帧由两个不同的场组成:第一个场是不同站提供的错误标志(ERROR FLAG)的叠加,第二个场是错误界定符(Error Delimiter)。

有两种形式的错误标志:主动的错误标志和被动的错误标志。

- 主动的错误标志由 6 个连续的"显性"位组成。
- 被动的错误标志由 6 个连续的"隐性"的位组成,除非被其他节点的"显性"位重写。

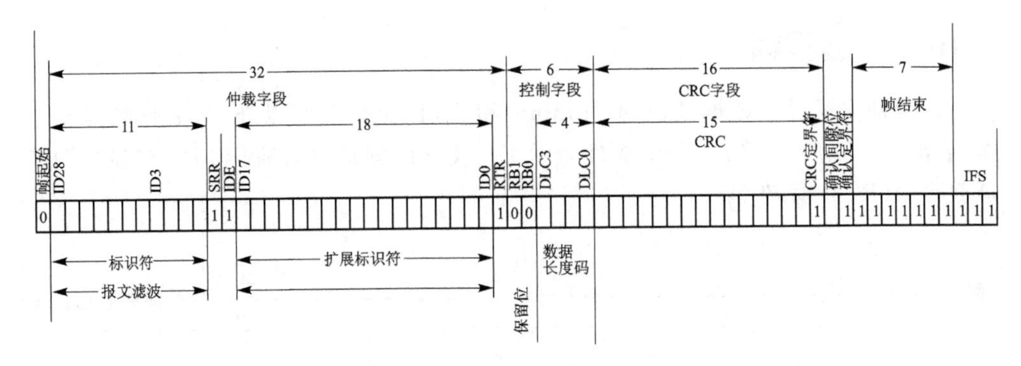

图 1-16 扩展远程帧示意图

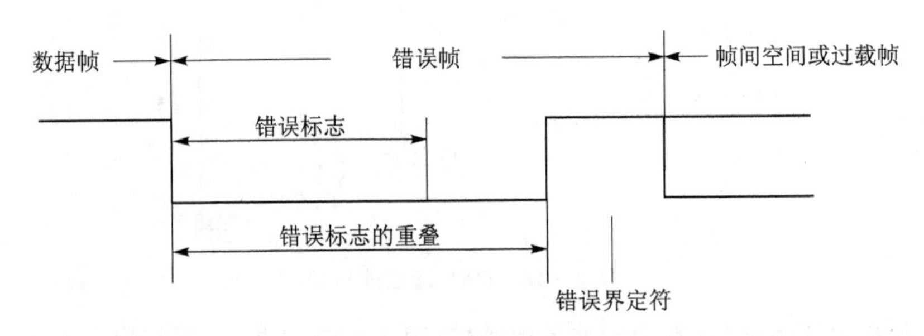

图 1-17 错误帧格式

检测到错误条件的"错误激活"的站通过发送主动错误标志指示错误。错误标志的形式破坏了从帧起始到 CRC 界定符的位填充的规则，或者破坏了 ACK 场或帧结尾场的固定形式。所有其他的站由此检测到错误条件，并与此同时开始发送错误标志。因此，"显性"位(此"显性"位可以在总线上监视)的序列导致一个结果，这个结果就是把个别站发送的不同的错误标志叠加在一起。这个序列的总长度最小为 6 位，最大为 12 位。

检测到错误条件的"错误被动"的站试图通过发送被动错误标志指示错误。"错误被动"的站等待 6 个相同极性的连续位(这 6 个位处于被动错误标志的开始)，当这 6 个相同的位被检测到时，被动错误标志的发送就完成了。

错误界定符包括 8 个"隐性"的位。错误标志传送了以后，每一节点就发送"隐性"的位并一直监视总线直到检测出一个"隐性"的位为止，然后就开始发送其余 7 个"隐性"位。

1.10.4 过载帧

过载帧用于在先行和后续的数据帧(或远程帧)之间提供一个附加的延时。如图 1-18 所示，过载帧包括两个位场：过载标志和过载界定符。

有 3 种情况会引起发过载标志的传送：

➢ 接收器内部情况(此接收器对于下一数据帧或远程帧需要有一个延时)；

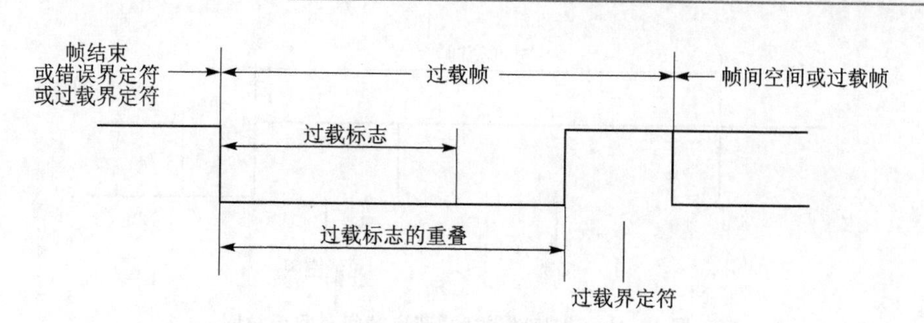

图 1-18 过载帧格式

- 在间歇的第一和第二字节检测到一个显性位；
- 如果 CAN 节点在错误界定符或过载界定符的第 8 位(最后一位)采样到一个显性位时。

过载标志(Overload Flag)由 6 个"显性"位组成。过载标志的所有形式和主动错误标志的一样。过载标志的形式破坏了间歇场的固定形式。因此,所有其他站都检测到过载条件并同时发出过载标志。如果有的节点在间歇的第 3 个位期间检测到"显性"位,则这个位将解释为帧的起始。

过载界定符(Overload Delimeter)包括 8 个"隐性"的位。过载界定符的形式和错误界定符的形式一样。过载标志被传送后,站就一直监视总线直到检测到一个从"显性"位到"隐性"位的跳变。此时,总线上的每一个站完成了过载标志的发送,并开始同时发送其余 7 个"隐性"位。

1.10.5 帧间空间

无论帧类型(数据帧、远程帧、错误帧、过载帧)如何,数据帧(或远程帧)与其前面的帧的隔离是通过帧间空间实现的。但是,过载帧、错误帧之前没有帧间空间,多个过载帧之间也不是由帧间空间隔离的。

帧间空间的组成如下:

① 3 个"隐性"的间歇场(INTER MISSION)。间歇包括 3 个"隐性"的位,间歇期间,所有的节点均不允许传送数据帧或远程帧,唯一要做的是标示一个过载条件。

② 长度不限的总线空闲位场 (BUS IDLE)。总线空闲的时间是任意的。只要总线被认定为空闲,任何等待发送报文的节点就会访问总线。发送其他报文期间有报文被挂起时,其传送起始于间歇之后的第一个位。

③ "错误被动"的节点作为前一报文的发送器时,发送报文后,节点就在下一报文开始传送之前(或者总线空闲之前)发出 8 个"隐性"的位跟随在间歇的后面。如果同时另一节点开始发送报文,则此节点就作为这个报文的接收器。

非"错误被动"与"错误被动"的节点帧间空间示意图如图 1-19、图 1-20 所示。

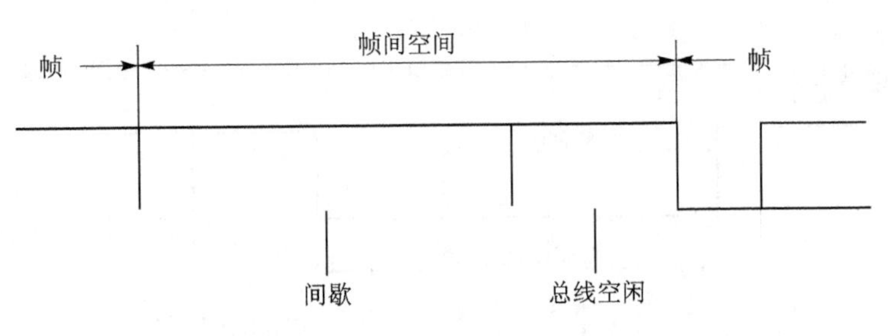

图 1-19　非"错误被动"节点帧间空间示意图

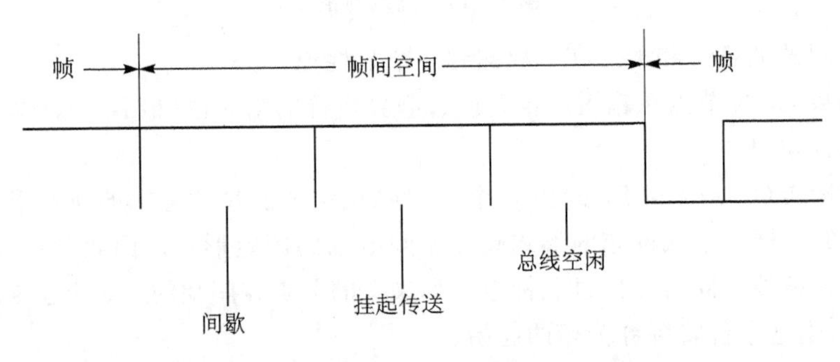

图 1-20　"错误被动"节点帧间空间示意图

1.11　振荡器容差

振荡器容差表示振荡器实际的频率和标称频率的偏离。

CAN 网络中,每个节点都从振荡器基准取得位定时。在实际系统应用中,振荡器基准频率会由于初始的容差偏移、老化和温度的变化而偏离它的标称值,这些偏离量之和就构成了振荡器容差。

1.12　位定时要求

位定时是 CAN 总线上一个数据位的持续时间,主要用于 CAN 总线上各节点通信波特率的设置。同一总线上的通信波特率必须相同。因此,为了得到所需的波特率,位定时的可设置性是有必要的。

另外,为了优化应用网络的性能,用户需要设计位定时中的位采样点位置、定时参数、不同的信号传播延迟的关系。

1. 标称位速率

标称位速率为一个理想的发送器在没有重新同步的情况下每秒发送的位数量。

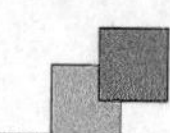

2. 标称位时间

标称位时间 = 1 /标称位速率

如图 1-21 所示,可以把标称位时间划分成几个不重叠时间的片段,它们是:

① 同步段(SYNC_SEG),用于同步总线上不同的节点。这一段内要有一个跳变沿。

② 传播时间段(PROP_SEG),用于补偿网络内的物理延时时间,是总线上输入比较器延时和输出驱动器延时总和的两倍。

③ 相位缓冲段 1(PHASE_SEG1)。

④ 相位缓冲段 2(PHASE_SEG2),用于补偿边沿阶段的误差。这两个段可以通过重新同步加长或缩短。

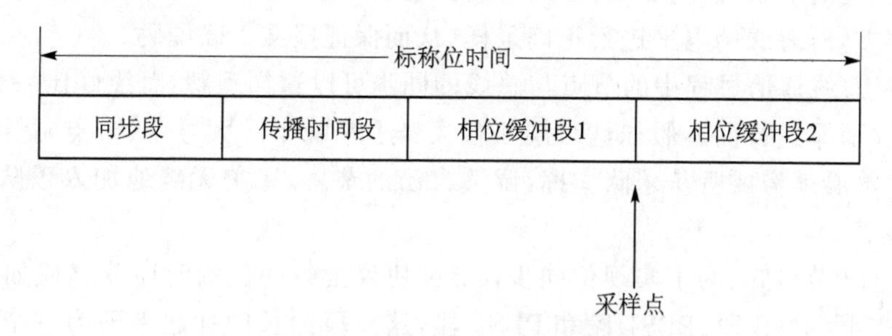

图 1-21　标称位时间的组成部分

⑤ 采样点(Sample Point),是读总线电平并解释各位值的一个时间点,位于相位缓冲段 1(PHASE_SEG1)之后。

3. 信息处理时间(Information Processing Time)

信息处理时间是一个以采样点作为起始的时间段。采样点用于计算后续位的位电平。

4. 时间份额(Time Quantum)

时间份额是派生于振荡器周期的固定时间单元。存在一个可编程的预比例因子,其整体数值范围为 1～32,以最小时间份额为起点,时间份额的长度为:

时间份额= m ×最小时间份额(m 为预比例因子)

5. 时间段的长度(Length of Time Segments)

同步段为一个时间份额;传播段的长度可设置为 1～8 个时间份额;缓冲段 1 的长度可设置为 1～8 个时间份额;相位缓冲段 2 的长度为阶段缓冲段 1 和信息处理时间(Information Processing Time)之间的最大值;信息处理时间小于或等于 2 个时间份额。

一个位时间总的时间份额值可以设置在 8～25 的范围,如图 1-22 所示。

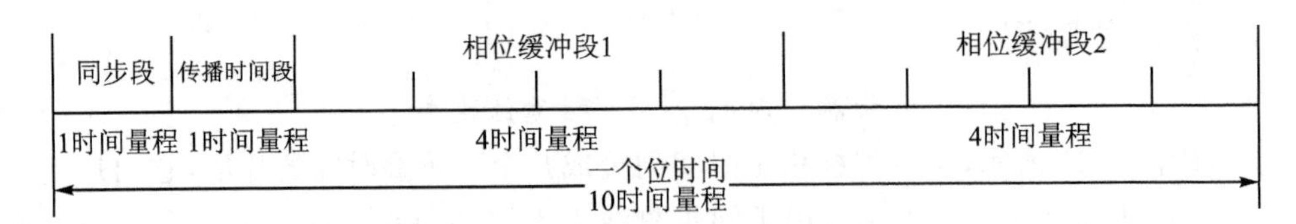

图 1-22 10 时间份额构成的位时间

1.13 同 步

CAN 总线没有时钟信号线，所以 CAN 总线上传输的数据流中不包含时钟。CAN 总线规范中用“位同步”的方式来确保通信时序的正确性，可以不管节点间积累的相位误差，对总线的电平进行正确采样，从而保证报文正确译码。

CAN 总线通信过程中的节点与总线的同步可以这样理解：总线好比一个乐队正在演奏《义勇军进行曲》，假如这时候一名大号手来晚了。大号手（节点）需要加入乐队（总线）演奏就需要听从乐队指挥，调整自己的节凑，完美无缝地加入乐队演奏，这就是同步。

由 1.12 节可知，为了实现位同步，CAN 协议把每一位的时序分解成如图 1-23 所示的 SS 段、PTS 段、PBS1 段和 PBS2 段，这 4 段的长度加起来即为一个 CAN 数据位的长度。分解后最小的时间单位是 T_q，而一个完整的位由 8～25 个 T_q组成。

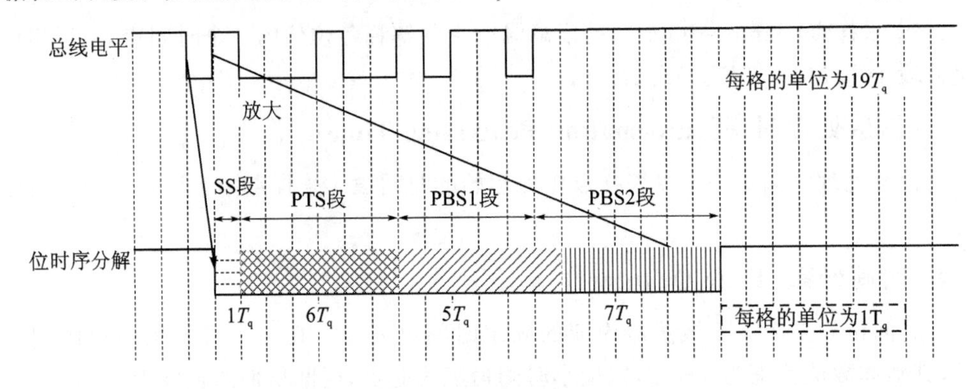

图 1-23 一个位时间的时序分解

每位中的各段作用如下：

SS(SYNC SEG)段，译为同步段，若总线的跳变沿包含在 SS 段的范围之内，则表示节点与总线的时序同步。节点与总线同步时，采样点采集到的总线电平即可被确定为该位的电平。当总线上出现帧起始信号时，其他节点上的控制器根据总线上的下降沿对自己的位时序进行调整，把该下降沿包含到 SS 段内，这样根据起始帧来进行同步的方式称为硬同步。其中，SS 段的大小为 1T_q。

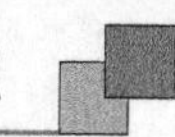

PTS(PROP SEG)段，译为传播时间段，用于补偿网络的物理延时时间，是总线上输入比较器延时和输出驱动器延时总和的两倍。PTS 段的大小范围为1～8T_q。

PBS1(PHASE SEG1)段，译为相位缓冲段，用来补偿边沿阶段的误差，它的时间长度在重新同步的时候可以加长。PBS1 段的初始大小范围可以为 1～8T_q。

PBS2(PHASE SEG2)段，这是另一个相位缓冲段，也用来补偿边沿阶段误差，它的时间长度在重新同步时可以缩短。PBS2 段的初始大小范围可以为 2～8T_q。

在重新同步的时候，PBS1 和 PBS2 段的允许加长或缩短的时间长度定义为重新同步补偿宽度 SJW (reSynchronization Jump Width)。

CAN 规范定义了两种类型的同步：硬同步和重同步，由协议控制器选择通过哪种同步来适配位定时参数。

1. 硬同步(Hard Syhchronization)

硬同步后，内部的位时间从同步段重新开始。因此，硬同步强迫由于硬同步引起的沿处于重新开始的位时间同步段之内，如图 1 - 24 所示。

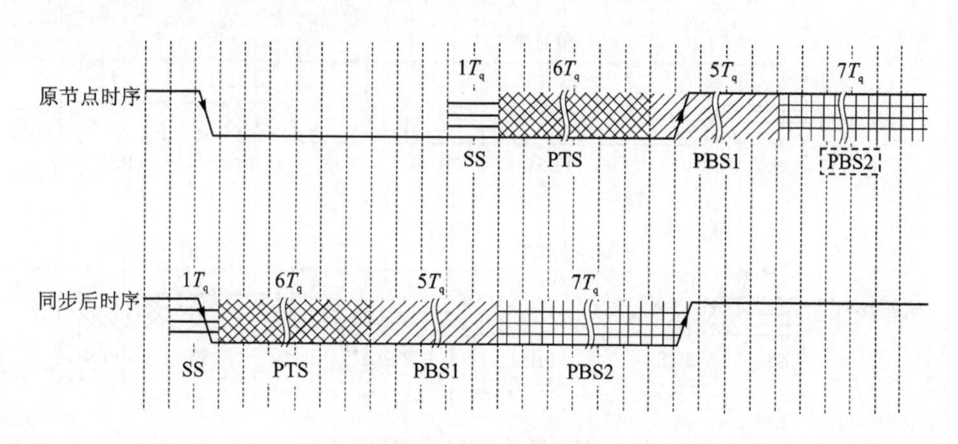

图 1 - 24　硬同步

可以看出，在总线出现帧起始信号时，该节点原来的位时序与总线时序不同步，因此这个状态下采样点采集得到的数据是不正确的；节点以硬同步的方式调整，把自己位时序中的 SS 段平移至总线出现下降沿的部分，以获得同步，这时采样点采集得到的数据才是正确的。

2. 重新同步跳转宽度(Resyhchronization Jump Width)

通过延长 PBS1 段或缩短 PBS2 段来实现重新同步。相位缓冲段加长或缩短的数量有一个上限，此上限由重新同步跳转宽度给定。重新同步跳转宽度应设置于 1 和最小值之间(此最小值为 4，PHASE_SEG1)。

3. 边沿的相位误差(Phase Error of an edge)

一个边沿的相位误差由相关于同步段沿的位置给出,以时间额度量度。相位误差定义如下:

$e=0$ 如果沿处于同步段里(SYNC_SEG);

$e>0$ 如果沿位于采集点之前;

$e<0$ 如果沿处于前一个位的采集点之后。

4. 重新同步(Resyhchronization)

因为硬同步时只在有帧起始信号时起作用,无法确保后续一连串的位时序都是同步的,所以 CAN 总线还引入了重新同步的方式:在检测到总线上的时序与节点使用的时序有相位差时(即总线上的跳变沿不在节点时序的 SS 段范围),通过延长 PBS1 段(如图 1-25 所示)或缩短 PBS2 段(如图 1-26 所示)来获得同步,这样的方式称为重新同步。

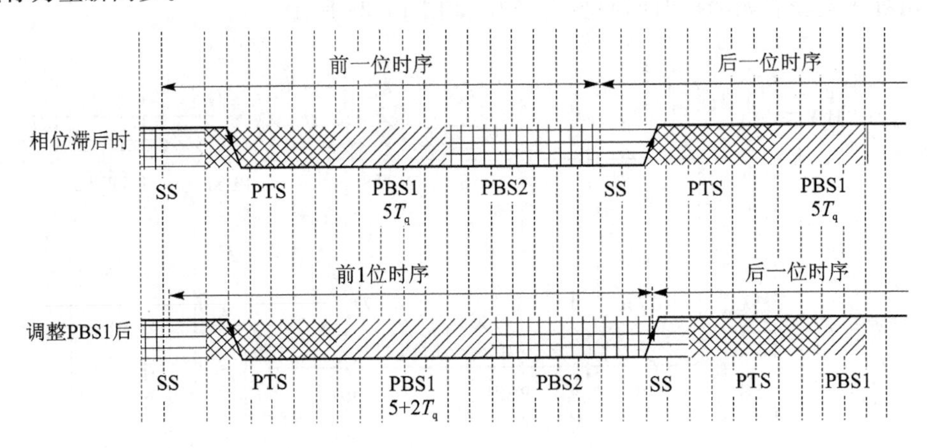

图 1-25 延长 PBS1 实现重新同步

当引起重新同步沿的相位误差的幅值小于或等于重新同步跳转宽度的设定值时,重新同步和硬件同步的作用相同。当相位错误的量级大于重新同步跳转宽度时:

- 如果相位误差为正,则相位缓冲段 1 被增长,增长的范围为与重新同步跳转宽度相同的值。
- 如果相位误差为负,则相位缓冲段 2 被缩短,缩短的范围为与重新同步跳转宽度相同的值。

5. 同步的原则(Sychchronization Rules)

硬同步和重新同步都是同步的两种形式,遵循以下规则:

① 在一个位时间里只允许一个同步。

② 仅当采集点之前探测到的值与紧跟沿之后的总线值不相符合时,才把沿用于

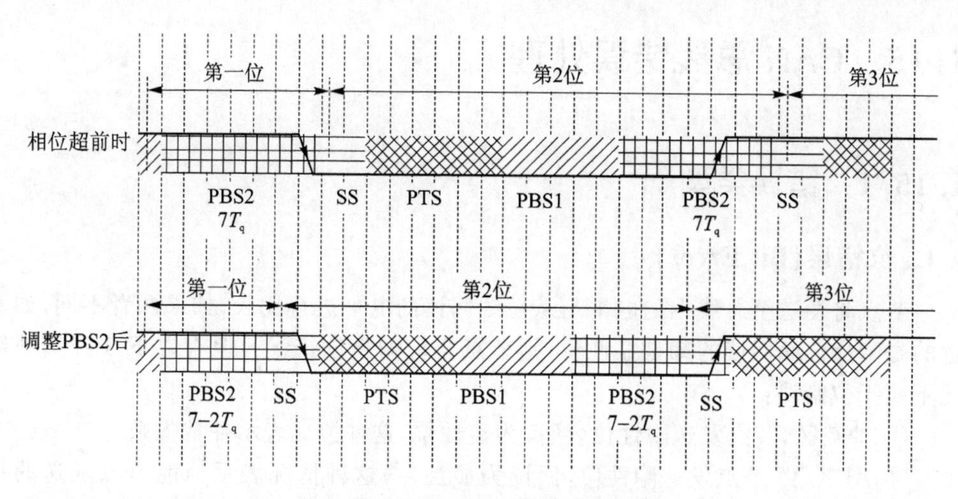

图 1-26　缩短 PBS2 实现重新同步

同步。

③ 总线空闲期间，有一“隐性”转变到“显性”的沿，无论何时，硬同步都会被执行。

④ 符合规则①和规则②的所有从“隐性”转化为“显性”的沿可以用于重新同步。有一个例外情况，即当发送一个显性位的节点时不执行重新同步而导致“隐性”转化为“显性”沿，此沿具有正的相位误差，不能用于重新同步。

注意：位定时与同步是不是理解起来有些费劲？正如前文强调的“CAN 协议规范主要是针对 CAN 控制器开发者的”，读者只了解即可。具体 CAN 控制器芯片（如 SJA1000）的内容其实很简单，只用了 2 个特殊功能寄存器（总线时序寄存器 BTR0 和 BTR1）来描述其功能，用它们来设置通信波特率就可以了。

1.14　位流编码及位填充

位流编码以及位填充在于有足够的跳边沿，最多经过 5 个位时间，总线各节点可以重新同步。

帧的部分，诸如帧起始、仲裁场、控制场、数据域以及 CRC 序列，均通过位填充的方法编码。无论何时，发送器只要检测到位流里有 5 个连续相同值的位，便自动在位流里插入一个补充位。接收器会自动删除这个补充位。

数据帧或远程帧（CRC 界定符、应答场和帧结尾）的剩余位场形式固定，不填充。错误帧和过载帧的形式也固定，但并不通过位填充的方法进行编码。

报文里的位流根据不返回到零（NRZ）方法来编码。这就是说，在整个位时间里，位的电平要么为“显性”，要么为“隐性”。

1.15 CAN 总线错误处理

1.15.1 错误类型

1. 位错误(Bit Error)

节点将发送至总线上的电平与从总线回读的电平进行比较,如果两者不同,如发送的是隐性位而回读的却是显性位,则节点会检测出位错误。但有以下 3 种例外情况不属于位错误:

① 仲裁区,节点发送隐性位,回读为显性位,这种情况表示仲裁失败。

② ACK 段,节点发送隐性位,回读为显性位,这种情况表示当前节点发送的报文至少被一个接收节点正确接收。

③ 该节点发送被动错误标志位,节点向总线发送被动错误标志,回读的不是 6 位连续的隐性位,这种情况是因为 CAN 总线是线与机制,被动错误标志被其他节点发送的显性位覆盖了,所以回读不是 6 位连续的隐性位。

2. 填充错误(Stuff Error)

在使用位填充法(CAN 协议中规定,当相同极性的电平持续 5 位时,则添加一个极性相反的位)进行编码的信息中出现了 6 个连续相同的位电平,则检测为填充错误。

3. 形式错误(Form Error)

当固定形式的位区中出现一个或多个非法位时,包括数据帧或远程帧的 CRC 界定符、ACK 界定符、EOF、错误帧界定符、过载帧界定符,则检测到一个格式错误。

4. 应答错误(Acknowledgment Error)

节点在发送报文(数据帧或远程帧)时,如果接收节点成功接收报文,那么接收节点会在规定的 ACK 应答时间段内(应答间隙 ACK SLOT)向总线发送一个显性位,告知发送节点报文已正常接收。当发送节点在 ACK 时间内没有回读到显性位时,则发送节点检测到一个应答错误。

5. CRC 错误(CRC Error)

发送节点在发送 CAN 报文(数据帧或远程帧)时,会对帧起始、仲裁段、控制段、数据段进行 CRC 计算,并将计算的结果放置在 CRC 段。接收节点在接收报文时对相同的段执行相同的 CRC 算法,如果计算结果与 CRC 段的数据不同,则接收节点检测出 CRC 错误。

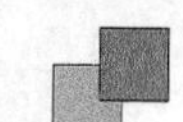

1.15.2　错误标志

监测到错误条件的节点通过发送错误标志指示错误。对于错误主动的节点，错误信息为主动错误标志；对于错误被动的节点，错误信息为被动错误标志。节点监测到无论是位错误、填充错误、形式错误，还是应答错误，这个节点会在下一位时发出错误标志信息。

只要监测到的错误条件是CRC错误，则错误标志的发送开始于ACK界定符之后的位（其他的错误条件除外）。

1.16　故障界定

1.16.1　错误计数划分

为了界定故障，在每个控制器中都设有2个计数器：发送错误计数器（TEC）和接收错误计数器（REC）。当涉及错误界定时，一个节点必须处于下述3个错误状态中的其中一个，至于具体是哪种错误状态，则取决于节点的错误计数值。

1. 错误主动（Error Counter，＜128）

当发送错误计数器和接收错误计数器值都小于128时，为错误主动状态（Error-active）；错误主动的单元可以正常地参与总线通信，并在检测到错误时发出主动错误标志。

2. 错误被动（256＞Error Counter≥128）

当发送错误计数器或接收错误计数器值大于127时，则为错误被动状态（Error-passive），错误被动的单元不允许发送主动错误标志。错误被动的单元参与总线通信，在错误被监测到时只发出被动错误标志。而且，被动错误标志发送以后，错误被动单元将在初始化下一个发送之前处于等待状态。

3. 总线关闭（Error Counter≥256）

当发送错误计数器或接收错误计数器值大于255时，则为总线关闭状态（Bus-off），此时节点不参与任何总线活动。总线关闭的单元不允许在总线上有任何的影响（如关闭输出驱动器）。

1.16.2　错误计数规则

错误计数规则共12条，如下：

① 当接收器监测到一个错误时，接收错误计数就加1。在发送主动错误标志或过载标志期间所监测到的错误为位错误时，接收错误计数器值不加1。

② 当错误标志发送以后，接收器监测到的第一个位为显性时，接收错误计数值加 8。

③ 当发送器发送一个错误标志时，发送错误计数器值加 8，例外情况如下：

ⓐ 发送器为错误被动，并监测到一个应答错误(此应答错误由监测不到一个显性 ACK 以及发送被动错误标志时监测不到一个显性位引起)时。

ⓑ 发送器因为填充错误而发送错误标志(此填充错误发生于仲裁期间。引起填充错误是由于填充位位于 RTR 位之前，并已作为隐性发送，但是却被监视为显性)时。

例外情况ⓐ和例外情况ⓑ时，发送错误计数器值不改变。

④ 发送主动错误标志或过载标志时，如果发送器监测到位错误，则发送错误计数器值加 8。

⑤ 当发送主动错误标志或过载标志时，如果接收器监测到位错误(位错误)，则接收错误计数器值加 8。

⑥ 在发送主动错误标志、被动错误标志或过载标志以后，任何节点最多允许 7 个连续的显性位。以下 3 种情况时，每一个发送器将它们的发送错误计数值加 8，且每一个接收器的接收错误计数值加 8：

- 监测到第 14 个连续的显性位后；
- 在监测到第 8 个跟随着被动错误标志的连续的显性位以后；
- 在每一个附加的 8 个连续显性位顺序之后。

⑦ 报文成功传送后(得到 ACK 及直到帧末尾结束没有错误)，发送错误计数器值减 1，除非已经是 0。

⑧ 如果接收错误计数值为 1～127，则在成功接收到报文后(直到应答间隙接收没有错误，即成功地发送了 ACK 位)，接收错误计数器值减 1。如果接收错误计数器值是 0，则它保持 0；如果大于 127，则它会设置一个 119～127 之间的值。

⑨ 当发送错误计数器值等于或超过 128，或当接收错误计数器值等于或超过 128 时，节点为错误被动。让节点成为错误被动的错误条件使节点发出主动错误标志。

⑩ 当发送错误计数器值大于或等于 256 时，节点为总线关闭。

⑪ 当发送错误计数器值和接收错误计数器值都小于或等于 127 时，错误被动的节点重新变为错误主动。

⑫ 在总线监视到 128 次出现 11 个连续隐性位之后，总线关闭的节点可以变成错误主动(不再是总线关闭)，错误计数值也被设置为 0。备注如下：

- 一个大于 96 的错误计数值显示总线被严重干扰，最好能够预先采取措施测试这个条件。
- 启动/睡眠：如果启动期间只有一个节点在线，且这个节点发送一些报文，则不会有应答，并检测到错误和重复报文。因此，节点会变为错误被动，而不是总线关闭。

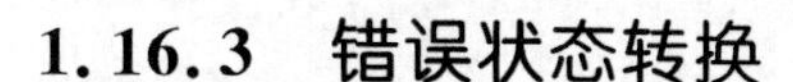

1.16.3 错误状态转换

主动错误、被动错误、总线关闭这3种错误状态根据通信网络的具体情况可以相互转换，如图1-27所示。状态跳转依据的是TEC和REC的值，其中，REC和TEC都小于128时为主动错误状态，该状态下节点能正常通信；当产生错误时，则发送6个连续显性位组成的主动错误标志。

当REC或者TEC大于127时，节点状态跳转至被动错误状态，此时节点能正常通信；当产生错误时，则发送6个连续隐性位组成的被动错误标志。

当TEC大于255时，节点进入总线关闭状态，并且不能收发报文，总线上其他节点依然可以正常通信。

当一个处于离线状态下的节点接收到用户请求或128次连续11位隐性位时，则变成主动错误状态，同时设置发送错误计数器和接收错误计数器为0。

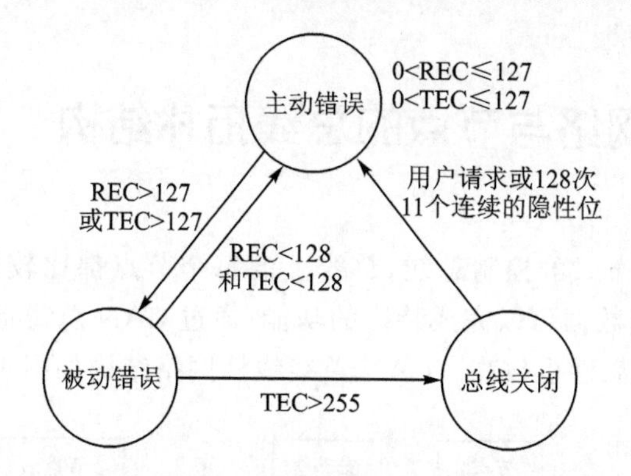

图1-27 错误状态切换示意图

一点通：错误状态转换可以用老师教育幼儿园学生的方法做比喻。张三小朋友在幼儿园经常犯一些小错误，于是老师就用量化指标来给张三约法三章，制定了详细的计分规则。张三错误分数在127以下，属于可以接受的状态；这期间如果张三帮助同学，则可以得到奖励积分。也就是说，张三的得分是动态的，犯错误时，错误分值增加；做好事时，错误分值减少，最少错误分值可以为0。但是，张三的错误分值大于127后老师就生气了，可能会对张三实施“训诫”；如果张三的错误分值大于255(比如张三把其他小朋友的头打流血了)，老师直接通知家长，把张三带回家好好教育(总线关闭状态)，待妥善处理此事后，家长再送张三到幼儿园上学(总线正常)。

1.16.4 错误标记及错误中断类型

当节点最少监测到一个错误时，则马上终止总线上的传输并发送一个错误帧。CAN错误中断类型有：

- 总线错误中断 EBI；
- 数据溢出中断 DOI；
- 出错警告中断 EI；
- 错误认可中断 EPI；
- 仲裁丢失中断 ALI。

备注如下：

① 总线错误时须检查总线是否已经关闭，为保证总线保持在工作模式，须尝试重新进入总线工作模式。

② 数据溢出中断时，应该通过提升软件处理效率及处理器性能解决接收速度引起的瓶颈；程序务必向 CAN 控制器发送清除溢出命令，否则将一直引起数据处的中断。

③ 其他错误中断一般可以不处理，不过在调试过程中应该打开所有中断以监视网络质量。

1.17 CAN 网络与节点的总线拓扑结构

CAN 是一种分布式的控制总线，总线上的每个节点都比较简单，使用 MCU 控制器处理 CAN 总线数据可以完成特定的功能；通过 CAN 总线将各节点连接起来时只需较少的线缆，可靠性也较高。CAN 总线线性网络结构如图 1－28 所示。

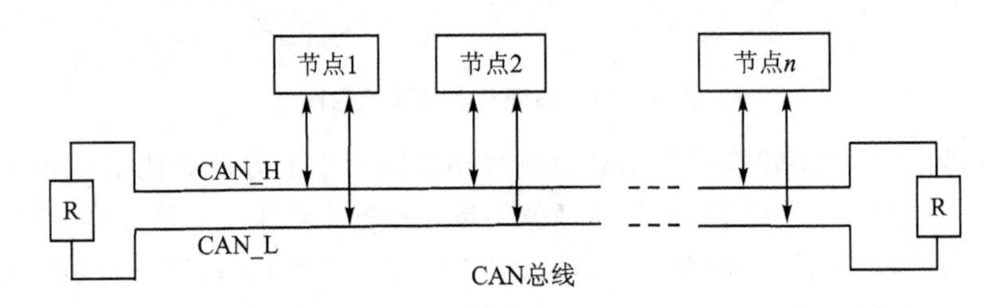

图 1－28 CAN 总线网络结构

1.17.1 总线结构拓扑

ISO11898 定义了一个总线结构的拓扑：采用干线和支线的连接方式；干线的两个终端都端接一个 120 Ω 终端电阻；节点通过没有端接的支线连接到总线；对干线与支线的参数都进行了说明，如表 1－7 所列。

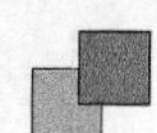

表1-7　干线与支线的网络长度参数

CAN总线位速率	总线长度	支线长度	节点距离
1 Mbit/s	最大40 m	最大0.3 m	最大40 m
5 kbit/s	最大10 km	最大6 m	最大10 km

实际应用中可以通过CAN中继器将分支网络连接到干线网络上，每条分支网络都符合ISO11898标准，这样可以扩大CAN总线通信距离，增加CAN总线工作节点的数量，如图1-29所示。

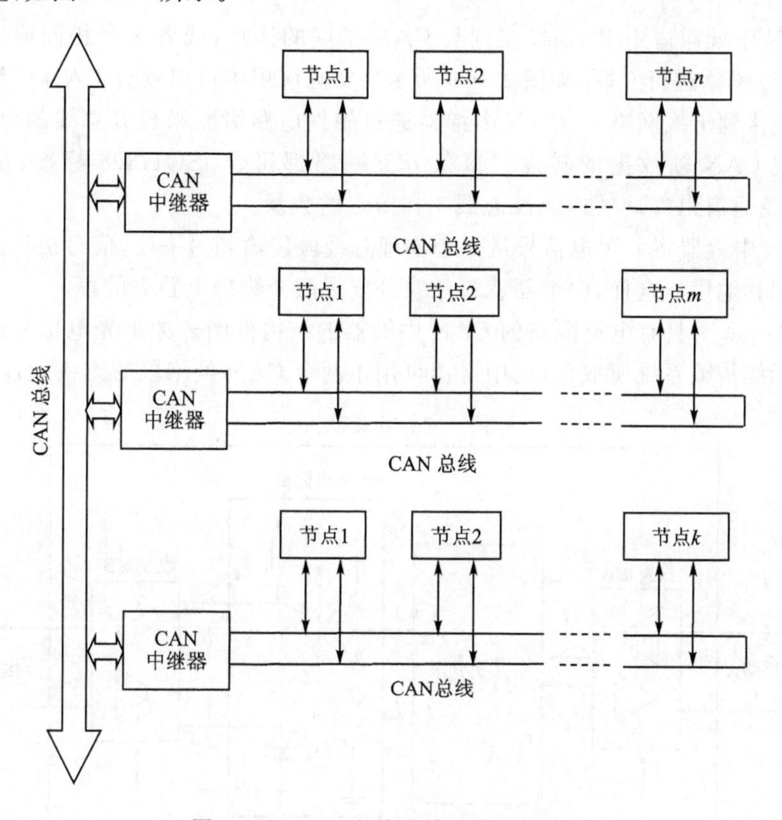

图1-29　CAN总线线性网络结构拓展

1.17.2　CAN总线通信距离

CAN总线最大通信距离取决于以下物理条件：

① 连接各总线节点的CAN控制器、收发器的循环延迟以及总线的线路延迟；

② 由于振荡器容差而造成的位定时额度的不同；

③ 总线电缆的串联阻抗、总线节点的输入阻抗而使信号幅值下降因素。

CAN总线最大有效通信距离(见表1-8)和通信波特率的关系可以用以下经验

公式计算：

$$最大位速率\times最大有效通信距离\leqslant 60$$

表 1-8 CAN 总线最大有效通信距离

位速率/(kbit/s)	5	10	20	50	100	125	250	500	1 000
最大有效距离/m	10 000	6 700	3 300	1 300	620	530	270	130	40

1.17.3 CAN 中继器

CAN 中继器适用于 CAN 主网与 CAN 子网的连接，或者 2 个相同通信速率的平行 CAN 网络进行互联，如图 1-29 所示。实际应用中可以通过 CAN 中继器将分支网络连接到干线网络上，CAN 中继器通过硬件电路级联来提升总线的电气信号，从而实现 CAN 帧数据的转发。每条分支网络都符合 ISO11898 标准，从而扩大 CAN 总线通信距离，增加 CAN 总线工作节点的数量。

CAN 中继器将一个电信号从一个物理总线段传输到另一段，信号被重建并透明地传输到其他段。这样，中继器就将总线分成了两个物理上独立的段。

图 1-30 为具有电流隔离的 CAN 中继器的结构框图。如果光电信号的传输被红外或无线传输系统所取代，则中继器可用于两个 CAN 网络段的无线耦合。

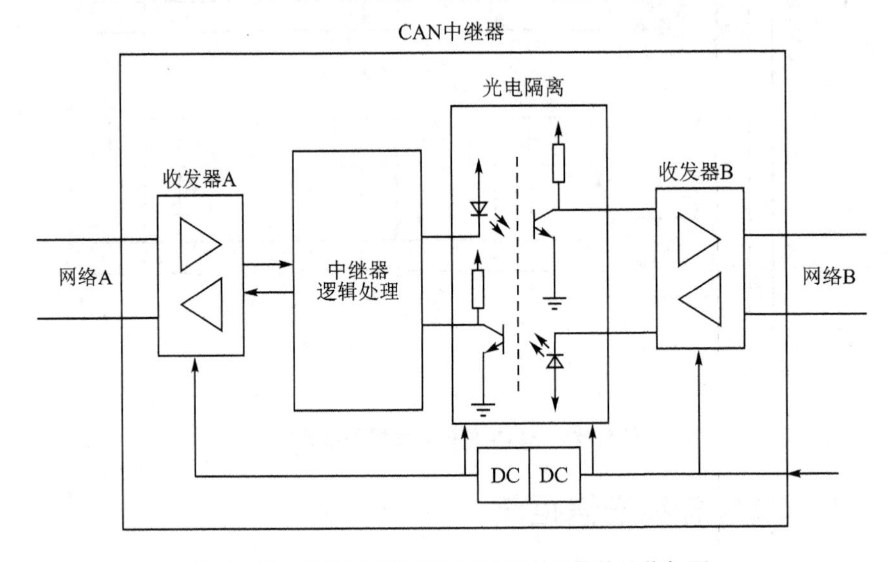

图 1-30 具有电流隔离的 CAN 中继器的结构框图

对于 EMC 干扰严重或者有潜在爆炸可能的区域，可使用 CAN 光纤中继器进行桥接。图 1-30 所示的光电耦合器此时被一个转发器系统取代，该系统包括两个转发器、一个玻璃或塑料光纤传输系统。

现代的 CAN 光纤中继器系统(玻璃纤维)允许的最大桥接距离为 1 km。由于中

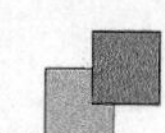

继器所引入的额外信号传输延迟，使用中继器实际上减小了网络最大可能的范围。但是通过使用中继器可以适应安装位置和空间的需要，在很多情况下可以节省线缆的使用。例如，图 1－31 为一个连接许多生产线的网络的分布结构。线形网络所需要的总线总长度为 440 m，这样该 CAN 网络的最大数据速率被限制在大约 150 kbit/s 以内。如果按照图 1－32 使用中继器进行连接，网络的总长度只有 290 m，信号传输的最大距离只有 150 m(节点 6 和节点 12 之间)，这样该系统的最大数据传输速率约为400 kbit/s。

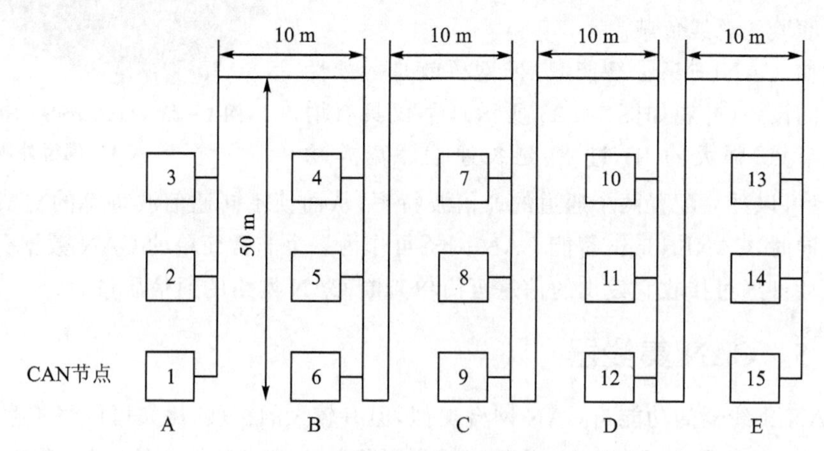

图 1－31　使用线形拓扑连接的生产线

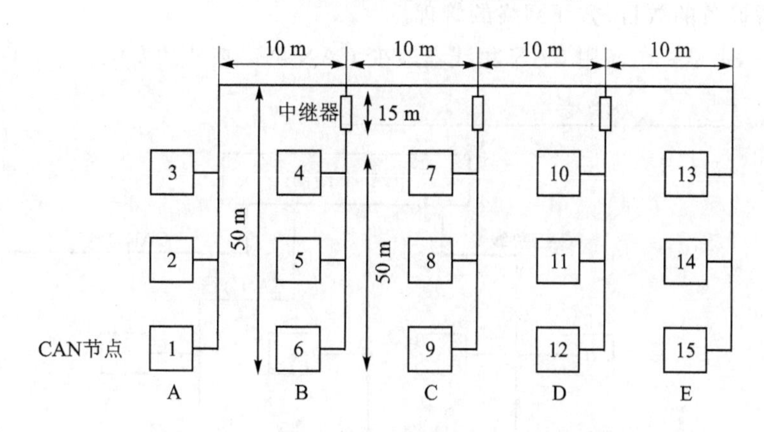

图 1－32　使用优化的网络拓扑连接的生产线

通过这个例子可以看出，中继器非常适用于设计优化的扩展网络拓扑结构。使用中继器还可增加每个网络段所挂的节点数。此外，有些中继器还可检测到对地以及电路之间的短路，这样就保证了在一个总线段出现故障时，剩下的网络仍然能够工作。

1.17.4 CAN 网桥

网桥将一个独立的网络连接到数据链路层，提供存储功能，并在网络段之间转发全部或部分报文。而中继器转发所有的电气信号。

通过从一个网络段向另外一个网络段转发它所需要的报文，集成了滤波功能的网桥，可以实现多段网络的组织结构。使用这种方式还可以控制不同总线段的总线负载。

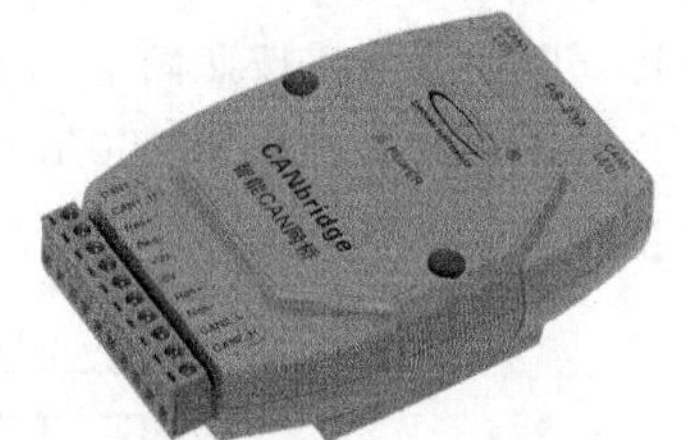

图 1-33 CANbridge 智能 CAN 网桥外观

例如，CANbridege 智能 CAN 网桥就是一款性能优异的设备(外观如图 1-33 所示)，不仅具有增加负载节点、强大的 ID 过滤、延长通信距离等功能，而且可以独立配置两个通道的通信波特率，从而使不同通信波特率的 CAN 网络互联。同时，CANbridege 智能 CAN 网桥可作为一个非常简单的 CAN 数据分析仪，上位机软件通过接收它发出的信息可简单判断 CAN 网络的通信质量。

1.17.5 CAN 集线器

CAN 集线器的功能与 CAN 网桥类似，但有较大的扩展，比如可以将 4 路或 8 路的独立 CAN 网段连接在一起，从而构成星形拓扑方式或其他拓扑结构，节省网络中 CAN 网桥设备的数目，方便网络的管理。

图 1-34 是一个使用 CAN 集线器改变 CAN 网络拓扑的实例。

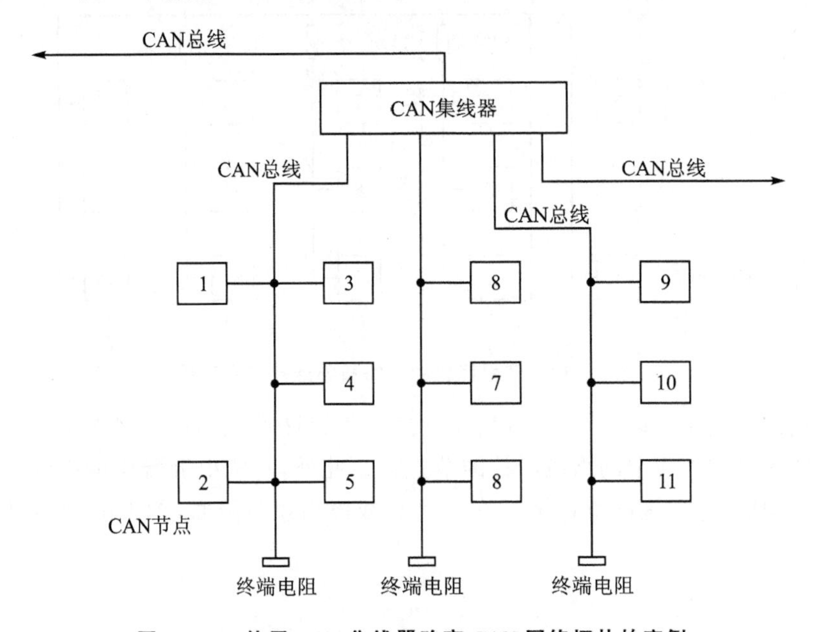

图 1-34 使用 CAN 集线器改变 CAN 网络拓扑的实例

1.17.6　CAN网关

不同类型的网络互联是技术发展的最新潮流。CAN网关提供不同协议的网络之间的连接,通常也称作"协议转换器"。CAN网关将不同通信系统之间的协议数据单元进行转换,如图1-35所示。

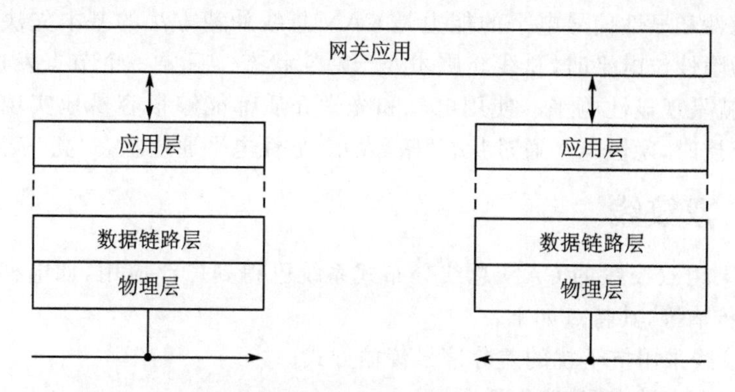

图1-35　两个不同的通信系统之间的协议数据单元转换

市面上有许多不同类型的CAN网关,包括CAN/CANopen/DeviceNet和AS-I、RS232/RS485、Interbus-S、Profibus或Ethernet/TCP-IP之间的网关。CAN网络可以通过网关连接到其他任何类型的网络,包括因特网。CAN-Internet网关提供了诸如对CAN系统的远程维护和诊断等功能。

图1-36为一个使用转发器、桥接器和网关的复杂网络结构。

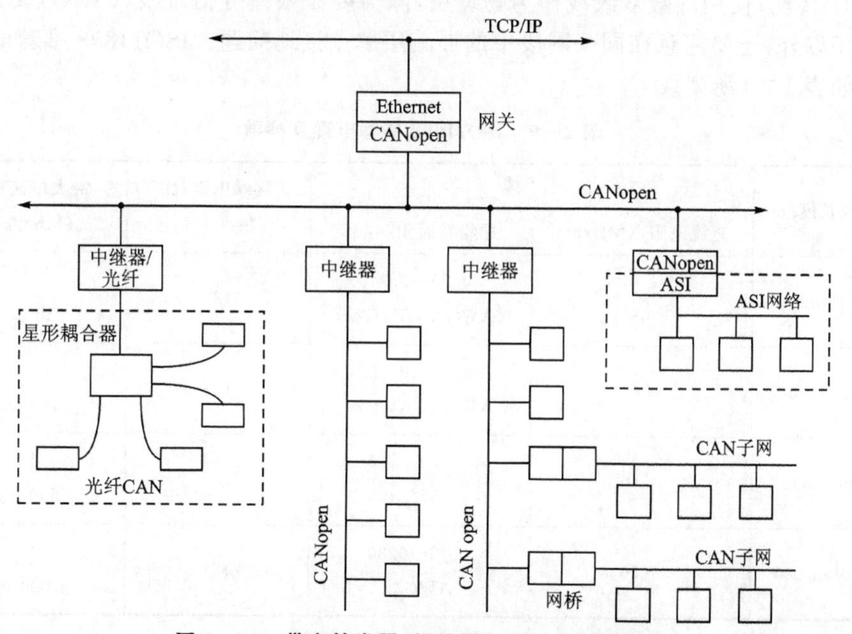

图1-36　带有转发器、桥接器和网关的网络结构

1.18　CAN 总线传输介质

CAN 总线可以使用多种传输介质，常用的如双绞线、光纤等，同一段 CAN 总线网络要采用相同的传输介质。

表示隐性和显性信号电平的能力是 CAN 总线仲裁方法的基本先决条件，即所有节点都为隐性位电平时，总线介质才处于隐性状态。只要一个节点发送了显性位电平，总线就呈现显性电平。使用电气和光学介质都能够很容易地实现这一原理。使用光学介质时，隐性电平通过状态“暗”表示，显性电平通过状态“亮”表示。

1.18.1　双绞线

目前，采用双绞线的 CAN 总线分布式系统已得到广泛应用，如电梯控制、电力系统、远程传输等，其特点如下：

① 双绞线采用抗干扰的差分信号传输方式；

② 技术上容易实现、造价低；

③ 对环境电磁辐射有一定抑制能力；

④ 随着频率的增长，双绞线线对的衰减迅速增高；

⑤ 双绞线有近端串扰；

⑥ 适合 CAN 总线网络 5 kbit/s～1 Mbit/s 的传输速率。

⑦ 使用非屏蔽双绞线作为物理层，只需要有 2 根线缆作为差分信号线（CANH、CANL）传输；使用屏蔽双绞线作为物理层，除需要 2 根差分信号线（CANH、CANL）的连接以外，还要注意在同一网段中的屏蔽层单点接地问题。ISO11898 推荐电缆及参数如表 1－9 所列。

表 1－9　ISO11898 推荐电缆及参数

总线长度/m	电　缆		终端电阻/Ω（精度 1%）	最大位速率/（Mbit/s）
	直流电阻/（MΩ/m）	导线截面积/mm^2		
0～40	70	0.25～0.34（AWG23，AWG22）	124	1（40 m）
40～300	＜60	0.34～0.60 AWG22，AWG20	127	1（100 m）
300～600	＜40	0.50～0.60 AWG20	127	1（500 m）
600～1 000	＜26	0.75～0.80 AWG18	127	1（1 000 m）

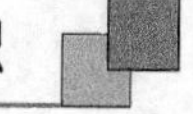

1. 双绞线电缆选择要素

(1) 线　长

如果外部干扰比较弱，CAN 总线中的短线(长度<0.3 m，如在 T 型连接器)可以采用扁平电缆。通常，用带屏蔽层的双绞线作为差分信号传输线会更可靠。带屏蔽层的双绞线通常被用作长度大于 0.3 m 的电缆。

(2) 波特率

由于取决于传输线的延迟时间，CAN 总线的通信距离可能会随着波特率减小而增加。

(3) 外界干扰

必须考虑外界干扰，如由其他电气负载引起的电磁干扰。尤其注意有大功率电机运行或其他在设备开关时容易引起供电线路上电压变化的场合。如果无法避免出现类似于 CAN 总线与电压变化强烈的供电线路并行走线的情况，那么 CAN 可以采用带双屏蔽层的双绞线。

(4) 特征阻抗

这里采用的传输线的特征阻抗约为 120 Ω。由于 CAN 总线接头的使用，CAN 总线的特征阻抗可能发生变化。因此，不能过高估计所使用电缆的特征阻抗。

(5) 有效电阻

这里使用的电缆电阻必须足够小，以避免线路压降过大，影响位于总线末端的接收器件。为了确定接收端的线路压降，避免信号反射，总线两端需要连接终端电阻。

2. 电缆适用类型

CAN 网络对于总线的通信距离有一定的要求。总线的通信距离包括两层含义：一是两个节点之间不通过中继器能够实现的距离，该距离与通信速率成反比；另一个是整个网络最远的两个节点之间的距离。

在实际应用中，通信距离必须考虑整个网络的范围。网络中的通信电缆应该根据网络中通信的距离和速率进行选择，主要考虑电缆的传输电阻以及特征阻抗。

一般而言，现场总线采用电信号传递数据，传输的过程中不可避免地受到周围电磁环境的影响。因此，传输数据的电缆通常使用带有屏蔽层的双绞线，并且屏蔽层要接到参考地。

表 1-10 列出了一些 CAN 双绞线/屏蔽双绞线的电缆型号。这个型号清单只是作为一个参考，用户须根据其应用领域及生产商的电缆技术参数决定使用哪种类型的电缆。

表 1-10 推荐的电缆类型

型　号	芯数×标称截面/mm²	导体结构(No./mm)
RVVP	2×0.12	2×7/0.15 双绞镀锡铜编织
RVVP	2×0.20	2×12/0.15 双绞镀锡铜编织
RVVP	2×0.30	2×16/0.15 双绞镀锡铜编织
RVVP	2×0.50	2×28/0.15 双绞镀锡铜编织
RVVP	2×0.75	2×24/0.20 双绞镀锡铜编织
RVVP	2×1.00	2×32/0.20 双绞镀锡铜编织
ZR RVVP	2×1.00	阻燃 2×32/0.2 双绞镀锡铜编织
RVVP	2×1.50	2×48/0.2 双绞镀锡铜编织
ZR RVVP	2×1.50	阻燃 2×48/0.2 双绞镀锡铜编织
RVVP	2×2.50	2×49/0.25 双绞镀锡铜编织

图 1-37、图 1-38 分别给出了带单/双屏蔽层的 CAN 电缆剖析与连接的示范图。

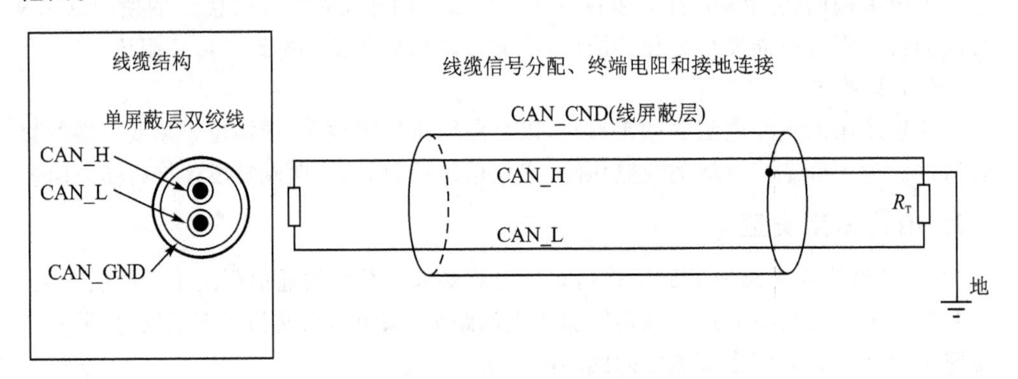

图 1-37 单屏蔽层的 CAN 电缆剖析与连接图示

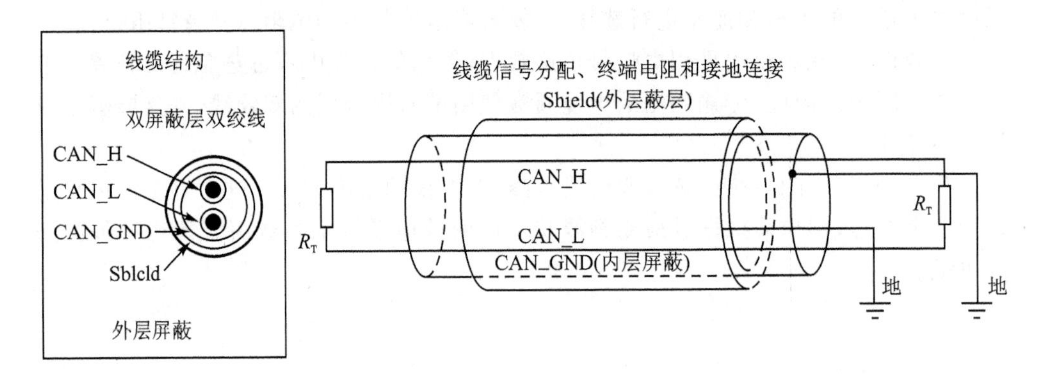

图 1-38 双屏蔽层的 CAN 电缆剖析与连接图示

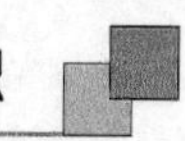

如果使用单屏蔽层电缆时，那么屏蔽层要在某一点处接地。如果使用了双屏蔽层电缆，那么内屏蔽层（类似于单屏蔽层电缆屏蔽的应用）作为 CAN_GND 信号线且在某一点处接地。外屏蔽层同样应该在某一点处接地，但不作为 CAN_GND，而是将外屏蔽层连接到 DB9 插座（广州致远公司的 CAN 接插座）的接头屏蔽层。

3. 双绞线使用及注意事项

在采用双绞线作为 CAN 总线传输介质时必须注意以下几点：

① 双绞线采用抗干扰的差分信号传输方式；

② 使用非屏蔽双绞线作为物理层时，只需要 2 根线缆作为差分信号线（CANH、CANL）传输；

③ 使用屏蔽双绞线作为物理层时，除需要 2 根差分信号线（CANH、CANL）的连接以外，还要注意在同一网段中的屏蔽层单点接地问题；

④ 网络的两端必须有两个范围在 118 Ω$<R_T<$130 Ω 的终端电阻（在 CAN_L 和 CAN_H 信号之间）；

⑤ 支线必须尽可能得短；

⑥ 使用适当的电缆类型，必须确定电缆的电压衰减；

⑦ 确保不要在干扰源附近布置 CAN 总线，如果不得不这样做，那么应该使用双层屏蔽电缆。

4. 现场信号电缆

现场信号主要为模拟量信号、数字量信号以及脉冲信号。对于连接现场信号的电缆选择需要注意如下的事项：

模拟量信号：模拟量信号包括模拟量输入信号、模拟量输出信号以及温度信号（热电阻、热电偶）。模拟量信号的连接必须使用屏蔽双绞线，信号线的截面积应大于等于 1 mm^2。

数字量信号：数字量信号包括数字量输入信号、数字量输出信号。低电压的数字量信号应该采用屏蔽双绞线进行连接，信号线的截面积应大于等于 1 mm^2。高电压（或者大电流）的数字量信号可以采用一般的双绞线。

注意：高电压（或者大电流）的数字量信号选用双绞线时，需要考虑其耐压等级和允许的最大电流。布线时，高电压（或者大电流）的数字量信号线缆要与模拟量信号线缆、低电压数字量信号线缆分开。

脉冲信号包括脉冲输入信号和脉冲输出信号。脉冲信号往往具有较高的频率，容易受到外界的干扰，因此对于脉冲信号的连接必须使用屏蔽双绞线，信号线的截面积应大于等于 1 mm^2。脉冲信号线缆在布线时也必须与高电压（或者大电流）的信号线缆分开。

1.18.2 光 纤

1. 光纤的选择

石英光纤特点：

- 衰减小，技术比较成熟；
- 纤带宽大，抗电磁干扰；
- 易成缆特性；
- 芯径很细(小于10 μm)；
- 连接成本较高。

塑料光纤特点：

- 成本与电缆相当；
- 芯径达(0.5～1 mm)；
- 连接易于对准；
- 质量轻；
- 损耗将低到20 dB/km。

2. 光纤CAN网络的拓扑结构

- 总线形：由一根共享的光纤总线组成，各节点另需总线耦合器和站点耦合器实现总线和节点的连接；
- 环形：每个节点与紧邻的节点以点到点链路相连，形成一个闭环；
- 星形：每个节点通过点到点链路与中心星形耦合器相连。

3. 与双绞线和同轴电缆相比

- 光纤的低传输损耗使中继之间的距离大大增加；
- 光缆还具有不辐射能量、不导电、没有电感的优点；
- 光缆中不存在串扰以及光信号相互干扰的影响；
- 不会有在线路接头处感应耦合导致的安全问题；
- 强大的抗EMI能力。

目前存在的主要问题是价格昂贵，设备投入成本较高。

4. 光纤CAN网络的特殊问题

当两个CAN节点使用光纤相连时，两节点都需要相应接口电路——逻辑控制单元(LCU)；功能是克服光纤CAN网络的特殊问题——堵塞。

当两个CAN节点中的一个采用双绞线作为传输介质，另一个采用光纤作为传输介质时，需要将双绞线上的差分信号CANH和CANL通过逻辑控制单元转换成数字信号，显性用0表示，隐性用1表示，从而实现消除堵塞的逻辑控制功能。随后，通过光电转换模块将CAN总线的显性(逻辑0)用有光表示，隐性(逻辑1)用无光表示。

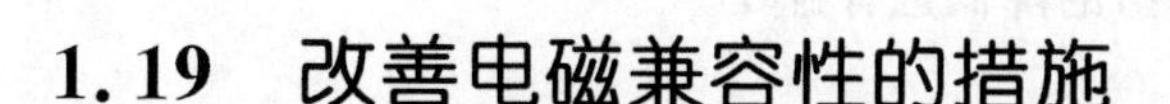

1.19 改善电磁兼容性的措施

当使用非屏蔽导线时，物理层的电磁兼容性就变得非常重要。CAN网络中改善电磁兼容性的措施可以分为两大类：

① 抑制感应电磁干扰(吸收防护)；

② 减小发射的电磁功率(发射防护)。

EMC基本上表现为接收器在共模噪声条件下正确检测差分信号的能力。对于发射，首要关心的是由于CAN_H和CAN_L之间的非理想对称性所造成的总线发射的功率频谱。

当然，改善吸收和发射防护的最重要的方法之一就是使用双绞和屏蔽的总线，这提供了非常强的防护，并且与应用参数(如位速率和节点数)无关。此外，还有一些常用的措施来改善吸收方面的EMC，如下所示：

① 通过总线接口中的衰减元件增加电阻值，以抑制共模干扰。

② 通过分开的总线终端转移高频干扰。

③ 避免脉冲的快速跳变是降低电磁辐射的一个有效措施。因此，将总线信号的斜率降低到能够满足信号上升和下降沿时间的最低要求。

1.19.1 增加电阻值抑制共模干扰

在共模干扰方面，符合ISO 11898—2标准的差分(对称)传输已经提供了极好的防护。在CAN收发器所支持的共模范围之内，由于接收器只计算总线之间的电压差，因此滤除了共模干扰信号，但是高能量的、电感性的感应干扰信号可以导致产生超出收发器共模范围的干扰信号。为了抑制这种干扰信号，可以在CAN节点的输入电路中插入一个扼流线圈，如图1-39所示。

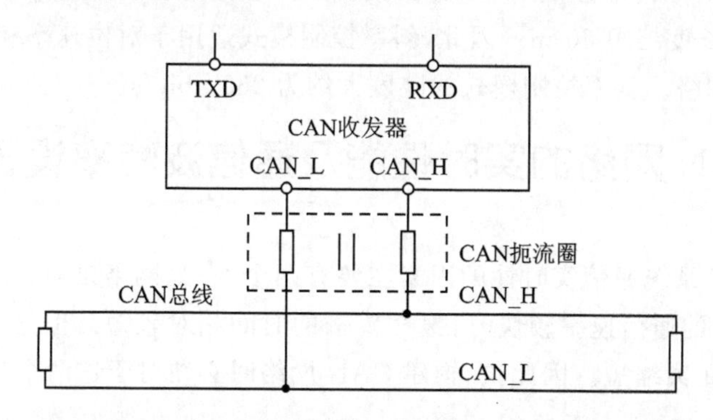

图1-39 通过扼流线圈抑制电感性的感应共模干扰

CAN扼流线圈可以从不同的厂商处得到。由于扼流线圈的高阻抗，差分信号的高频部分也因此衰减，这对于电磁辐射的降低也有益处。

1.19.2 分开的总线终端

在高频方面，将总线终端电阻分开可改善CAN网络的电磁兼容性。此时终端电阻被分成两个相同的大电阻，中间通过一个耦合电容接地，如图1-40所示。这样使高频信号对地短路但却不会削弱直流特性，必须确保电容连接到一个电平固定的地。

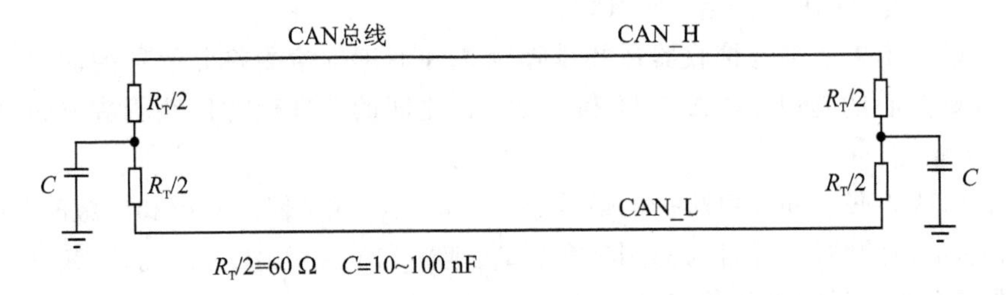

图1-40 通过分开总线终端改善EMC特性

1.19.3 斜率控制

普通的总线收发器都支持斜率控制模式，用于调节发送信号的斜率。通过降低斜率可以使辐射信号频谱中的高频部分显著降低，但是在给定位速率的情况下，增加信号边沿的上升和下降时间会减少总线最大可能的长度。总线缩短的长度ΔL与增加的信号延迟时间t_{add}之间的关系如下：

$$\Delta L = \frac{t_{add}}{t_p}$$

其中，t_{add}为增加的信号延迟时间，t_p为规定的单位长度传输时间。

在规定的信号传输速度为5 ns/m时，信号电平的上升和下降时间增加200 ns将会导致总线长度缩短80 m。因此，斜率控制模式适用于对位速率和总线长度要求很低的CAN网络。斜率控制模式的限度大约为250 kbit/s。

1.20 CAN网络的实时性能及通信波特率设置

影响CAN系统通信实时性的因素主要有两个：一是网络延时，二是总线通信速率。CAN总线的通信速率较快时，报文传输的时间相对较短。但是，较高的通信速率会导致传输距离缩短。因此，在构建CAN网络时必须对于这两个参数进行设定。

1.20.1 网络延时

CAN总线属于串行总线，系统中所有的节点共用总线介质，如双绞线、光纤。

CAN分布式系统的控制通常会因为信息的传输而导致额外的延迟时间。因为CAN总线的无损仲裁以及多主的特性，当总线上同时有多帧报文信息传输时，报文信息之间存在竞争，标识符越低的报文信息优先级越高，会首先占用CAN总线传输，优先级低的报文信息会在总线空闲时重新发送。但是，当优先级高的报文信息传输密度太大时，则将导致低优先级的报文信息无法重新发送，总线超载溢出。

限制高优先级报文信息连续访问(占用)总线的一个简单方法是：在一个适当的指定时间间隔(最小禁止时间)之后留有一定的时间，在这段时间内可以传输低优先级的报文。

在实际应用中，CAN系统中所有报文的数量可以分成高优先级报文数和低优先级报文数。下面举例说明对CAN系统的最大可能响应时间的估计，该时间是在最坏情况下一个报文的最大可能延迟时间。最坏的情况是所有高优先级报文都打算同时进行传输数据。

假设有一组16个高优先级报文，每个报文包含2个数据字节，则由图1-41可知，每个报文的帧长度为64＋8×2＝80位。

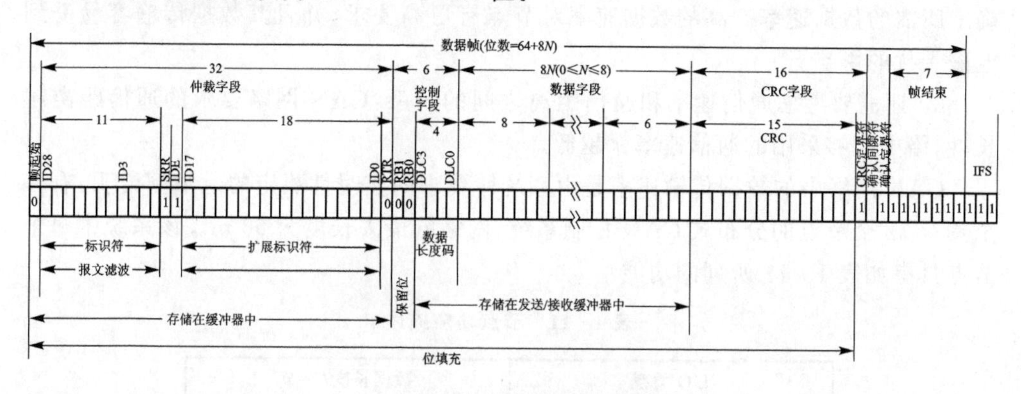

图1-41　扩展数据帧示意图

当通信波特率为1 Mbit/s时，传输一个bit用时1 μs，则每个报文的传输时间为80 μs。传输所有16个高优先级报文需要80 μs ×16＝1.28 ms。

只有在高优先级报文的总线平均负载非常高的系统中，才需要考虑增加低优先级报文传输的额外窗口时间。在该假设的例子中，系统确保所有16个高优先级报文的延迟时间小于1.5 ms(见图1-42)，并保留一个额外的窗口时间用于传输低优先级报文。实际上，只有在所有高优先级报文同时进行传输时，高优先级报文组中最低优先级的报文才会产生此最大延迟时间。

注意：讨论不同总线概念的实时性时应当注意到CAN协议中特别短的错误恢复时间，以上的讨论中并没有考虑传输中可能存在的错误帧。

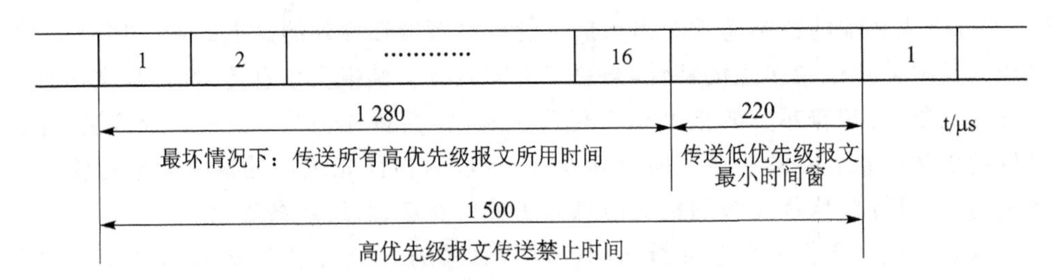

图 1-42　对 CAN 报文最大延迟时间的估计

1.20.2　CAN 网络通信速率选择

CAN 网络通信速率的选择需要考虑以下两个因素：

① CAN 系统需要的通信速率通常由需要的延迟时间来决定，而一个报文的最大可能延迟时间是由比其优先级高的所有报文的整个传输时间决定的。虽然 CAN 协议允许的最大数据传输速率为 1 Mbit/s，但明智的做法是根据延迟时间的要求来确定所需的数据速率。高的数据速率对节点有更高要求，并且其数据传输容易受到电磁干扰的影响。

② 还需要考虑通信速率和通信距离之间的关系：CAN 网络要求的通信距离越长，网络中能够采用的通信速率就越低。

CAN 网络中的数据传输速率是由系统所要求的实时性决定的。举例说明：有一个具有 32 个节点的分布式 CAN 控制系统，网络的最大长度为 60 m。该系统中每个节点具有如表 1-11 所列的功能。

表 1-11　节点功能描述

I/O 类型	数据长度/字节
数字量输入	2
数字量输出	2
模拟量输入	8

假设系统要求所有数字量输入的最大延迟时间小于 5 ms。那么，在最坏的情况下意味着所有数字量输入必须在 5 ms 内传输。对于一个包括 2 个字节的数字量输入报文，最坏情况下需要 80 个位时间。如果 32 个 I/O 节点同时发送各自的数字量输入状态，那么总共需要传输 80×32=2 560 个位时间。为了保证在 5 ms 内完成传送，每个位时间 t_{bit} 必须满足：

$$t_{\text{bit}} \leqslant \frac{5\ \text{ms}}{2\ 560} = 1.95\ \mu\text{s}$$

如果选用 500 kbit/s 的通信速率，其位时间为 2 μs，其传输速率不满足要求，那么需要选择更高的通信波特率，如 800 kbit/s，其传输一位时间是 1.25 μs。

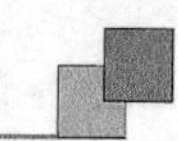

选择网络数据传输速率时还必须考虑通信速率和通信距离之间的关系。例如，上例中网络的最大长度为60 m，则系统的通信速率为800 kbit/s，完全符合网络的长度要求。

但是，如果网络的最大通信距离为160 m，则必须重新规划网络。例如，为保证800 kbit/s的通信速率，须通过增加CAN中继器的手段来保证网络最大传输距离，但此时中继器的延时对于系统的实时性又不可避免地有所影响。

估计该系统网络上总线负载时，假设示例中的CAN系统每个节点100 ms发送一次：

数字量输入报文传送占用时间：32×(64+8×2)位×1.25 μs = 3.2 ms

数字量输出报文传送占用时间：32×(64+8×2)位×1.25 μs = 3.2 ms

模拟量输入报文传送占用时间：32×(64+8×8)位×1.25 μs = 5.12 ms

那么在最坏情况下总线大约被占用3.2 ms +3.2 ms +5.12 ms =11.52 ms，对应的平均总线负载为：

$$11.52\ \text{ms} / 100\ \text{ms} = 11.52\%$$

在构建CAN总线网络时，应该将系统的总线负载控制在合理的范围内，一般应用中建议CAN网络的平均负载不大于60%。

1.20.3　CAN网络通信速率的一致性

CAN总线波特率的设置需要针对具体的CAN控制芯片来设置(本文以SJA1000芯片为例)，同时也需要依据具体的晶振频率设定(如16 MHz晶振)。然后设置总线定时器0(BTR0)、总线定时器1(BTR1)，涉及波特率预设、同步跳转宽度、位周期长度、采样点位置、采样点数目等变量，计算复杂。这些复杂的计算不需要读者具体掌握，可以通过许多计算软件实现，如广州周立功公司提供了一款针对SJA1000芯片的波特率计算软件，直接输入晶振频率和所需要的CAN通信波特率就可以获得总线定时器0(BTR0)、总线定时器1(BTR1)的设置数值，如图1-43所示。

由图1-43可以看出，针对SJA1000芯片，同样的16 MHz晶振，为获得100 kbit/s的通信速率，总线定时器0(BTR0)、总线定时器1(BTR1)有多种组合。

即便选用12 MHz晶振，为获得100 kbit/s的通信速率，总线定时器0(BTR0)、总线定时器1(BTR1)同样又有多种新的组合，如图1-44所示。

不同的总线定时器0(BTR0)和总线定时器1(BTR1)组合会给CAN通信速率带来一定的误差。另外，在CAN网络中，每个节点都从振荡器(晶振)提供的基准中取得位时间，由于各自振荡器初始的容差偏移、老化和温度偏移等因素，实际的数值和标称数值存在一定的偏差，这也给CAN通信速率带来一定的误差。

事实上，CAN总线通信时，其通信波特率允许有一定的误差，比如1%的误差(CAN协议规定1%的误差在容许的范围内)。CAN总线规范中通过“同步”来尽量

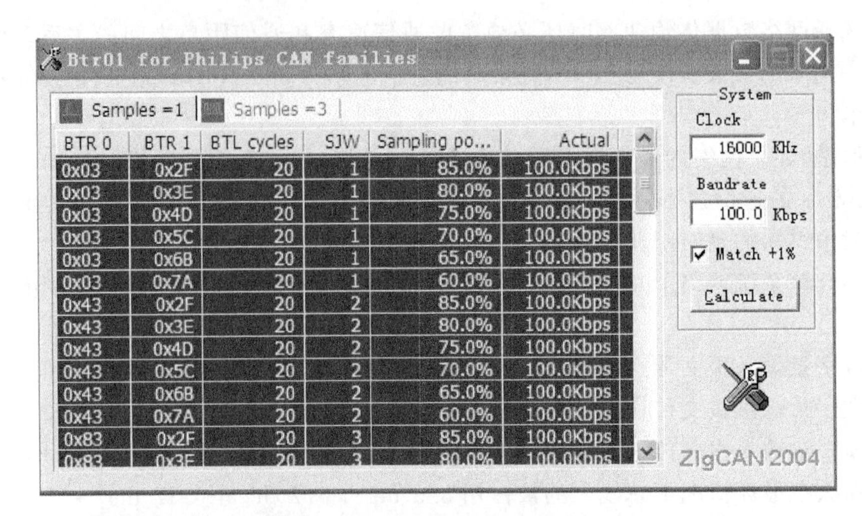

图 1-43　SJA1000 芯片通信速率计算软件界面(16 MHz 晶振)

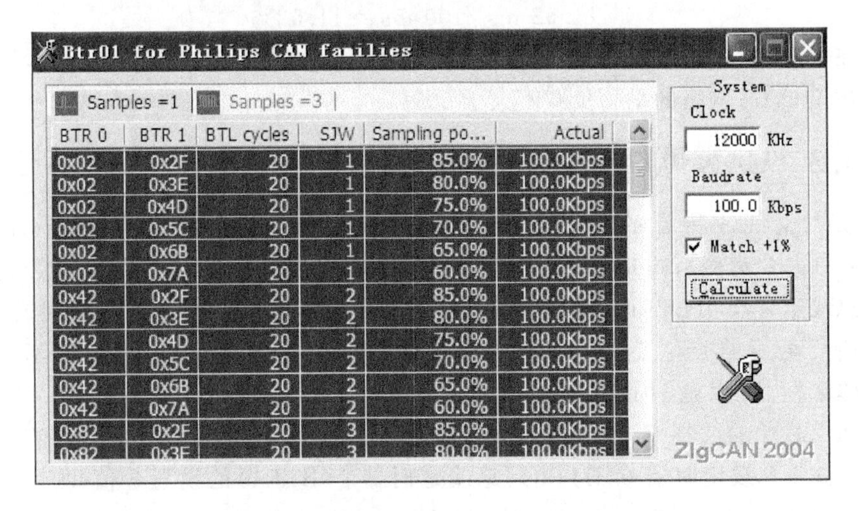

图 1-44　SJA1000 芯片通信速率计算软件界面(12 MHz 晶振)

减小这种误差。

但是,需要注意以下几点:

① 如果嵌入式研发者设计一条完整的 CAN 通信网络,那么网络中各节点的 CAN 控制器芯片最好采用同样的晶振频率,如 16 MHz 晶振。

② 最好采用同一厂家生产的晶振,以保证晶振出厂时的生产一致性。

③ 最好采用相同的总线定时器 0(BTR0)、总线定时器 1(BTR1)设置数值,例如,16 MHz 晶振,获得 100 kbit/s 的通信速率,CAN 网络中所有节点的 BTR0 设置为 0X03、BTR1 设置为 0X5C。

这样可以最大限度地减小 CAN 总线通信波特率带来的误差,提高其运行的可

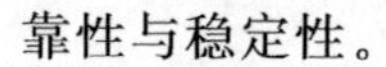

靠性与稳定性。

笔者在一个实际工程项目中就遇到过此类问题：针对 SJA1000 芯片，两个节点分别采用 16 MHz 和 12 MHz 晶振，为获得 100 kbit/s 的通信速率，随便在如此多的总线定时器 0(BTR0)和总线定时器 1(BTR1)组合中选用了一组，结果两节点不能相互通信。但并不是所有的组合均不能正常通信，所以这 3 点是笔者经过无数次试验和思考后得到的，读者可以参考。

1.21 CAN 总线节点设备的电源

CAN 网络中的模块设备可以采用独立供电或者采用网络供电，如图 1－45 所示。采用网络供电时，必须另外铺设电源线。此时，必须考虑电源线上的压降、网络电源的功率以及网络电源的供电范围。

如果模块设备采用独立供电方式，那么电源只要能够满足模块设备的供电电流以及模块的供电电压需求即可。

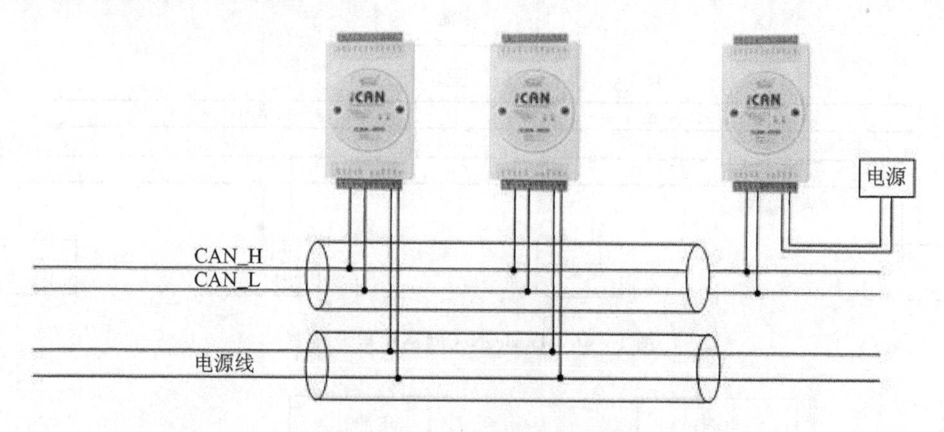

图 1－45 CAN 设备电源连接

选择网络电源时，要明确该电源供电的范围，并了解在其供电范围内每个模块设备的工作电压、消耗的电流以及设备在网络中的位置、所需电缆的长度、电缆的电阻。网络电源的选择应该保留一定的余量，一般为 30％。

如果一个电源不能满足上述要求，那么就需要使用多个电源给网络多处供电，以保证网络中的节电设备能够得到需要的工作电流。网络电源的选取可以参考 DeviceNet 协议中的相关规定(见表 1－12 和表 1－13)，下面简要介绍 DeviceNet 协议规范中的网络电源配置。

表 1-12　DeviceNet 粗缆的截面积与其能流过的最大电流

距离/m	0	25	50	100	150	200	250	300	350	400	450	500
通过的电流/A	8	8	5.42	2.93	2.01	1.53	1.23	1.03	0.89	0.78	0.69	0.63

注意：DeviceNet 网络中采用粗缆时，最大通信距离为 500 m，因此表中距离值最大为 500 m。

表 1-13　DeviceNet 细缆的截面积与其能流过的最大电流

距离/m	0	10	20	30	40	50	60	70	80	90	100
通过的电流/A	3	3	3	2.06	1.57	1.26	1.06	0.91	0.8	0.71	0.64

注意：DeviceNet 网络中采用细缆时，最大通信距离为 100 m，因此上表中距离值最大为 100 m。

图 1-46 和图 1-47 为网络中单电压和双电源配置的情况，也可以根据实际情况采用多电源，电源可以配置在网络中间或者网络终端。网络中的电流不能超出电缆的最大许容电流。按照 DeviceNet 规范中的要求，主干线的最大容许电流为 8 A（粗缆），分支线的最大容许电流为 3 A（细缆）。

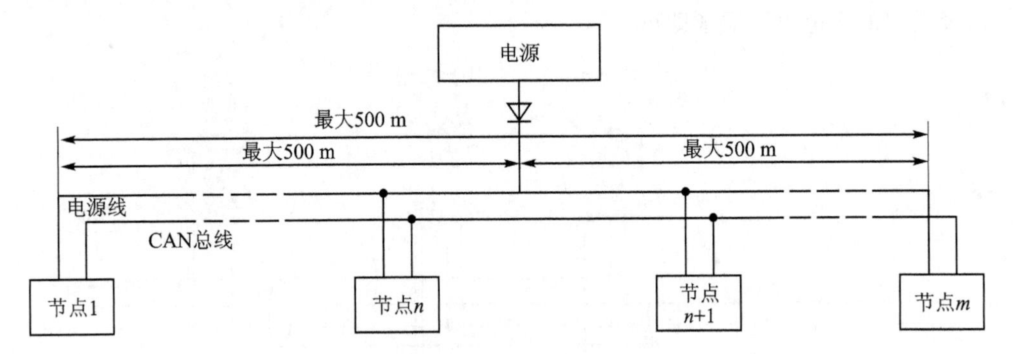

图 1-46　DeviceNet 网络单电源配置

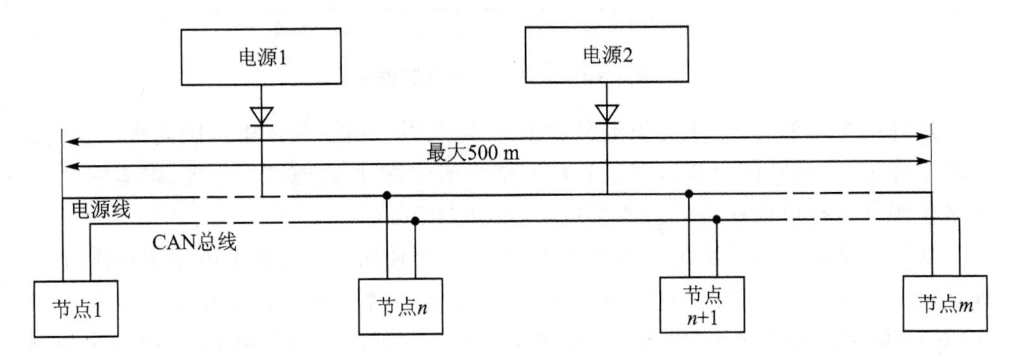

图 1-47　DeviceNet 网络双电源配置

使用多个通信电源时，一定要使用电源分接头，图 1-48 为 DeviceNet 电源的分接头结构。如果只用一个电源来供给，那么就不需要用电源分接头。电源供给位置仅限于主干线，分支线上不可以。

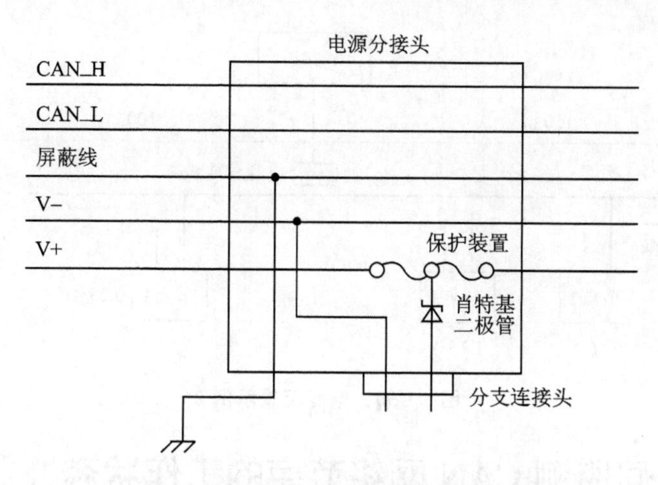

图 1-48 DeviceNet 电源分接头结构

计算电源时要考虑到通过电缆时的损耗及节点所需的容量，可以通过简单计算来验证。由于余量较大，如果不满足余量要求，则需要进行个别计算。在实际应用中电源的配置可以参考表 1-12 和表 1-13。下面举例说明。

【例 1】 如图 1-49 所示，电源位于终端位置，总线长度 250 m；节点电流总和 = 0.2 A + 0.15 A + 0.25 A + 0.3 A= 0.9 A。由表 1-12 得知，电流限度为 1.23 A。由于 0.9 A 小于 1.23 A 的限度电流，因此这样的配置是被接受的。

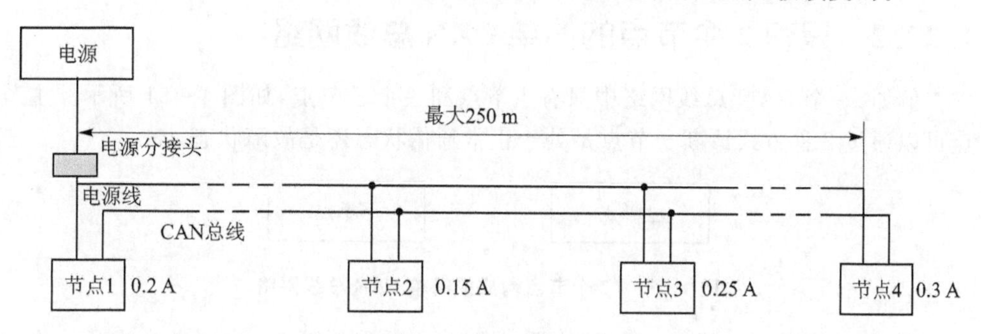

图 1-49 电源配置示例 1

【例 2】 如图 1-50 所示，电源位于网络中间位置，第一段总线长度为 150 m，电流为 0.8 A +0.45 A + 1.15 A = 2.40 A；第二段总线长度为 100 m，电流 0.25 A + 0.3 A = 0.55 A。

由表 1-12 得知，第一段电流过载，第二段电流满足要求。

解决方法：将电源移向过载的一段，电源配置重新设置。

网络电源的选取可以借鉴以上的方法。DeviceNet 网络中对于线缆、网络电源的相关规定可参考 DeviceNet 协议规范中的相关内容。

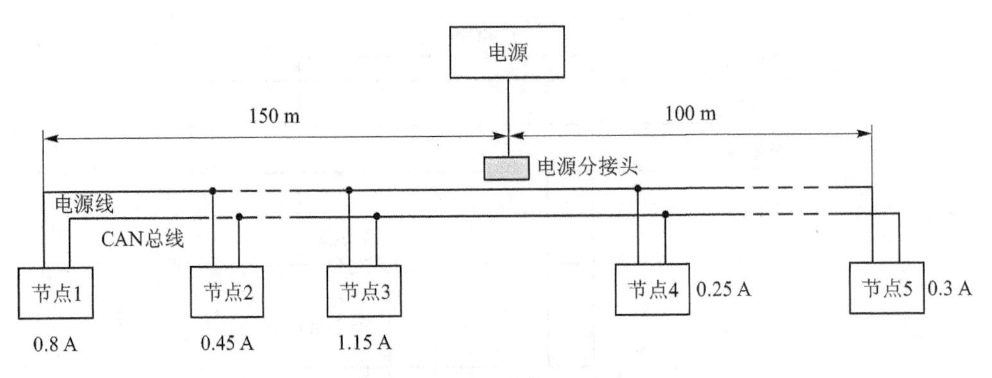

图 1－50　电源配置示例 2

1.22　如何监测 CAN 网络节点的工作状态

1.22.1　问题的引出

在 CAN 总线研发项目的具体应用中，有的项目比较简单，不需要运用 CAN 总线的应用层协议来开发；在网络节点的状态监控方面，需要实时诊断其处于正常通信状态还是故障状态。

1.22.2　只有 2 个节点的简单 CAN 总线网络

例如，一个 CAN 总线网络中只有主节点和一个子节点，如图 1－51 所示。主节点可以通过 2 种方式诊断子节点是处于正常通信状态还是故障状态。

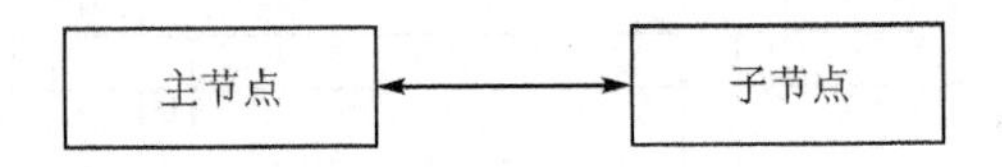

图 1－51　2 个节点构成的简单 CAN 总线网络

方式一：主节点中设置一个定时器。例如，主节点每隔 2 s 向子节点发送一次询问（可以单独询问子节点的状态，也可以令子节点上传数据），设定 0.5 s 时间限制，如果 0.5 s 内没有收到子节点的应答，则判定子节点故障，主节点可以通过蜂鸣器、显示屏、LED 等报警；同样，子节点设定 6 s 时间限制，如果 6 s 内没有收到主节点的询问，则判定主节点故障，同样，子节点可以通过蜂鸣器、显示屏、LED 等报警。

方式二：主节点在有人值守的情况下，如煤矿风机运转状态的监控时，主节点一般是有人值守的计算机（主节点通过 USB、串口、PCI 连接在计算机上），此时可以不用再通过嵌入式系统判定主节点是否工作正常了。可以让子节点定时（如 0.5 s）向主节点发送一组数据帧，在主节点上设定 1 s 时间限制，如果 1 s 内没有收到子节点的应答，则判定子节点故障。此处 0.5 s 向主节点发送的一组数据帧就是我们常说

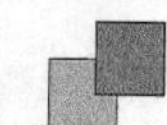

的“心跳信息”,这就像人的心脏跳动一样,证明子节点还“活着”。

设置心跳信息有个技巧,让子节点发送的数据帧中的一个字节内容要有所变化,例如:

数据流传输方向:子节点⇨主节点。

	目标地址(主节点地址)	数据帧内容(数据长度3)
第一次	0X28A	0X00　0XAA　0XBB
第二次	0X28A	0X01　0XAA　0XBB
第三次	0X28A	0X00　0XAA　0XBB
第四次	0X28A	0X01　0XAA　0XBB
第五次	0X28A	0X00　0XAA　0XBB

数据帧内容中的第一个字节是0X00和0X01交替出现,假如都是保持0X00不变会有什么麻烦呢?

	目标地址(主节点地址)	数据帧内容(数据长度3)
第一次	0X28A	0X00　0XAA　0XBB
第二次	0X28A	0X00　0XAA　0XBB
第三次	0X28A	0X00　0XAA　0XBB
第四次	0X28A	0X00　0XAA　0XBB
第五次	0X28A	0X00　0XAA　0XBB

如果某一段时间内CAN总线网络上没有其他的数据传输,只有这些内容不变的心跳信息占满整个显示屏,那么就不容易及时判定子节点出现故障了,因为有视觉疲劳。

使用心跳信息时,要让子节点发送的数据帧中的一个字节内容有所变化。变化的形式由程序员根据实际情况设定,如图1-52右侧的8个字节的数据帧中的第2个字节是心跳信息;该心跳信息连续50个为0X00,然后连续50个为0X01,交替出现。至于数据帧中的数据长度,只要满足1～8个字节就可以,但是数据越长则占用CAN总线网络传输数据的时间越长,这需要工程师根据项目的实际情况灵活运用。

1.22.3　大于2个节点的CAN总线网络

4个节点构成的CAN网络示意图如图1-53所示。

主节点通过CAN网络实现对3个子节点的控制和信息交换,此时主节点如何判断子节点的工作状态是否正常呢?

首先,设置各节点在CAN网络中的ID,即地址:主节点的ID设为0X01,3个子节点的ID分别设为0X02、0X03、0X04。

方法一:主节点逐个轮询子节点状态

主节点中设置一个定时器,例如,主节点间隔2 s逐一向子节点发送一次询问

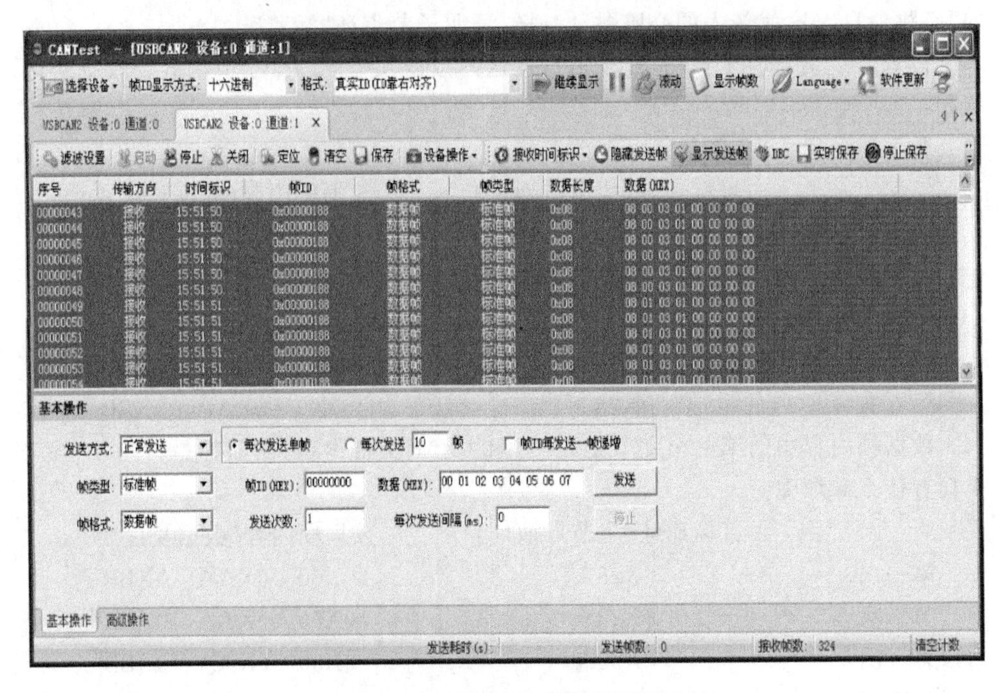

图 1-52　CAN 总线数据传输中的心跳信息

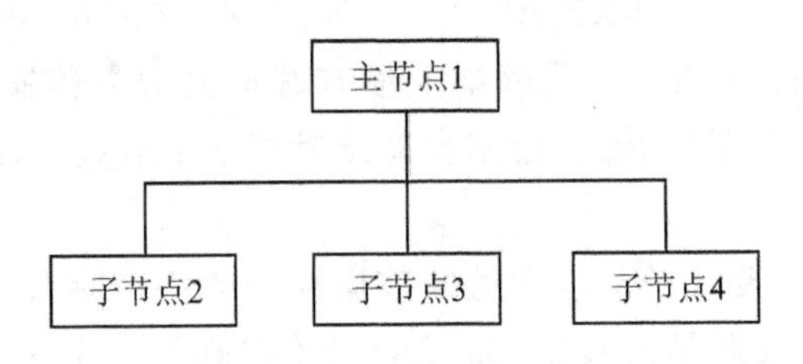

图 1-53　4 个节点构成的 CAN 网络

(可以单独询问子节点的状态,也可以令子节点上传数据),设定 0.5 s 时间限制,如果 0.5 s 内没有收到子节点的应答,则判定子节点故障,主节点可以通过蜂鸣器、显示屏、LED 等报警;同样地,子节点设定 6 s 时间限制,如果 6 s 内没有收到主节点的询问,则判定主节点故障,子节点可以通过蜂鸣器、显示屏、LED 等报警。

例如,主节点(ID 为 0X01)询问子节点(ID 为 0X02),其数据流传输方向:主节点⇨子节点。

目标地址(子节点地址)	数据帧内容(数据长度 2)
0X02	0X01　0XDD

其中,0X01 表示此帧数据来自主节点(ID 为 0X01);0XDD 表示命令标志,告诉子节点 0X02 上传其状态或者采集的数据。

主节点(ID 为 0X01)询问子节点(ID 为 0X02)的数据帧发出后,主节点(ID 为 0X01)设置一个定时器并开始计时。如果 0.5 s 内没有收到子节点(ID 为 0X02)的应答，则判定子节点（ID为0X02）故障，主节点（ID为0X01）可以通过蜂鸣器、显示屏、LED等报警；然后主节点就可以重新把计时器的计时数值清零，开始询问下一个子节点（ID为0X03）了。

如果子节点（ID为0X02）工作正常，则需要马上应答主节点（ID为0X01），其数据流传输方向：子节点⇨主节点。

目标地址（主节点地址）	数据帧内容（数据长度3）
0X01	0X02　0XCC　0X06

其中，0X02表示此帧数据来自子节点（ID为0X02），0XCC表示应答标志，0X06表示子节点（ID为0X02）采集的开关量数据。

主节点（ID为0X01）收到子节点（ID为0X02）的应答数据帧后，其定时器停止计时并把计时数值清零。

子节点（ID为0X02）设定6 s时间限制，如果6 s内没有收到主节点（ID为0X01）的询问，则判定主节点故障；同样，子节点（ID为0X02）可以通过蜂鸣器、显示屏、LED等报警。

通过上述方法，主节点（ID为0X01）可以在2 s内逐个询问子节点，本例的2 s、0.5 s、6 s是可以根据通信距离、通信速率、轮询周期要求调整的。

主节点逐个轮询子节点状态的方法的弊端是耗费时间长，试想一个CAN网络中有50个节点，轮询一次耗费时间是比较长的。

方法二：子节点通过心跳信息定时上传数据

3个子节点（ID分别为0X02、0X03、0X04）定时2 s分别向主节点上传数据，如果3个子节点同时传输数据，则通过总线竞争，地址低的子节点（ID0X02）优先级别高，先于其他节点上传数据，其他2个节点自动在总线空闲的时候上传数据。如果定时2 s的时间太短，则可能出现这种情况：其他2个节点还没有来得及上传数据，子节点（ID0X02）又开始了新一轮的上传数据，这就是我们所说的总线网络过载。

例如：

数据流传输方向：子节点⇨主节点。

子节点ID	目标地址（主节点地址）	数据帧内容（数据长度4）
ID为0X02	0X01	0X00　0X02　0XCC　0X06
ID为0X03	0X01	0X00　0X03　0XCC　0X16
ID为0X04	0X01	0X00　0X04　0XCC　0X08

以子节点（ID为0X02）为例说明：

其中，0X00表示心跳信息，下一个2 s发送数据时就变为0X01，心跳信息数据由0X00和0X01交变出现；0X02表示此帧数据来自子节点（ID为0X02）；0XCC表示应答标志；0X06表示子节点（ID为0X02）采集的开关量数据。

相对于主节点逐个轮询子节点状态方法，此方法的优点是节省时间，弊端是需要规划好 CAN 网络，否则可能造成 CAN 总线超载，从而造成数据丢失。

假定该 CAN 网络上传输的是扩展帧、数据帧，通信距离 60 m，则可以通过查阅资料获知允许的最大通信波特率是 800 kbit/s。

由扩展数据帧结构图（见图 1－54）可知，每个子节点报文的帧长度为：64＋8×4＝96 位。

波特率是 800 kbit/s，其传输一位时间是 1.25 μs。

3 个子节点传输报文花费的时间是：3×96 位×1.25 μs＝ 0.36 ms。

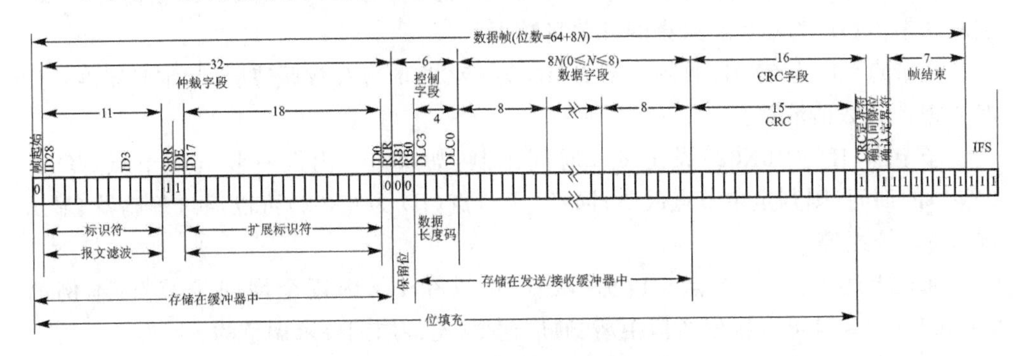

图 1－54　扩展数据帧结构图

构建 CAN 总线网络时，应该将系统的总线负载控制在合理的范围内，在一般应用中，建议 CAN 网络的平均负载不能够大于 60%，所以该网络最小的传输数据周期为 0.36 ms/60%＝0.6 ms，即理论上只要 3 个子节点（ID 分别为 0X02、0X03、0X04）分别定为不小于 0.6 ms 向主节点上传数据，就不会造成总线超载。实际上这么短的定时周期是不可取的，因为嵌入式系统响应中断（定时器中断、CAN 总线中断等）是要消耗一定时间的，本例可以把时间周期定为 10 ms，足以解决问题。

可见，在节点数量较少的 CAN 网络中，发生总线网络过载现象的概率很低。假如本例有 60 个子节点，要求 10 ms 内各个子节点上报一次数据，还能否保证总线工作正常呢？在最坏情况下总线大约被占用 60×96 位×1.25 μs＝ 7.2 ms。对应的平均总线负载为：

$$7.2\ \text{ms} / 10\ \text{ms} = 72\% > 60\%$$

该 CAN 总线的平均负载大于 60%，不能正常工作。

实际工程项目研发中还会遇到事件触发传输数据的模式。例如，酒店各个房间内灯、空调、电视的开关状态变化时，可以通过 CAN 总线将变化的开关量信息上传到酒店前台的主节点，服务员就可以通过前台的计算机显示屏看到房间电器的状态。此时，同样需要考虑到最坏情况下总线负载问题。

为了防止重要数据不慎丢失，需要在 CAN 总线嵌入式系统中加上存储单元（EEPROOM、FLASH），先存储采集的重要数据，待总线空闲时再上报数据。例如，

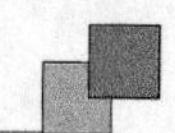

大学里的食堂收费系统，万一某位学生刚刷完饭卡就停电了，这时候主节点还没有收到刷卡信息，此时存储单元就显得至关重要了。

1.22.4　CAN 总线应用层协议中的节点状态监测

CAN 总线应用层协议在检测子节点状态方面比较完善，例如，周立功公司推行的 iCAN 协议中就有连接定时器、循环传送定时器、事件触发时间管理等。

第 2 章

CAN 2.0 协议与 J1939 协议的关系

SAE J1939 协议是基于 CAN 2.0B 协议的应用层协议。CAN 总线的应用层协议是在现有 CAN 底层协议(物理层、数据链路层)之上形成的协议,常见的 CAN 应用层协议有 ICAN 协议、DeviceNet 协议、J1939 协议、CANopen 协议。

在 ISO/OSI 参考模型中,网络结构被分为 7 层,如图 2-1 所示。CAN 总线的协议规范中已经定义了物理层和数据链路层。应用层位于 ISO/OSI 参考模型中的最高层,用于用户、软件、网络终端等之间的信息交换。因此,应用层与用户的需求密切相关。

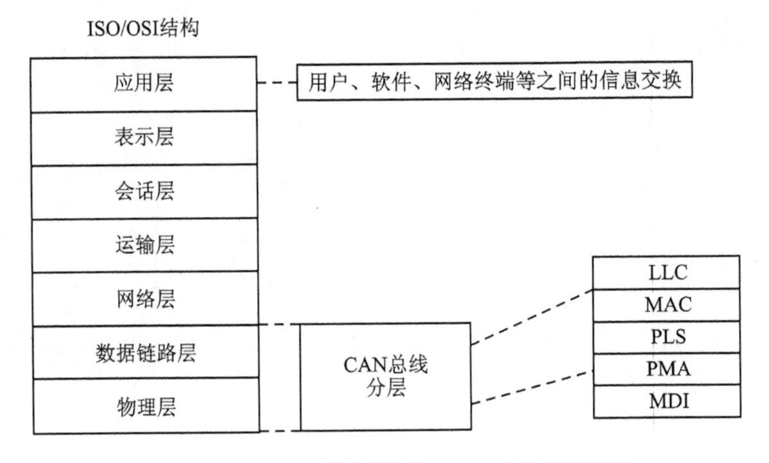

图 2-1 ISO/OSI 结构模型与 CAN 总线分层结构

另一方面,SAE J1939 协议不仅仅是个应用层协议,其对物理层、数据链路层、网络层、应用层、网络层管理层、故障诊断等都做了详细的规定,只不过这些规定与 CAN 2.0B 基本一致。作为嵌入式开发者,不必关心这些底层规定,只需要掌握 J1939 的应用层协议就可以了。

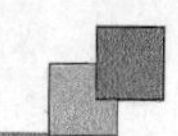

注意，既然 SAE J1939 协议是基于 CAN 2.0B 协议的应用层协议，那么就有必要熟悉、掌握 CAN 2.0B 协议规范。

先举个实例，表 2-1 是 CAN 2.0B 协议的扩展帧、数据帧格式。

表 2-1　CAN2.0B 协议扩展、数据帧格式

字节		位							
		7	6	5	4	3	2	1	0
字节 1	帧信息	FF	RTR	x	x	DLC(数据长度)			
字节 2	帧 ID1	ID.28～ID.21							
字节 3	帧 ID2	ID.20～ID.13							
字节 4	帧 ID3	ID.12～ID.5							
字节 5	帧 ID4	ID.4～ID.0					x	x	x
字节 6	数据 1	数据 1							
字节 7	数据 2	数据 2							
字节 8	数据 3	数据 3							
字节 9	数据 4	数据 4							
字节 10	数据 5	数据 5							
字节 11	数据 6	数据 6							
字节 12	数据 7	数据 7							
字节 13	数据 8	数据 8							

其中，字节 1 为帧信息，第 7 位(FF)表示帧格式，在扩展帧中 FF= 1；第 6 位(RTR)表示帧的类。

假设发送一帧数据长度为 8 的类型数据帧：

0X88　0X01　0X00　0X00　0X00　0X00　0X03　0X00　0XEF　0X02　0X58　0X11　0X07

各个字节的具体含义由开发者自己定义，假设编写程序的时候已经定义好了每个字节代表的含义，比如数据 1 和数据 2(数据字节的前 2 个字节)表示温度数值，其他含义如表 2-2 所列。

表 2-2　扩展数据帧含义

内　容	0X88	0X01 0X00 0X00 0X00	0X00　0X03	0X00　0XEF	0X02　0X58	0X11　0X07
含义	扩展帧、数据帧、8 个字节长度	CAN_ID(目的地址)	温度数值	湿度数值	光照强度数值	压力数值

读者快速从 CAN 2.0B 协议过渡到 J1939 协议，需要关注以下几个关键点：

① J1939 协议是基于 CAN 2.0B 的应用层协议。CAN 报文中包含 11 位标志符

的标准帧(CAN 2.0A),也包含29位标志符的扩展帧(CAN 2.0B)。J1939协议中的报文都是29位标志符,其数据域长度和CAN报文数据域长度都是最长8个字节,两者没有区别。

② CAN报文收发基于CAN节点的地址(CAN_ID),而J1939协议基于PGN。CAN_ID和PGN都是代号,两者没有太大区别,都用来在通信过程中标识自己的代号,与用姓名标识一个人的含义是相同的。只是J1939协议的PGN定义内容划分更为详细,例如,对于历史人物岳飞,简单介绍就是“我乃岳飞”,详细介绍是“河南省汤阴县孝悌里永和庄姓岳名飞字鹏举”。

表2-2中的CAN_ID:0X01 0X00 0X00 0X00,仅仅表示目的地址,J1939协议将这29位的地址位做了划分,赋予了更多的含义。

图2-2和图2-3分别是CAN扩展帧格式和J1939协议数据单元格式(PDU)。

图2-3中,P是优先级,R是保留位,DP是数据页,PF是PDU格式,PS是特定PDU,SA是源地址。

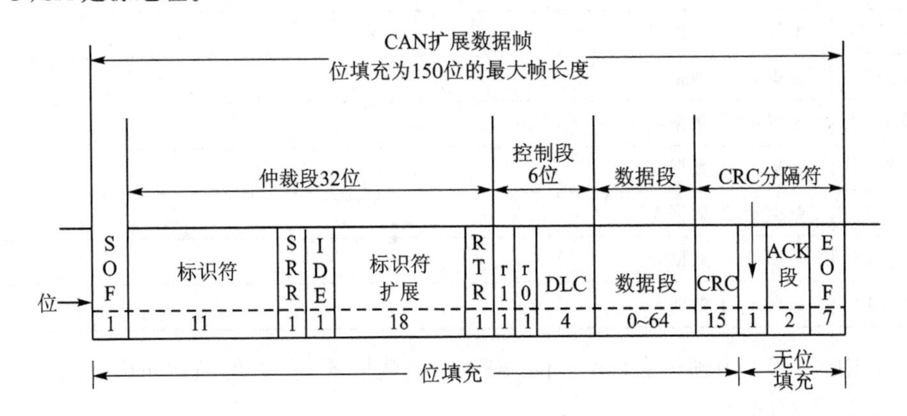

图2-2 CAN扩展帧格式

J1939 PDU						
P	R	DP	PF	PS	SA	数据段
3	1	1	8	8	8	0~64

图2-3 J1939协议数据单元格式

对比图2-2和图2-3可知,J1939的协议数据单元与CAN报文帧相比要少一部分,比如SOF、SRR、IDE、RTR、控制域部分、CRC域、ACK域和EOF域,这是因为这部分完全由CAN协议定义,J1939并未做任何修改。

J1939与CAN报文帧的区别对比如图2-4所示。可见,J1939重新划分了29位CAN ID,中间18位共同组成了参数群编号。PGN (Parameter Group Number)如表2-3所列。

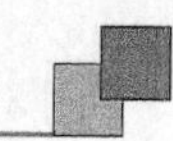

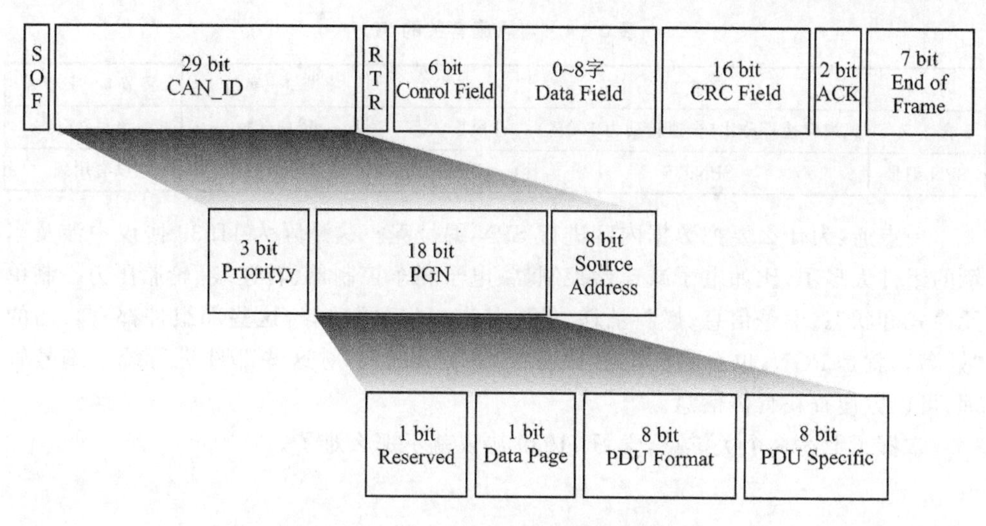

图 2-4　J1939 与 CAN 报文帧的对比图

表 2-3　J1939 的 PGN

名　称	PGN							
	R	P	PF			PS		
位　数	1		8			8		
数　据	保留		bit7	……	bit0	bit7	……	bit0

需要指明参数群时，PGN 表示成 24 位(虽然 PGN 只有 18 位，但是需要用 3 个字节表示)。PGN 是一个 24 位的值，包括保留位、数据页位、PDU 格式域(8 位)和群扩展域(8 位)。

CAN 2.0B 报文中根据 29 位的 CAN_ID 来区分不同报文，J1939 协议对这 29 位标识符进行了重新分类和解释，然后改称 PGN 来区分不同的报文：前 3 位表示优先级位 P(Priority)，之后是扩展数据页位 EDP(Extended Data Page，目前为保留位)，数据页位 DP(Data Page)，PDU 格式位 PF(PDU Format)，PDU 特定域位 PS (PDU Specific)，源地址位 SA(Source Address) 以及数据域(Data Filed)。

J1939-71 对车辆有关的不同 PGN 做了详细规定，比如电子减速器控制器、电子刹车控制器、转速表、轮胎压力控制单元模式和状态、引擎信息、燃料消耗、轮胎状态、风扇驱动等。不同 PGN 表示不同的数据或者功能，开发者只须熟悉常用的一些 PGN 就足够了，其他的需要时直接查询就可以了。

③ CAN 报文收发的数据内容是由开发者自由定义的，而 J1939 协议把收发的数据内容统一做了 SPN 编号，开发者不可以更改。例如，J1939 中 PGN 为 65213 的数据帧表示和风扇有关的系列参数数值，如表 2-4 所列。

表 2-4　与风扇有关的 SPN

内　容	字节 1	字节 2	字节 3～字节 4	字节 5～字节 8
含　义	风扇转速百分比(全速转动为 100%)	风扇状态	风扇转速	填写 0Xff
SPN 编号	SPN975	SPN977	SPN1639	没有用到

一点通：为什么要把数据内容进行 SPN 编号呢？这是因为 J1939 协议中涉及车辆的组件太多了，比如电子减速器控制器、电子刹车控制器、转速表、轮胎压力控制单元模式和状态、引擎信息、燃料消耗、轮胎状态、风扇驱动等，这些部组件都有自己的“姓名”，就是 PGN，也有自己的参数特征，就是 SPN。对这些部件进行统一编号管理，可以方便查找具体信息。

掌握了上述 3 个关键点，学习 J1939 协议就不那么难了。

第3章 J1939 协议

3.1 J1939 协议简介

J1939 协议由美国汽车工程师协会(SAE,是机车工程师协会 Society of Automotive Engineers 的缩写)制定。SAE J1939(以下简称 J1939)是 SAE 的推荐标准,广泛用于商用车(重卡、大客车等道路车辆和工程机械、农业机械、轨道机车、船舶等非道路车辆及设备)上各电子部件间的数字通信。它由 SAE 的卡车与大型客车电气与电子委员会(Truck & Bus Electrical & Electronics Committee)下属的卡车与大型客车控制和通信网络附属委员会(Truck & Bus Control and Communications Network Subcommittee)开发。

J1939 基于 CAN 总线,描述了 CAN 总线的一种网络应用,包括 CAN 网络物理层、数据链路层、应用层、网络层、故障诊断、网络管理。J1939 协议中不仅指定了传输类型、报文结构及其分段等,而且对报文内容本身也做了精确的定义。

J1939 不同于乘用车行业的 CAN 通信协议。乘用车行业的 CAN 通信协议没有统一的行业标准,基本上由各主机厂依据自己的需要进行定义,这给主机厂之外的应用人员带来了一定的困难。而商用车行业的 J1939 已经成为了全球标准,除了一些保密的厂家私有报文之外,所有车辆运行参数的报文解析都是公开的,比如发动机转速、发动机水温、发动机负荷比等都可以通过标准报文解析获得。

J1939 协议详细定义了协议数据单元(PDU),PDU 被封装在一个或多个 CAN 数据帧中,并通过物理介质传输到其他网络设备。该协议通信层结构如图 3-1 所示。

J1939(串行控制和通信车辆网络的建议实践)由下列子标准组成:

J1939/11:物理层,波特率为 250 kbit/s,屏蔽双绞线;

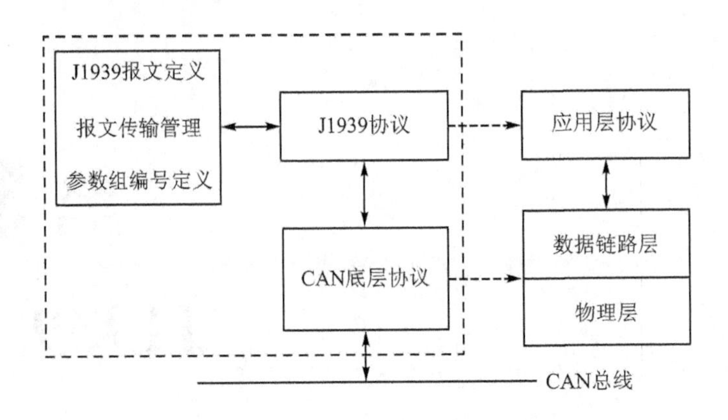

图 3-1　J1939 协议通信层结构

J1939/13：板外诊断连接器；
J1939/21：数据链路层；
J1939/31：网络层；
J1939/71：车辆应用层；
J1939/73：应用层，诊断报文；
J1939/81：网络管理。

3.2　J1939 的报文格式

J1939 的报文格式遵循 CAN 2.0B 规范，协议中对 CAN 报文的 29 位标识符和报文数据部分的使用都做了详细的规定，而帧结构信息和 CAN 2.0B 扩展帧的帧结构信息相同，如表 3-1 所列。

第 7 位为“1”，表示该帧数据类型为扩展帧；第 6 位(RTR)表示帧的类型，RTR=0 表示为数据帧，RTR=1 表示为远程帧。DLC 表示数据帧的长度。数据帧的字节长度为 0～8。

表 3-1　帧结构信息

位	Bit7	Bit6	Bit5	Bit4	Bit3	Bit2	Bit1	Bit0
含　义	1	RTR	r1	r0	DLC.3	DLC.2	DLC.1	DLC.0

J1939 协议中报文帧的格式规定(以数据帧为例)如表 3-2 所列，帧标识符和帧数据部分构成了协议数据单元。

J1939 重新划分了 CAN 2.0B 的 29 位的 CAN ID，下面对这些划分逐一介绍。

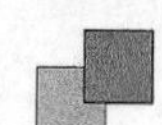

表 3-2　J1939 报文帧格式

<table>
<tr><td rowspan="8">帧标识符</td><td>ID28</td><td>ID27</td><td>ID26</td><td>ID25</td><td>ID24</td><td>ID23</td><td>ID22</td><td>ID21</td></tr>
<tr><td colspan="3">优先级</td><td>保留位</td><td>数据页</td><td colspan="3">PDU 格式</td></tr>
<tr><td>ID20</td><td>ID19</td><td>ID18</td><td>ID17</td><td>ID16</td><td>ID15</td><td>ID14</td><td>ID13</td></tr>
<tr><td colspan="5">PDU 格式</td><td colspan="3">特定 PDU</td></tr>
<tr><td>ID12</td><td>ID11</td><td>ID10</td><td>ID9</td><td>ID8</td><td>ID7</td><td>ID6</td><td>ID5</td></tr>
<tr><td colspan="5">特定 PDU</td><td colspan="3">源地址</td></tr>
<tr><td>ID4</td><td>ID3</td><td>ID2</td><td>ID1</td><td>ID0</td><td>X</td><td>X</td><td>X</td></tr>
<tr><td colspan="5">源地址</td><td colspan="3">未使用(忽略)</td></tr>
<tr><td rowspan="9">帧数据部分</td><td colspan="8">Byte 0</td></tr>
<tr><td colspan="8">序列编号</td></tr>
<tr><td colspan="8">Byte 1</td></tr>
<tr><td colspan="8">Byte 2</td></tr>
<tr><td colspan="8">Byte 3</td></tr>
<tr><td colspan="8">Byte 4</td></tr>
<tr><td colspan="8">Byte 5</td></tr>
<tr><td colspan="8">Byte 6</td></tr>
<tr><td colspan="8">Byte 7</td></tr>
</table>

3.3　J1939 协议数据单元

J1939 协议的数据单元结构如图 3-2 所示。

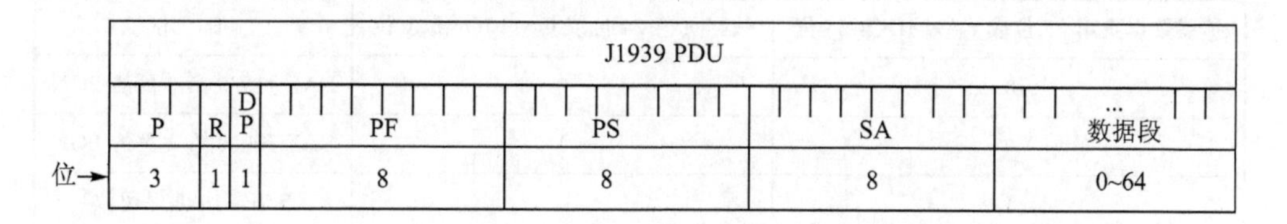

图 3-2　协议数据单元

SAE J1939 协议数据单元由七部分组成,分别是优先级、保留位、数据页、PDU 格式、特殊 PDU(可作为目标地址、组扩展或专用)、源地址和数据域。

PDU 被分组封装在一个或多个 CAN 数据帧中,通过物理介质传送到其他网络设备。每个 CAN 数据帧只可能有一种 PDU。需要指出的是,某些参数群编号需要通过多个 CAN 数据帧才能发送相应的数据。

1. 帧标识符

帧标识符分为 6 个部分:优先级(P)、保留位(R)、数据页(DP)、PDU 格式(PF)、特定 PDU(PS)、源地址(SA)。

(1) 优先级(P)

根据 CAN 2.0B 的仲裁机制,ID 越小则优先级越高。按照 J1939 协议的划分,优先级在整个 ID 的最前面,仍由 ID 大小控制 CAN 报文的优先级。只不过在 J1939 协议中优先级仅用于优化发送数据时的报文延迟,接收报文时则完全忽略。

报文优先级可从最高 0(000)设置到最低 7(111)。所有控制报文的默认优先级是 3,其他报文的默认优先级是 6;优先级域是可重编程的,当定义新的参数群编号或总线上通信量变化时,优先级可以升高或降低。优先级的位定义如表 3-3 所列。

表 3-3　优先级的位定义

帧 ID 位编号	ID28	ID27	ID26
各位定义	P3	P2	P1

(2) 保留位(R)

保留位是指扩展数据页(Extended Data Page,简写为 EDP)中的保留位,目前设置为 0,以备今后开发使用。扩展数据页联合数据页(DP)决定 CAN 报文帧中 CAN ID 的结构。

(3) 数据页(DP)

数据页(Data Page,简写为 DP)联合扩展数据页来决定 CAN ID 的结构,其选择参数组描述的有两页。当 EDP 为 0 时,DP 为 0 或者 1,分别表示第 0 页或者第 1 页的 PGN,如表 3-4 所列。

表 3-4　数据页

扩展数据页第 25 位或 CAN ID 第 25 位	数据页第 24 位或 CAN ID 第 24 位	描　述
0	0	SAE J1939 第 0 页的 PGN
0	1	SAE J1939 第 1 页的 PGN
1	0	SAE J1939 保留位
1	1	ISO 15765-3 定义位

(4) PDU 格式(PF)

PF 域(见表 3-5)占用一个字节,用来定义 PDU 的格式,包括 PDU1 格式和 PDU2 格式。

当 PDU 格式域的值在 0~239 时,报文采用 PDU1 格式,可以实现 CAN 数据帧定向到特定目标地址的传输。当 PDU 格式域的值在 240~255 时,报文采用 PDU2 格式,用于实现不指向特定目标地址的 CAN 数据帧的传输,即采用这种格式的参数组只能作为全局报文进行通信。

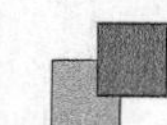

表3-5 PDU格式

帧ID位编号	ID23	ID22	ID21	ID20	ID19	ID18	ID17	ID16
各位定义	PF8	PF7	PF6	PF5	PF4	PF3	PF2	PF1

(5) 特定PDU(PS)

PS域(见表3-6)占用一个字节,它的定义取决于PF。当PF为PDU1格式时,PS为目标地址;当PF为PDU2格式时,PS为组扩展。

当PS为目标地址时,如果源地址与接收到的报文的目标地址不相同,则应忽略此报文。

表3-6 特定PDU

帧ID位编号	ID15	ID14	ID13	ID12	ID11	ID10	ID9	ID8
各位定义	PS8	PS7	PS6	PS5	PS4	PS3	PS2	PS1

PS的含义取决于PF,它可能表示目标地址(Destination Address,DA)或群扩展(Group Extension,GE)。如果PF < 0XF0(对应十进制240),则表示为DA;否则,表示为GE,如表3-7所列。

表3-7 PS的含义

名 称	PDU格式段	特定PDU段
PDU1格式	0～239	目标地址
PDU2格式	240～255	群扩展

PDU1格式允许CAN数据定向到特定目标地址(设备),PDU2格式只用于无特定目标地址(设备)的CAN数据帧的传输,使用两种不同PDU格式是为了在通信中提供更多参数群编号的组合。

(6) 目标地址(DA)

DA是报文的目标地址,除目标地址的设备外,其他设备应该忽略此报文。如果目标地址为0XFF,则表示为全局地址,此时所有设备都应该监听此报文并在收到报文后做出响应。这就类似于邮寄东西,目标地址就是收件人的地址。

(7) 源地址(SA)

SA域(见表3-8)占用一个字节,网络中一个特定源地址只能匹配一个设备,因此,源地址域确保CAN标识符符合CAN协议中的唯一要求。这就类似于邮寄东西时,源地址就是邮寄人自己的地址。

表3-8 源地址

帧ID位编号	ID7	ID6	ID5	ID4	ID3	ID2	ID1	ID0
各位定义	SA8	SA7	SA6	SA5	SA4	SA3	SA2	SA1

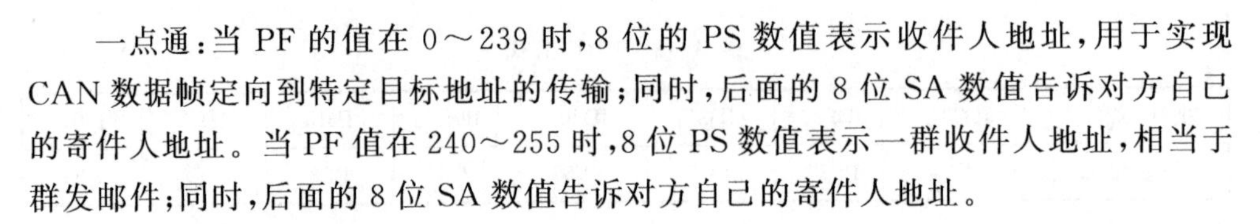

一点通：当 PF 的值在 0～239 时，8 位的 PS 数值表示收件人地址，用于实现 CAN 数据帧定向到特定目标地址的传输；同时，后面的 8 位 SA 数值告诉对方自己的寄件人地址。当 PF 值在 240～255 时，8 位 PS 数值表示一群收件人地址，相当于群发邮件；同时，后面的 8 位 SA 数值告诉对方自己的寄件人地址。

2. 帧数据部分定义

在帧的数据区，数据长度可以为 0～8 个字节；为便于添加新参数，建议数据区分配 8 个字节，不同位置的字节具有不同的功能。

(1) 字节 0

通常，字节 0 作为与设备相关的应用数据，但当报文数据长度大于 8 字节时，无法用单个 CAN 数据帧来传输；为便于拆装和重组，将该字节定义为数据包的序列号。序列号(从 0～255)在数据拆装时分配给每个数据包，然后通过网络传送给接收方；接收方收到后，则利用这些编号把数据包重组成原始报文。

(2) 字节 1～字节 7

报文数据中的字节 1～字节 7 通常为应用层定义的数据。

(3) 多帧传输机制举例

当传输的数据大于 8 个字节时，无法通过一帧 CAN 报文来装载，此时就需要使用多帧传输。J1939 多帧传输的规则很简单，就是把数据域的第一个字节 0 当作编号，这样原来每帧 CAN 报文最多可传输 8 个字节内容，由于现在被编号占用了一个字节，只能传输 7 个字节。

字节 0 当作编号，其编号范围是 1～255，共 255 个编号，所以多帧传输的最大数据长度是 255×7＝1 785 个。

比如传输下列 10 个字节数据：

0X00　0X01　0X02　0X03　0X04　0X05　0X06　0X07　0X08　0X09

分成 2 帧数据传输，分别为：

第一帧 CAN 报文：0X01　0X00　0X01　0X02　0X03　0X04　0X05　0X06

第二帧 CAN 报文：0X02　0X07　0X08　0X09　0XFF　0XFF　0XFF　0XFF

注意：所有参与多组 CAN 数据传输的帧长度必须置为 8，即 DLC＝8。所有没用的字节应置为不可用，全部设置为 0XFF。

发送数据时，按照编号把数据拆装成多帧报文；接收数据时，按照编号重新组装成完整的数据。

3.4 PGN

参数群编号 PGN (Parameter Group Number)由 18 位构成，如表 3－9 所列，包括保留位、数据页位、PDU 格式域(8 位)和群扩展域(8 位)。

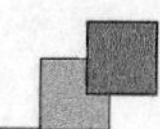

表3-9 PGN的构成

名 称	PGN							
	R	DP	PF			PS		
位 数	1	1	8			8		
数 据	保留	1	bit7	……	bit0	bit7	……	bit0

需要指明参数群时，PGN表示成24位(虽然PGN只有18位，但是需要用3个字节表示)。

J1939协议根据PGN来区分不同的报文，相当于我们用姓名区别不同的人，简单讲它就是一种标识符。

接下来介绍PGN的计算方法：

```
char PS;short PF;long DP PGN;
if (PF < 0xF0)
    { PGN = (DP <<16) + (PF << 8);}
else{PGN = (DP << 16) + (PF << 8) + PS;}
```

① 当PF<0XF0(对应十进制240)时，PS表示为DA，即报文的目标地址，此时PGN的构成如表3-10所列。

表3-10 PF < 0XF0时J1939的PGN

名 称	PGN							
	R	DP	PF			PS		
位数	1	1	F8			8(DA)		
数据	保留	1或0	bit7	……	bit0	bit7	……	bit0

此种情况下，DP位有0或1这两种选择，PF有0～239共240种选择，而8位PS的内容是目标地址DA，其跟PGN数量计算没有关系，所以PGN数目为：

$$2\times240 = 480\text{个}$$

特别注意：PGN由18位数据构成，此种情况下虽然低8位表示目标地址DA，但是在计算具体的PGN时，低8位全部补0。

② 当PF≥0XF0(对应十进制240)时，PS表示组扩展(Group Extension，GE)，此时的PGN构成如表3-11所列。

表3-11 PF > 0XF0时J1939的PGN

名 称	PGN							
	R	DP	PF			PS		
位 数	1	1	8			8		
数 据	保留	1或0	bit7	……	bit0	bit7	……	bit0

此种情况下，DP位有0或1这两种选择，PF有240～255共16种选择，PS有0～255共256种选择，所以PGN数目为：

$$2\times16\times256 = 8\,192\text{个}$$

综合上述两种情况，PGN 总数应为 480＋8 192＝8 672 个。

可以在 SAE J1939 的附录 A 中查看 J1939 参数群的 PGN 最新分配数值。

③ PGN 编号举例。SAE J1939 中给出了 8 672 个参数群编号 PGN 模板，如图 3－3 所示。

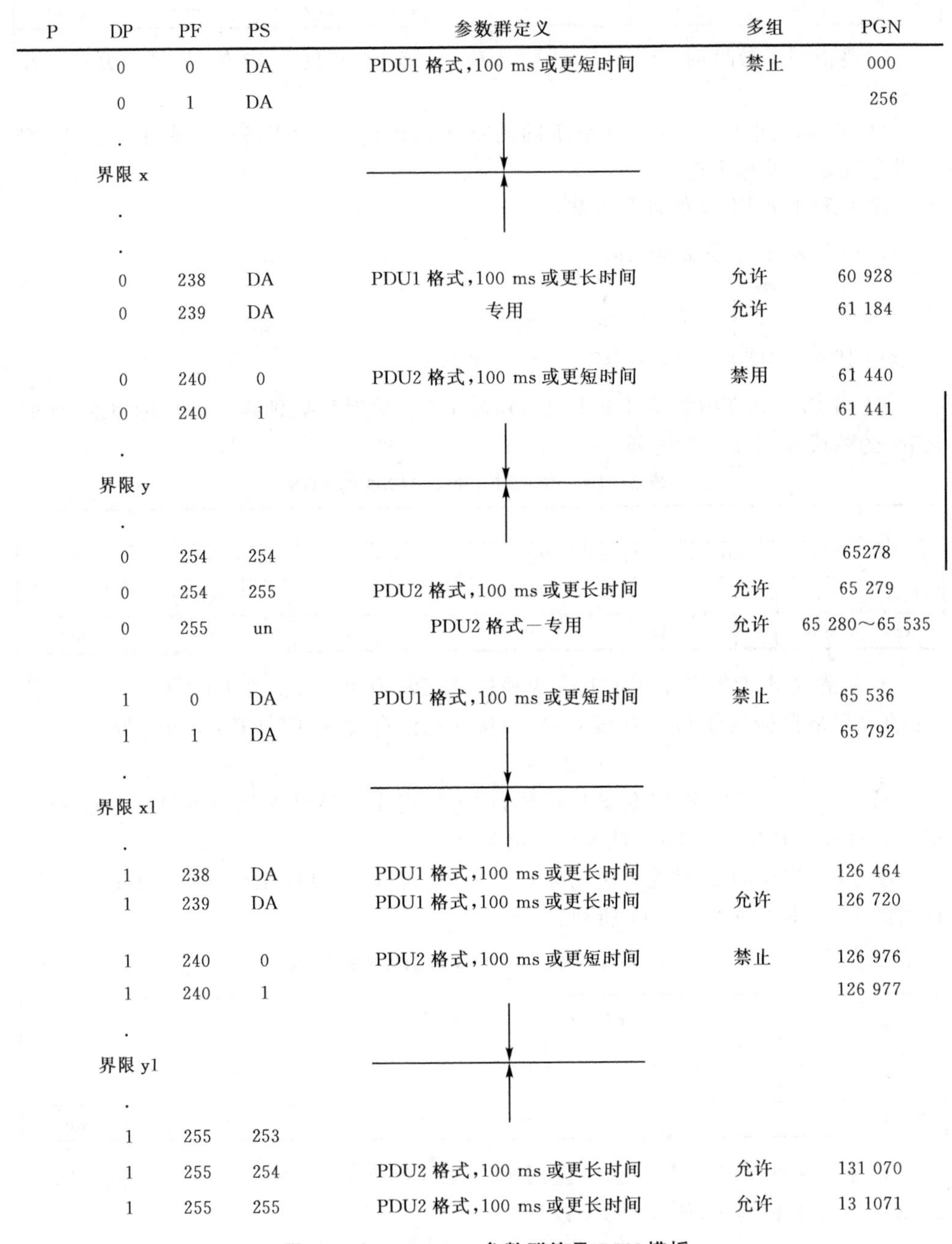

P	DP	PF	PS	参数群定义	多组	PGN
	0	0	DA	PDU1 格式，100 ms 或更短时间	禁止	000
	0	1	DA			256
	.					
	界限 x					
	.					
	.					
	0	238	DA	PDU1 格式，100 ms 或更长时间	允许	60 928
	0	239	DA	专用	允许	61 184
	0	240	0	PDU2 格式，100 ms 或更短时间	禁用	61 440
	0	240	1			61 441
	.					
	界限 y					
	.					
	0	254	254			65278
	0	254	255	PDU2 格式，100 ms 或更长时间	允许	65 279
	0	255	un	PDU2 格式—专用	允许	65 280～65 535
	1	0	DA	PDU1 格式，100 ms 或更短时间	禁止	65 536
	1	1	DA			65 792
	.					
	界限 x1					
	.					
	1	238	DA	PDU1 格式，100 ms 或更长时间		126 464
	1	239	DA	PDU1 格式，100 ms 或更长时间	允许	126 720
	1	240	0	PDU2 格式，100 ms 或更短时间	禁止	126 976
	1	240	1			126 977
	.					
	界限 y1					
	.					
	1	255	253			
	1	255	254	PDU2 格式，100 ms 或更长时间	允许	131 070
	1	255	255	PDU2 格式，100 ms 或更长时间	允许	13 1071

图 3－3　SAE J1939 参数群编号 PGN 模板

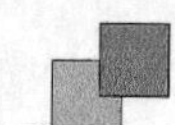

接下来从图3-3中抽取部分PGN编号解释说明：

(a) 当PF<240时，PS表示为DA,即报文的目标地址，8位PS的内容是目标地址DA,与PGN编号计算没有关系,但是在计算具体的PGN时,低8位全部补0。此时PGN的最小编号为0X00000,对应十进制为0,如表3-12所列;此时PGN的最大编号为0X1EF00,对应十进制为126 720,如表3-13所列。

表3-12 PF<0XF0时PGN的最小编号

名 称	PGN							
	R	DP	PF			PS		
位数	1	1	8			8(DA)		
数 据	0(二进制)	0(二进制)	0	……	0	0	……	0

表3-13 PF < 0XF0时PGN的最大编号

名 称	PGN					
	R	DP	PF	PS		
位 数	1	1	8	8(DA)		
数据	0(二进制)	1(二进制)	0XEF(对应十进制239)	0	……	0

(b) 当PF≥240时,PS表示组扩展(Group Extension,GE)。此时PGN的最小编号为0X0F000,对应十进制为61 440,如表3-14所列;此时PGN的最大编号为0X1FFFF,对应十进制为131 071,如表3-15所列。

表3-14 PF≥0XF0时PGN的最小编号

名 称	PGN					
	R	DP	PF	PS		
位 数	1	1	8	8(GE)		
数 据	0(二进制)	0(二进制)	0XF0(对应十进制240)	0	……	0

一点通:通过上面的分析计算可知,PGN总数为480+8 192=8 672个。也就是说,J1939最多有8 672个不同姓名标识的报文。参数群及参数群编号在J1939/21中有详细的描述,详见J1939/21协议的附录A。

表 3-15　PF≥0XF0 时 PGN 的最大编号

名　称	PGN			
	R	DP	PF	PS
位　数	1	1	8	8(GE)
数　据	0(二进制)	1(二进制)	0XFF(对应十进制 255)	0XFF(对应十进制 255)

(c) 预留 PGN。

数据页 DP=0,PF=255,PS=0～255,PGN=65 280～65 535,该段是预留给企业的 PGN。

3.5　可疑参数编号 SPN

可疑参数编号(Suspect Parameter Number,SPN)是指 J1939 数据域(每一帧报文后面最长 8 个字节的数据)中某个参数的号码。

J1939 协议中涉及车辆的各部分组件太多了,比如电子减速器控制器、电子刹车控制器、转速表、轮胎压力控制单元模式和状态、引擎信息、燃料消耗、轮胎状态、风扇驱动等,需要对这些部组件的参数特征统一编号管理,这个编号就是 SPN。

SPN 由 J1939 协议制定委员会负责分配,分配情况列表详见 J1939 协议附录 C。由于最终分配的 SPN 数量非常多,而且其分配依照的是申请的顺序,所以对一个需要查找某个部件 SPN 编号的人来说,通过查找表格的方式来查找将是非常困难的事情。为了简化对新的 SPN 申请的确认工作,保证其对已分配 SPN 而言不是重复的,委员会将 SPN 列表保存成 MS EXEL 电子表格。按照 SPN 就可以在 J1939-71 中查出数据域每个字节数据所表示的具体含义。

一点通:J1939-71 用 PGN 标识"我是谁",用 SPN 详细说明"我的特点"。就像描述一个人,先用 PGN 标识姓名"龙啸天",随后用 SPN 详细说明特点"身高 1 米 9、体重 95 公斤、手持 100 斤丈八蛇矛枪......"。

J1939-71 不仅对 PGN 做了详细的规定,对 SPN 也做了详细的规定。

3.6　PGN 解析与实例

J1939-71 中 PGN 65213 的例子如图 3-4 所示。

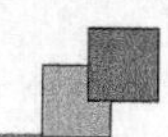

PGN 65213　　Fan Drive – FD
Data Length:　8

Start Position	Length	Parameter Name	SPN
1	1 byte	Estimated Percent Fan Speed	975
2.1	4 bit	Fan Drive State	977
3-4	2 byte	Fan Speed	1639

Byte 1								Byte 2								Byte 3								Byte 4							
8	7	6	5	4	3	2	1	8	7	6	5	4	3	2	1	8	7	6	5	4	3	2	1	8	7	6	5	4	3	2	1
SPN 975								1	1	1	1	SPN 977				SPN 1639															

Byte 5								Byte 6								Byte 7								Byte 8							
8	7	6	5	4	3	2	1	8	7	6	5	4	3	2	1	8	7	6	5	4	3	2	1	8	7	6	5	4	3	2	1
1	1	1	1	1	1	1	1	1	1	1	1	1	1	1	1	1	1	1	1	1	1	1	1	1	1	1	1	1	1	1	1

图 3-4　PGN 65213 举例

图 3-4 含义如下：

PGN 65213 风扇驱动

数据长度：8

开始位置	长度	参数名称	SPN
字节 1	1 个字节	风扇转速百分比	975
字节 2 的第一位	4 个位	风扇驱动状态	977
字节 3 和 4	2 个字节	风扇转速	1 639

这表示 PGN 65213 只用了 4 个字节，其中，第一个参数 Estimated Percent Fan Speed 占用一个字节，起始位为第一个字节，SPN 为 975；第二个参数 Fan Drive State 占用了第二个字节的前 4 位，SPN 为 977；第三个参数 Fan Speed 占用两个字节，SPN 为 1 639。图 3-4 表明了和风扇有关的这 3 个参数占据数据字节的位置和长度，但是并不知道每个参数的分辨率、偏移量、范围等信息。

要想知道具体每个参数的详细规定，需要在 J1939 协议中按照 SPN 编号去查找。这里先在 J1939 协议中查阅 PGN 65213 的具体含义，如图 3-5 所示。

图 3-5 含义如下：

传输循环率：	1 s（就是 1 s 发送一次）
数据长度：	8 字节
数据页面 DP：	0
PF：	254(0XFE)
PS：	189 (0XBD)
默认优先级 P：	6
参数组数编号 PGN：	65 213(0XFEBD)

开始位置	长度	参数名称	SPN	所在章节	提供日期
字节 1	1 个字节	风扇转速百分比	975	5.2.1.60	10/1/1998
字节 2 的第一位	4 位	风扇驱动状态	977	5.2.2.20	10/1/1998
字节 3 和 4	2 个字节	风扇转速	1 639	5.2.7.???	2/10/1999

-71　　5.3.058　　*Fan Drive*　　- FD

Transmission Rate: 1 s
Data Length: 8
Data Page: 0　　**PGN Supporting Information:**
PDU Format: 254
PDU Specific: 189
Default Priority: 6
Parameter Group 65213 (FEBD)

POS	Length	Parameter Name	SPN		SPN Doc and paragraph	Date Approved
1	1 byte	Estimated Percent Fan Speed	975	-71	5.2.1.60	10/1/1998
2.1	4 bit	Fan Drive State	977	-71	5.2.2.20	10/1/1998
3,4	2 byte	Fan Speed	1639	-71	5.2.7.???	2/10/1999

图 3-5　J1939 中对 PGN 65213 的规定

按照上述章节号就可以很快在 J1939 协议中找到 SPN 975、SPN 977、SPN 1639，并了解其具体的参数定义。

3.7　SPN 解析与实例

1. SPN 975

按照章节号 5.2.1.60 在 J1939-71 中找到 SPN 975，如图 3-6 所示。

-71　　5.2.1.60　　*Estimated Percent Fan Speed*

Estimated fan speed as a ratio of the fan drive (current speed) to the fully engaged fan drive (maximum fan speed). A two state fan (off/on) will use 0% and 100% respectively. A three state fan (off/intermediate/on) will use 0%, 50% and 100% respectively. A variable speed fan will use 0% to 100%. Multiple fan systems will use 0 to 100% to indicate the percent cooling capacity being provided.

Note that the intermediate fan speed of a three state fan will vary with different fan drives, therefore 50% is being used to indicate that the intermediate speed is required from the fan drive.

Slot Length: 1 byte
Slot Scaling: 0.4 %/bit　　, 0　　**Offset**
Slot Range: 0 to 100 %　　**Operational Range:** same as slot range
SPN Type: Status
SPN: 975
SPN Supporting Information:

Reference:

PGN	Parameter Group Name and Acronym	Doc. and Paragraph
65213	Fan Drive - FD	-71 5.3.058

图 3-6　SPN 975

图 3-6 含义如下：

—71　5.2.1.60　发动机风扇估算转速百分比

风扇估算转速是当前风扇转速与风扇完全工作时转速(最大风扇转速)的比值。只有两种状态的风扇(开/关)分别用100%和0%表示风扇的开与关。有3种状态的风扇(开/中速/关)分别用100%、50%和0%来表示风扇的开、中速和关。速度可调的风扇用0%~100%表示。多组风扇系统用0%~100%来表示所能提供冷却能力的百分比。

注意,由于风扇的驱动不同,对于3种状态的风扇的中速也不同,因此,50%表示此时风扇驱动输出的中间速度。

数据长度：　1字节
分辨率：　0.4%/位递增,从0%开始计算
数据范围：　0%~100%
类型：　状态
可疑参数编号：　975
参考：

PGN	参数组名称及其缩写	所在章节
65 213	风扇驱动-FD	5.3.058

假设风扇估计的百分比转速为40%，由于分辨率为0.4%/位,则SP N975这个字节的数据值为：

$$40\%/0.4\%=100=0X64$$

2. SPN 977

按照章节号5.2.2.20在J1939-71中找到SPN 977,如图3-7所示。

-71　5.2.2.20　***Fan Drive State***

This parameter is used to indicate the current state or mode of operation by the fan drive.

(R) TABLE 13 FAN DRIVE STATES

Bit States Fan Drive State
0000 Fan off
0001 Engine system–General
0010 Excessive engine air temperature
0011 Excessive engine oil temperature
0100 Excessive engine coolant temperature
0101 Excessive transmission oil temperature
0110 Excessive hydraulic oil temperature
0111 Default Operation
1000 Not defined
1001 Manual control
1010 Transmission retarder
1011 A/C system
1100 Timer
1101 Engine brake
1110 Other
1111 Not available

Slot Length: 4 bits
Slot Scaling: 16 states/4 bit　, 0　**Offset**
Slot Range: 0 to 15　**Operational Range:** same as slot range
SPN Type: Status
SPN: 977
SPN Supporting Information: FanDriveStatesObj.doc

Reference:

PGN	Parameter Group Name and Acronym	Doc. and Paragraph
65213	Fan Drive - FD	-71 5.3.058

图3-7　SPN 977

图 3－7 含义如下：

—71　　5.2.2.20　　风扇驱动状态

这个参数用 4 位表示风扇驱动器的当前状态或操作模式，如表 3－16 所列。

表 3－16　风扇驱动器状态

状态位	风扇驱动器状态
0000	风扇关闭
0001	发动机系统—常规，风扇在运行
0010	发动机气温过高，风扇在运行
0011	发动机油温过高，风扇在运行
0100	发动机冷却液温度过高，风扇在运行
0101～1000	未定义
1001	手动控制，风扇被驾驶者打开运行
1010	由于传动减速器的要求，风扇在运行
1011	由于空调系统的要求，风扇在运行
1100	由于定时器功能要求，风扇在运行
1101	由于发动机刹车需要，风扇在运行
1110	其他
1111	不可用

数据长度：　　4 位

分辨率：　　16 种状态/4 位

数据范围：　　0～15

类型：　　状态

可疑参数编号：　　977

参考：　　PGN　　参数组名称及其缩写　　所在章节

　　65 213　　风扇驱动－FD　　5.3.058

假设风扇当前因油温过高而运转，风扇驱动状态为 3，则 SPN 977 这个字节的数据值为 0XF3（高 4 位都是 1）。

3. SPN 1639

按照章节号 5.2.7.??? 在 J1939－71 中找到 SPN 1639，如图 3－8 所示。

图 3－8 含义如下：

—71　　5.2.7.???　　风扇转速

风扇的转速和发动机的冷却系统相关：

数据长度：　　2 个字节

分辨率：　　0.125 rpm /位

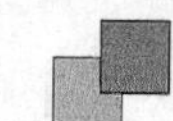

-71　　5.2.7.???　　*Fan Speed*

The speed of the fan associated with engine coolant system.

Slot Length: 2 bytes
Slot Scaling: 0.125 rpm/bit　　, 0　　**Offset**
Slot Range: 0 to 8,031.875 rpm　　**Operational Range:** same as slot range
SPN Type: Measured
SPN: 1639
SPN Supporting Information:

Reference:

PGN	Parameter Group Name and Acronym	Doc. and Paragraph
65213	Fan Drive - FD	-71 5.3.058

图 3-8　SPN 1639

数据范围：　　0～8 031.875 rpm
类型：　　测试
可疑参数编号：　　1 639

参考：	PGN	参数组名称及其缩写	所在章节
	65213	风扇驱动-FD	5.3.058

假设风扇的转速为1 500 rpm，由于分辨率为0.125 rpm/位，则SPN975这2个字节的数据值为：

$$1\,500/0.125=12\,000=0X2EE0$$

特别注意：对于出现在CAN数据帧中数据域的多字节参数，它们要首先存放在最低字节。因此，要将一个2字节的参数存放在CAN数据帧中的字节7和字节8，则LSB被放在指字节7，MSB放在字节8。

例如：本例中的风扇转速占用字节3和字节4，那么字节3＝0XE0，字节4＝0X2E。

3.8　J1939发送的数据帧举例

1. 举例1

在上面假设都成立的情况下，进一步假设ECU源地址为0X8D，优先级为默认值6，根据图3-5确定以下数据信息：R＝0，DP＝0，PF＝0XFE，PS＝0XBD。由于ECU地址为0X8D，则CAN报文ID为0X18FEBD8D，数据域字节1＝0X64，字节2＝0XF3，字节3＝0XE0，字节4＝0X2E，字节5＝字节6＝字节7＝字节8＝0Xff，如表3-17所列。

帧标识符和帧数据部分构成了J1939协议数据单元。帧结构信息如表3-18所列。第7位为1，表示扩展帧中；第6位(RTR)表示帧的类型，RTR＝0表示为数据帧，RTR＝1表示为远程帧。DLC表示在数据帧时实际的数据长度。

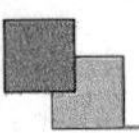

表 3-17　帧标识符和帧数据内容

名　称	PGN (65 213，0X00FEBD)						DATA
	P	R	DP	PF	PS	SA	(字节 1～字节 8)
位　数	3	1	1	8	8	8	64
数　据	011(二进制)	0(二进制)	0(二进制)	0XFE	0XBD	0X8D	字节 1 = 0X64，字节 2 = 0XF3，字节 3 = 0XE0，字节 4 = 0X2E，字节 5 = 字节 6 = 字节 7 = 字节 8 = 0XFF

数据帧中允许的数据字节长度为 0～8。

表 3-18　帧结构信息

位	bit7	bit6	bit5	bit4	bit3	bit2	bit1	bit0
含　义	1	RTR	r1	r0	DLC. 3	DLC. 2	DLC. 1	DLC. 0
二进制	1	0	0	0	1	0	0	0
十六进制	0X88							

因此，本例完整的 J1939 协议报文为：

0X88　0X18　0XFE　0XBD　0X8D　0X64　0XF3　0XE0　0X2E　0XFF　0XFF　0XFF　0XFF

2. 举例 2

ET1 报文是由发动机的 ECU 模块以 1 s 为周期发送出来的，其 PGN 为 65 262。

传输循环率：　1 s

数据长度：　8 字节

数据页面：　0

PDU 格式：　254(0XFE)

PDU 指定：　238(0XEE)

默认优先值：　6

参数组数编号：　65 262(0X00FEEE)

字节：	参数名	SPN
1	发动机冷却剂温度	110
2	燃料温度	174
3～4	发动机油温 1	175
5～6	涡轮油温	176
7	冷热气自动调节机温度	52
8	发动机的冷热气自动调节机调节开放	1 134

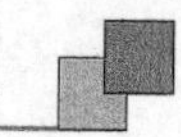

查询 J1939 协议附录 B 中的表 B2 可知，控制＃1 发动机的 ECU 源地址 SA 为 0X00。

如果将 CAN 分析仪连接到 ECU 上，则接收到来自该 ECU 的 ET1 报文，其帧结构信息如表 3－19 所列，PDU 单元如表 3－20 所列。

表 3－19　ET1 报文的帧结构信息

位	bit7	bit6	bit5	bit4	bit3	bit2	bit1	bit0
含　义	1	RTR	r1	r0	DLC. 3	DLC. 2	DLC. 1	DLC. 0
二进制	1	0	0	0	1	0	0	0
十六进制	0X88							

表 3－20　ET1 报文的帧标识符和帧数据内容

名　称		PGN (65 262，0X00FEEE)					DATA
	P	R	DP	PF	PS	SA	(字节 1～字节 8)
位　数	3	1	1	8	8	8	64
数　据	011(二进制)	0(二进制)	0(二进制)	0XFE	0XEE	0X00	字节 1 ＝发动机冷却剂温度；字节 2 ＝燃料温度；字节 3，字节 4 ＝发动机油温 1；字节 5，字节 6 ＝涡轮油温；字节 7 ＝冷热气自动调节机温度；字节 8 ＝发动机的冷热气自动调节机调节开放

通过获取的帧数据内容就可以得到和发动机运行有关的特征参数，如发动机冷却剂温度、燃料温度、发动机油温 1 等。用同样的方法也可以获取其他众多 ECU 的参数。

3.9　J1939 协议中的名称和地址

一个完整的汽车电控系统由若干个电控单元(ECU)组成，包括软件和硬件。电控单元的软件由若干个控制器应用软件(CA)组成。

1. 地址的唯一性

每个控制器应用软件在通信网络中都有标识自己身份的唯一地址，以便于将自己测量的物理量及时上传。例如，想获得一个 CA 的温度数值，就可以直接向该 CA 地址发请求报文，让它把测量的温度数据传过来。

2. 名称和地址

(1) 名称和地址的区别

J1939 定义了 64 位的名称来区分每个 ECU;由于名称过长,所以平时通信中常使用和名称对应的 8 位地址。

(2) 地　址

一个确定系统中的地址数量不能超过 254 个(设备不能申请 0 地址和全局地址)。大多数在 J1939 网络上工作的电控单元将拥有被分配给该电控单元的、可使用的首选地址。如果电控单元的首选地址已经被网络上另一个电控单元申请并使用,则需要按照一个特定过程解决冲突。

保留的首选地址从 0 开始分配,并依次分配如下:

- 0～127:属于行业组 0(全局组),为大多数常用电控单元保留;
- 128～247:为行业特殊分配保留;
- 248～253:为特殊电控单元保留;
- 254:空地址;
- 255:全局地址。

J1939 协议中无论是目标地址还是源地址,统统都是 8 位,也就是最多 256 个地址。那么问题来了,假如车辆电控单元数量多于 256 个怎么办?如何获得更多的地址空间呢?

首先,制定 J1939 协议的委员会把应用 J1939 通信协议的不同行业进行了编组,如表 3-19 所列。

表 3-19　J1939 行业组

行业组(十进制)	行　业
0	全局,适用所有行业
1	公路设备
2	农业和林业设备
3	建筑设备
4	船舶设备
5	工业-过程控制-固定设备(Gen-Sets)
6	为以后分配保留
7	不可用

然后,委员会通过行业组 0 对表 3-19 中所有行业的共性地址进行了定义。例如,各个行业设备都需要发动机(引擎),那么不管是公路设备,还是农业和林业设备、建筑设备、船舶设备、建筑设备、工业-过程控制-固定设备,这些行业设备的 0 地址统统为 1 号发动机的地址。共性地址范围是地址 0～地址 127 和地址 248～地址 253,

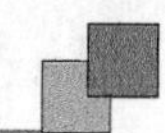

详见J1939协议附录B的表B2。

再者,委员会制定了各个行业自己独有的特性地址。例如:公路设备中,地址241表示的是电子发动机控制单元#3的地址;农业和林业设备中,地址241表示的是残渣监视器地址;建筑设备中,地址241表示的是引擎监视器 #1地址。特性地址范围是地址128~地址247,详见J1939协议附录B的表B3~表B9。

(3) 设置地址的注意事项

既然制定J1939协议的委员会把通信网络上的电控单元设备地址定义得这么详细了,那么研发人员对于这些已经定义的首选地址就不要再重新定义了。例如,J1939协议定义车辆导航的地址是28,如果研发人员自己定义XXX的地址也是28,那么就会引起地址混乱,破坏了J1939协议应用的通用性,这点要注意。

如果研发人员研发了一个新的电控单元,比如车辆自动灭火控制单元,那么怎样设置它在通信网络中的地址呢?我们可以用J1939协议附录B的表B2~表B9中没有用到的地址。

J1939制定委员会规定,自设置电控单元的供应商可以为其设备提供任何可能的策略来尝试申请地址。但是,如果没有定义一个可选方案,那么电控单元应该在从128开始的128~247地址范围内申请一个地址。

查阅J1939协议附录表B3可知:行业组公路设备中的地址范围208~231,是为SAE以后的地址分配预留的,用作预先分配地址,因此,厂家可以将车辆自动灭火控制单元的地址设置为208,自己厂家知晓这个地址,并且该地址不能和车辆上的其他地址冲突;如果想把该地址定义为J1939协议的标准首选地址,那么须按照在J1939协议附录D中的格式向J1939制定委员会提交申请表。

现在的新能源汽车技术日新月异,随之而来的就是新能源汽车上出现了很多传统车辆没有的电控单元,这些电控单元的地址都可以占用行业组公路设备中的地址范围208~231,比如混合动力车辆控制器的地址设置为209、动力电池组控制器的地址设置为215等。

(4) 名 称

虽然名称只用于电控单元存档,通信时真正用到的是地址,但还是有必要简单介绍一下名称的结构,名称的结构如表3-20所列。

名称说明了一个ECU完成的基本功能,并且唯一标识出每一个ECU。

表3-20 名称的结构

仲裁地址能力	行业组	车辆系统实例	车辆系统	保留	功能	功能实例	ECU实例	制造商编码	识别编号
1位	3位	4位	7位	1位	8位	5位	3位	11位	21位

仲裁地址能力:该位用来定义能够自动解决网络上地址冲突的能力,设置为1时表示具备这种能力,设置为0时表示不具备这种能力。

一点通:新的电控单元在网络上运行时,先通过群发的方式问一下通信网络上各位已有的 CA 地址,说"我的地址和你们的地址重复吗? 如果没有重复,我就用这个地址;如果有地址重复,我再换一个地址试一试"。这就是拥有仲裁地址能力。车辆生产厂商在研发阶段一般都设置好了各个 CA 的地址,如 J1939 协议附录 B 所规定的地址,而改装车辆的公司想要增加 CA 却又不掌握生产厂商的 J1939 协议定好的地址,怎么办呢? 这时就用仲裁地址能力功能,逐一询问通信网络上已有的 CA 地址。

行业组:具体说明 J1939 协议定义的名称和地址用在哪个行业,如公路设备、农业和林业设备、建筑设备、船舶设备、建筑设备、工业-过程控制-固定设备等。

车辆系统和车辆系统实例:车辆系统由委员会定义和分配,详见 J1939 协议附录 B 的表 12。例如,在行业组设置为 1(公路设备)的前提下,车辆系统设置为 1 表示牵引车,设置为 2 表示拖车。也就是说,通过行业组和车辆系统组合设置来确定车辆类型。车辆系统实例就是车辆系统举例的序号,单个实例或者第一个实例设置为 0。

功能和功能实例:功能是指一个或多个电控单元为一个或一组部件提供服务的能力。电控单元名称中的一个 8 位域指出了该电控单元的功能。多个电控单元都可以提供相同的功能时,则可以使用名称中的功能实例域来区分不同的电控单元。

对于不同的行业组或车辆系统,同样的功能值(高于 128 的功能值)可能意味着不同的功能,因此由具体行业组进行相应的功能(功能值在 128 以上的功能)标识。车辆系统的功能如图 3-9 所示(见 J1939/81 的 4.1.12 小节)。

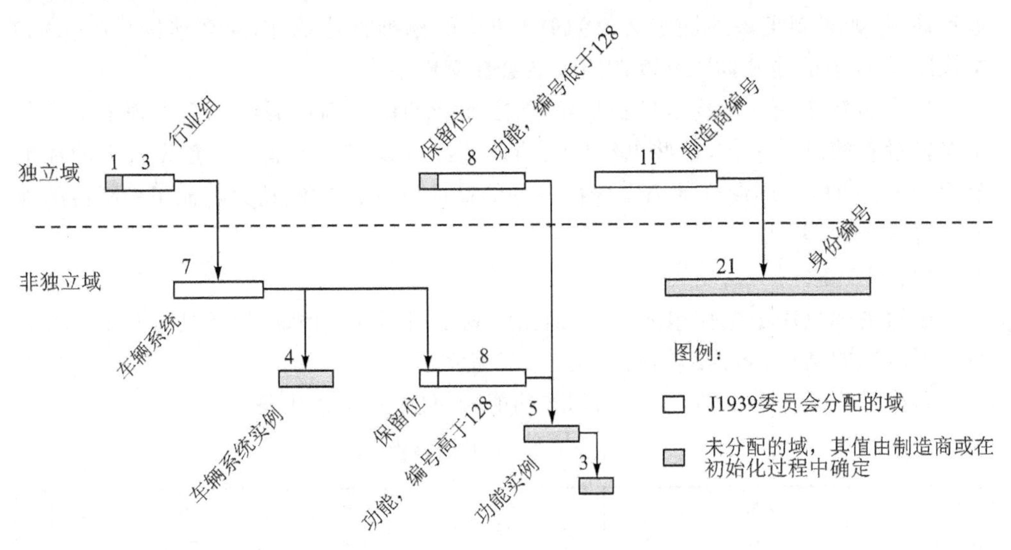

图 3-9 名称域的从属关系

一点通:功能值占用 8 bit,可以定义 256 种功能。制定 J1939 协议的委员会把 256 个功能值进行了统一规划,详见 J1939 协议附录 B 的表 B11 和 B12。

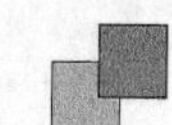

① B11 定义了不依赖车辆系统或行业组的前128个功能，也就是说，前128个功能定义数值在公路设备、农业和林业设备、建筑设备、船舶设备、建筑设备、工业-过程控制-固定设备行业中通用。例如，无论上述哪一个行业的功能值设置为2都表示电子发动机控制功能。

② B12 定义了依赖车辆系统或行业组的后128个功能。当功能值大于等于128时，功能值与公路设备、农业和林业设备、建筑设备、船舶设备、建筑设备、工业-过程控制-固定设备行业的定义有关，这些功能值依赖车辆系统数值和行业组数值。

例如，在行业组设置为1(公路设备)的前提下，车辆系统设置为1时，表示牵引车，功能值128表示前方道路图像处理功能；车辆系统设置为0时，表示非特殊系统，功能值128表示转速表功能。

③ 当存在多个电控单元可以提供相同的功能时，可以使用名称中的功能实例域来区分不同的电控单元。例如，B11中的功能值42为水泵控制，假如车辆系统中有2个水泵，则可以用功能实例来区分，第一个水泵的功能实例设置为0，第二个水泵的功能实例设置为1。

ECU实例：占用3 bit，表示为了实现特定功能的一组ECU中具体是哪一个起作用了。例如，当2个电控单元控制同一台发动机工作的时候，则用ECU实例编码，第一个ECU实例设置为0，第二个ECU实例设置为1。

制造商编码：占用11 bit，用来说明电控单元是由哪家制造商生产的。J1939协议委员会对制造商进行了编号，详见J1939协议附录B的表B10。例如，编号78的制造商是Frank W. Murphy Manufacturing, Inc.。目前共有88家制造商编码，编号89～2 047是为以后的制造商编码预留的。

识别编码：占用21 bit，就是我们通常见到的产品编号，其包含的信息由各个制造商自己定义，如产品序列号、生产日期等。识别编码是唯一的，并且在掉电的情况下保持不变。

(5) 名称设置举例

这里按照由简单到复杂的顺序给出下面3个实例，帮助读者理解如何设置一个名称。

① 应用在高速公路重型卡车上，为发动机服务的一个ECU，其命名如表3-21所列。

表3-21 高速公路重型卡车为发动机服务的ECU名称

名　称	仲裁地址能力	行业组	车辆系统实例	车辆系统	保留	功能	功能实例	ECU实例	制造商编码	识别编号
位　数	1位	3位	4位	7位	1位	8位	5位	3位	11位	21位
二进制	0	001	0000	0 000 001	0	00 000 000	00 000	000	mm…	ii…

从J1939协议附录B1中查得，行业组设置为001，表示这是公路设备组。

从 J1939 协议附录 B12 中查得,车辆系统设置为 0000001,表示这是牵引车。

车辆系统实例设置为 0000,表示就这台发动机。

从 J1939 协议附录 B11 中查得,功能设置为 00000000,表示这是发动机功能。

功能实例设置为 00000,表示这是一台单发动机的重型卡车。

ECU 实例设置为 000,表示控制这台单发动机的 ECU 只有一个。

制造商编码和识别编码由制造商根据产品情况设置。

② 应用于重型卡车第二个挂车上的刹车系统的命名如表 3-22 所列。

表 3-22 应用于重型卡车第二个挂车上的刹车系统的名称

名 称	仲裁地址能力	行业组	车辆系统实例	车辆系统	保留	功能	功能实例	ECU 实例	制造商编码	识别编号
位数	1 位	3 位	4 位	7 位	1 位	8 位	5 位	3 位	11 位	21 位
二进制	0	001	0001	0000010	0	00001001	00000	000	mm…	ii…

从 J1939 协议附录 B1 中查得,行业组设置为 001,表示这是公路设备组。

从 J1939 协议附录 B12 中查得,车辆系统设置为 0000010,表示这是拖车。

车辆系统实例设置为 0001,表示这是第 2 个挂车上的刹车系统。

从 J1939 协议附录 B11 中查得,功能设置为 00001001,表示这是刹车-系统控制器功能。

功能实例设置为 00000,表示只有这一个刹车-系统控制器。

ECU 实例设置为 000,表示控制这一个刹车-系统控制器,ECU 只有一个。

制造商编码和识别编码由制造商根据产品情况设置。

③ 具有分离式控制功能的农业播种机系统由 2 台播种机组成,称为播种机 1 和播种机 2。播种机 1 有 4 个排播种系统,编号为 1、2、3、4 排播种系统;播种机 2 有 4 个排播种系统,编号为 5、6、7、8 排播种系统。无论播种机 1 还是播种机 2,每个排播种系统都由 2 个 ECU 控制。

具有分离式控制功能的农业播种机系统中的各个 ECU 命名如表 3-23 所列。

表 3-23 具有分离式控制功能的农业播种机系统的名称

名 称	仲裁地址能力	行业组	车辆系统实例	车辆系统	保留	功能	功能实例	ECU 实例	制造商编码	识别编号
位数	1 位	3 位	4 位	7 位	1 位	8 位	5 位	3 位	11 位	21 位
播种机 1 第 1 排 第 1 个 ECU	1	010	0000	0000100	0	10000001	00000	000	mm…	ii…
播种机 1 第 1 排 第 2 个 ECU	1	010	0000	0000100	0	10000001	00000	001	mm…	ii…

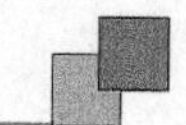

续表 3-23

名称	仲裁地址能力	行业组	车辆系统实例	车辆系统	保留	功能	功能实例	ECU实例	制造商编码	识别编号
位数	1位	3位	4位	7位	1位	8位	5位	3位	11位	21位
播种机1 第2排 第1个ECU	1	010	0000	0000100	0	10000001	00001	000	mm…	ii…
播种机1 第2排 第2个ECU	1	010	0000	0000100	0	10000001	00001	001	mm…	ii…
播种机1 第3排 第1个ECU	1	010	0000	0000100	0	10000001	00010	000	mm…	ii…
播种机1 第3排 第2个ECU	1	010	0000	0000100	0	10000001	00010	001	mm…	ii…
播种机1 第4排 第1个ECU	1	010	0000	0000100	0	10000001	00011	000	mm…	ii…
播种机1 第4排 第2个ECU	1	010	0000	0000100	0	10000001	00011	001	mm…	ii…
播种机2 第5排 第1个ECU	1	010	0001	0000100	0	10000001	00100	000	mm…	ii…
播种机2 第5排 第2个ECU	1	010	0001	0000100	0	10000001	00100	001	mm…	ii…
播种机2 第6排 第1个ECU	1	010	0001	0000100	0	10000001	00101	000	mm…	ii…
播种机2 第6排 第2个ECU	1	010	0001	0000100	0	10000001	00101	001	mm…	ii…
播种机2 第7排 第1个ECU	1	010	0001	0000100	0	10000001	00110	000	mm…	ii…
播种机2 第7排 第2个ECU	1	010	0001	0000100	0	10000001	00110	001	mm…	ii…

续表 3-23

名　称	仲裁地址能力	行业组	车辆系统实例	车辆系统	保留	功能	功能实例	ECU 实例	制造商编码	识别编号
位数	1 位	3 位	4 位	7 位	1 位	8 位	5 位	3 位	11 位	21 位
播种机 2 第 8 排 第 1 个 ECU	1	010	0001	0000100	0	10000001	00111	000	mm…	ii…
播种机 2 第 8 排 第 2 个 ECU	1	010	0001	0000100	0	10000001	00111	001	mm…	ii…

从 J1939 协议附录 B1 中查得，行业组设置为 010，表示这是农业设备组。

从 J1939 协议附录 B12 中查得，车辆系统设置为 0000100，表示这是种植机-播种机。

车辆系统实例：播种机 1 设置为 0000，播种机 2 设置为 0001，共有 2 台播种机，按照顺序编号即可。

从 J1939 协议附录 B12 中查得：功能设置为 10000001，表示这是开/关控制功能。

功能实例：播种机 1 和播种机 2 共有 8 排播种系统，都可以实现播种功能，相应的功能实例设置为 0～7，对应的的二进制设置为 00000～00111。

ECU 实例：每排有 2 个 ECU，分别设置为 000 和 001。

制造商编码和识别编码由制造商根据产品情况设置。

(6) 地址声明报文(PGN 60928)

CAN 总线上的节点在网络上运行时，通过发送地址声明报文实现上述声明，J1939-81 中的 4.2.2.1 节有 PGN 60928 详细设置说明：

传输：被请求时，发送地址声明报文；数据长度：8 字节；数据页：0；PF：238；PS：255；优先级 P：6；PGN：60928，0X00EE00；源地址：0～253。

Byte1：识别编号低 8 位；

Byte2：识别编号中间 8 位

Byte3：Bit1～5　识别编号高 5 位

Bit6～8 制造商编码低 3 位；

Byte4：制造商编码高 8 位；

Byte5：Bit1～3　ECU 实例；

　　Bit4～8　功能实例；

Byte6：功能；

Byte7：Bit1，　保留；

　　Bit2～8，车辆系统；

Byte8：Bit1～4　车辆系统实例；

Bit5～7，行业组；

Bit8，　仲裁地址能力。

报文名称	PGN	PF	PS	SA	数据长度	数　据
地址声明请求	59904	234	DA	SA	3	PGN60928
声明地址	60928	238	255	SA	8	具体名字
不能声明地址	60928	238	255	254	8	具体名字

一点通：地址声明报文(PGN 60928)的PS数值255表示全局地址，也就是说两种情况都可以地址声明。

一种情况是，简单地在网络上声明一下地址，类似于2人见面，还没有等对方，自己就主动说："我叫李四，河北正定人。"

另一种情况是网络上有地址声明PGN请求，这时就需要发送一个地址声明报文。类似于2个人初次见面，一个人首先问"您怎么称呼？老家哪里呀？"(被请求)，另一个人回答："我叫李四，河北正定人。"完成地址声明。

不能使用该地址名称时，发送"不能声明地址报文"。

3.10　J1939报文类型

J1939协议目前支持5种类型的报文通信，分别为命令、请求、广播／响应、确认和群功能，报文的具体类型由其配置的参数组编号确定。下面分别介绍这5种类型的报文。

3.10.1　命令报文

命令类型的报文是指那些从某个源地址向特定目标地址或全局目标地址发送命令的参数组。目标地址接收到命令类型的报文后，应根据接收到的报文采取具体的动作。PDU1格式(PS为目标地址)和PDU2格式(PS为群扩展)都能用作命令。命令类型的消息可能包括传动控制、地址请求、扭矩/速度控制等。

一点通：命令报文是用来下命令的，告诉执行机构执行相应的动作。

举例：

接收到如下命令报文：

0X88 0X0C000003　0XD5 0X00　0X19　0X50 0XFF 0XFF 0XFF 0XFF

下面对此命令报文进行解析。报文的帧结构信息如表3-24所列。

第7位为1，表示在扩展帧中；第6位(RTR)表示帧的类型，RTR=0表示为数据帧，RTR=1表示为远程帧。DLC表示在数据帧长度为8。

表 3-24 帧结构信息

位	Bit7	Bit6	Bit5	Bit4	Bit3	Bit2	Bit1	Bit0
含 义	1	RTR	r1	r0	DLC. 3	DLC. 2	DLC. 1	DLC. 0
二进制	1	0	0	0	1	0	0	0
十六进制	0X88							

帧标识符和帧数据部分如表 3-25 所列。

表 3-25 帧标识符和帧数据内容

名 称		PGN (0, 0X000000)					DATA
	P	R	DP	PF	PS	SA	(Byte1～Byte8)
位 数	3	1	1	8	8	8	64
数 据	011(二进制)	0(二进制)	0(二进制)	0x00	0x00	0x03	Byte1 = 0xD5, Byte2 = 0X00, Byte3 = 0X19, Byte4 = 0X50, Byte5 = Byte6 = Byte7 = Byte8 = 0XFF
含 义	优先级为 3	0000 是“扭矩/速度控制 #1:TSC1”的 PGN;PF=0X00 时,PS 是目标地址,PS=0X00 是“发动机 #1 电控单元”的地址				源地址 0x03 是“变速箱 #1 电控单元”的地址	

可见,该报文是变速箱#1 电控单元发给发动机 #1 电控单元的扭矩/速度控制#1:TSC1 命令报文,命令发动机输出一定数值的转速和扭矩,则发动机接收到该命令就去执行命令,其 PGN 为 0X000000。

J1939-71 协议中 TSC1 详细含义如图 3-10 所示。

4.3.1 TORQUE/SPEED CONTROL #1: TSC1

Transmission repetition rate: when active; 10 ms to the engine - 50 ms to the retarder
Data length: 8 bytes
Data page: 0
PDU format: 0
PDU specific: Destination address
Default priority: 3
Parameter group number: 0 (000000_{16})

Byte:			Bit:		
1	Control bits		8-7	Not defined	
			6,5	Override control mode priority	4.2.3.3
			4,3	Requested speed control conditions	4.2.3.2
			2,1	Override control modes	4.2.3.1
2,3	Requested speed/Speed limit				4.2.1.19
4	Requested torque/Torque limit				4.2.1.15
5-8	Not defined				

图 3-10 TSC1(PGN 000000)

传输循环率：		激活时；发动机 10 ms，减速器 50 ms		
数据长度：		8 字节		
数据页面：		0		
PDU 格式：		0		
PDU 指定：		目的地址		
默认优先值：		3		
参数组数编号：		0(0X000000)		
字节 1	控制位	8～7	未定义	
		6,5	控制模式优先权	4.2.3.3
		4,3	要求的速度控制条件	4.2.3.2
		2,1	控制模式	4.2.3.1
2,3		要求的速度/速度限制		4.2.1.19
4		要求的扭矩/扭矩限制		4.2.1.15
5～8		未定义		

J1939/71 协议的 4.2.3.3 小节控制模式优先权介绍如图 3－11 所示，这里设置其优先权模式为 01，即高优先权。

4.2.3.3 *Override Control Mode Priority (2 bits)*—This field is used as an input to the engine or retarder to determine the priority of the Override Control Mode received in the Torque/Speed Control message (see 4.3.1). The default is 11 (Low priority). It is not required to use the same priority during the entire override function. For example, the transmission can use priority 01 (High priority) during a shift, but can set the priority to 11 (Low priority) at the end of the shift to allow traction control to also interact with the torque limit of the engine.

The four priority levels defined are:

00-	Highest priority
01-	High priority
10-	Medium priority
11-	Low priority
Type:	Status
Suspect Parameter Number:	897
Reference:	4.3.1

图 3－11 控制模式优先权(SPN 897)

根据 J1939/71 协议 4.2.3.2 小节要求的速度控制条件介绍如图 3－12 所示，设置其条件为 01，即动力传动系统空闲，非锁定状态。

J1939/71 协议的 4.2.3.1 小节控制模式介绍如图 3－13 所示，这里设置其控制模式为 01，即转速控制。

因此，TSC1 ＃ 1 帧数据的第一个字节内容为：Byte1 ＝ 0XD5，如表 3－26 所列。

4.2.3.2 *Requested Speed Control Conditions (2 bits)*—This mode tells the engine control system the governor characteristics that are desired during speed control. The four characteristics defined are:

00 - Transient Optimized for driveline disengaged and non-lockup conditions
01 - Stability Optimized for driveline disengaged and non-lockup conditions
10 - Stability Optimized for driveline engaged and/or in lockup condition 1 (e.g., vehicle driveline)
11 - Stability Optimized for driveline engaged and/or in lockup condition 2 (e.g., PTO driveline)
Type: Status
Suspect Parameter Number:696
Reference: 4.3.1

图 3-12 要求的速度控制条件(SPN 696)

4.2.3.1 *Override Control Mode (2 bits)*—The override control mode defines which sort of command is used:

00 - Override disabled - Disable any existing control commanded by the source of this command.
01 - Speed control - Govern speed to the included "desired speed" value.
10 - Torque control - Control torque to the included "desired torque" value.
11 - Speed/torque limit control - Limit speed and/or torque based on the included limit values. The speed limit governor is a droop governor where the speed limit value defines the speed at the maximum torque available during this operation.
Type: Status
Suspect Parameter Number:695

图 3-13 控制模式(SPN 695)

表 3-26 TSC1 第一个字节内容

位	Bit7	Bit6	Bit5	Bit4	Bit3	Bit2	Bit1	Bit0
二进制	1	1	0	1	0	1	0	1
十六进制	0XD5							

根据 J1939/71 协议 4.2.1.19 小节要求的速度/速度限制如图 3-14 所示，设置转速为 800 rpm，其数值为 800 rpm /(0.125 rpm/bit)=6400=0X1900。

所以，TSC1 # 1 帧数据的第 2 和第 3 个字节内容为：Byte2 = 0X00，Byte3 = 0X19。

4.2.1.19 *Requested Speed*—Parameter provided to the engine from external sources in the torque/speed control message. This is the engine speed which the engine is expected to operate at if the speed control mode is active or the engine speed which the engine is not expected to exceed if the speed limit mode is active.

Data Length: 2 bytes
Resolution: 0.125 rpm/bit gain, 0 rpm offset (upper byte resolution = 32 rpm/bit)
Data Range: 0 to 8031.875 rpm
Type: Status
Suspect Parameter Number: 898

Reference: 4.3.1

图 3-14 要求的速度/速度限制(SPN 898)

根据 J1939/71 协议 4.2.1.15 小节要求的扭矩/扭矩限制，如图 3-15 所示，设置发动机扭矩百分比为 80%，其数值为 80% /(1%/bit)=80=0X50。

所以，TSC1＃1帧数据的第4个字节内容为：Byte4 ＝ 0X50。

4.2.1.15 *Requested Torque*—Parameter provided to the engine or retarder in the torque/speed control message for controlling or limiting the output torque.

Requested torque to the engine is measured in indicated torque as a percentage of peak engine torque. This is the engine torque at which the engine is expected to operate if the torque control mode is active or the engine torque which the engine is not expected to exceed in the torque limit mode is active.

Zero torque can be requested which implies zero fuel and, according to Figures 2 and 3, the engine will not be allowed to stall. The actual engine percent torque (4.2.1.5) should be zero and the engine should decelerate until the low idle governor kicks in, at which time the actual engine percent torque will be calculated as shown in Figures 2 and 3 and the engine torque mode bits (4.2.2.1) should be equal to 00002 - Low Idle Governor.

Requested torque to the retarder is measured in indicated torque as a percentage of peak retarder torque. The logic used in enabling or disabling the retarder is based on the override control mode priority bits (4.2.3.3).

Data Length: 1 byte
Resolution: 1%/bit gain, -125% offset
Data Range: -125 to 125%
Operating range: 0 to 125% for engine torque requests
-125 to 0% for retarder torque requests
Type: Status
Suspect Parameter Number: 518
Reference: 4.3.1

图3-15 要求的扭矩/扭矩限制(SPN 518)

TSC1＃1帧数据的第5～8字节未定义，设置为Byte5 ＝ Byte6 ＝ Byte7 ＝ Byte8 ＝ 0XFF。

3.10.2 请求报文

请求类型的报文提供了从全局范围或从特定目标地址请求报文的能力。对特定目标地址的请求称为指向特定目标地址的请求，目标地址必须做出响应；如果目标地址不支持请求的PGN，那么也必须发出一个NACK的响应以表明它不支持该PGN。

一点通：请求报文用来请求一个地址给予自己需要的信息。类似于路边有一个乞丐，他请求路人："给我点儿食物吧"。路人要么给这个乞丐一些食物，要么拒绝。

请求PGN的定义如下所示：

参数群名称：　请求PGN
定义：　从网络设备请求参数群
重复传输速率：　用户自定义，推荐每秒请求不多于2或3次
数据长度：　3字节(特别注意：数据域长度填写3)
数据页：　0
PDU格式：　234(0XEA)
特定PDU段：　目标地址
缺省优先级：　6

参数群编号：　　　　59904(0X00EA00)

字节:1,2,3　　　　　被请求的参数群编号(见 J1939_21 协议的 5.1.2 章节)

完整的请求报文为:首先定义请求报文的数据长度为 3 字节,请求报文的帧结构信息如表 3－27 所列。

表 3－27　请求报文帧结构信息

位	Bit7	Bit6	Bit5	Bit4	Bit3	Bit2	Bit1	Bit0
含　义	1	RTR	r1	r0	DLC.3	DLC.2	DLC.1	DLC.0
二进制	1	0	0	0	0	0	1	1
十六进制	0X83							

请求报文的 J1939 协议数据单元如表 3－28 所列。请求报文优先级默认为 6,请求报文 PF 为 234(0XEA),数据页 DP 为 0,被请求的参数组编号被放在帧数据部分的前 3 个字节里。

表 3－28　请求报文的 J1939 协议数据单元

名　称		PGN (59904, 0X00EA00)					DATA		
	P	R	DP	PF	PS	SA	(Byte1～Byte8)		
位　数	3	1	1	8	8	8	64		
数　据							Byte1	Byte2	Byte3
	110(二进制)	0(二进制)	0(二进制)	0XEA	目标地址	源地址	请求的参数组编号低 8 位	请求的参数组编号中 8 位	请求的参数组编号高 8 位

注意,当目标地址为全局目标地址时,PF 设置为 0XFF。

J1939_21 协议中列举了使用请求报文的例子,如表 3－29 所列。

表 3－29　SAE J1939 的 PDU1 格式特定段的应用

消息类型	PF	PS(DA)	SA	数据 1	数据 2	数据 3
全局请求	234	255 多响应	SA1 请求者	PGN lsb	PGN	PGN msb
特定请求	234	SA2 响应者	SA1 请求者	PGN lsb	PGN	PGN msb

注意,数据域中参数群编号用于标明被请求消息。

举例:

发送请求报文为:0X83　0X18　0XEA 0X00　0XF9　0XEE　0XFE　0X00

依据请求报文的定义,通过查阅 J1939 协议附录 B 的 B2 可知,0X00 为发动机 #1 的电控单元地址,0XF9 为故障诊断——售后服务工具的电控单元地址。

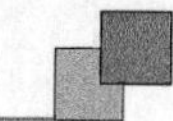

通过查阅 J1939 协议附录 A 的 B2 可知：

PGN:0X00 0XFE 0XEE(65 262)是由发动机的 ECU 模块发出的 ET1 报文，其定义如下：

ET1 报文，其 PGN 为 65 262。

传输循环率： 1 s

数据长度： 8 字节

数据页面： 0

PDU 格式： 254(0XFE)

PDU 指定： 238(0XEE)

默认优先值： 6

参数组数编号： 65 262(0X00FEEE)

字节：	参数名	SPN
1	发动机冷却剂温度	110
2	燃料温度	174
3～4	发动机油温 1	175
5～6	涡轮油温	176
7	冷热气自动调节机温度	52
8	发动机的冷热气自动调节机调节开放程度	1134

因此，请求报文“0X83 0X18 0XEA 0X00 0XF9 0XEE 0XFE 0X00”的含义就是故障诊断仪（如 4 s 汽车店里的非车载故障诊断仪）0XF9 请求发动机 #1 的电控单元 0X00，让它告诉 PGN 65262 所描述的信息（即发动机冷却剂温度、燃料温度、发动机油温、涡轮油温、冷热气自动调节机温度、发动机的冷热气自动调节机）已经调至开放。

对故障诊断仪（如汽车店里的非车载故障诊断仪）0XF9 发出的请求，目标地址发动机 #1 的电控单元 0X00 必须做出响应。

假设发动机冷却剂温度是 45℃，通过查阅 SPN110 可知：

Byte1 ＝45℃/(1℃/bit)＝45 bit，45 bit＋40 bit＝85 bit，其中 40 表示－40℃ offset，也就是说，该参数是从－40℃算起，此时为 0 bit，然后每增加 1℃，对应增加 1 bit。因此，Byte1 ＝85＝0X55。

假设燃料温度是 25℃，通过查阅 SPN174 可知：

Byte2 ＝25℃/(1℃/bit)＝25 bit，25 bit＋40 bit＝65 bit，其中，40 表示－40℃ offset，也就是说，该参数是从－40℃算起，此时为 0 bit，然后每增加 1℃，对应增加 1 bit。因此，Byte2 ＝65＝0X42。

假设发动机油温 1 是 28℃，通过查阅 SPN175 可知：

(28＋273)℃/(0.031 25℃/bit)＝9 632 bit＝0x25A0，其中，273 表示－273℃ offset，也就是说该参数是从－273℃算起，此时为 0 bit，然后每增加 1℃，对应增加

0.03 125 bit。因此，Byte3 =0XA0，Byte4 =0X25。

假设涡轮油温是 29℃，通过查阅 SPN176 可知：

(29+273)℃/(0.031 25℃/bit)=9 664 bit=0X25C0，其中，273 表示-273℃ offset，也就是说，该参数是从-273℃算起，此时为 0 bit，然后每增加 1℃，对应增加 0.03 125 bit。因此，Byte5 =0XC0，Byte6 =0X25。

假设冷热气自动调节机温度是 30℃，通过查阅 SPN52 可知：

Byte7 =30℃/(1℃/bit)=30 bit，30 bit+40 bit=70 bit，其中，40 表示-40℃ offset，也就是说，该参数是从-40℃算起，此时为 0 bit，然后每增加 1℃，对应增加 1 bit。因此，Byte7 =70=0X46。

假设发动机的冷热气自动调节机调节开放程度为 50%，通过查阅 SPN1134 可知：

Byte8 =50%/(0.4%/bit)=125=0X7D。

综上所述，发动机 #1 的电控单元 0X00 的发出的响应报文如下：

0X88 0X18 0XFE 0XEE 0X00 0X55 0X42 0XA0 0X25 0XC0 0X25 0X46 0X7D

3.10.3 广播/响应报文

此报文类型可能是某设备主动提供的报文广播，就像我们平时收听的无线广播节目，电台通过无线电波发出广播的内容信息。J1939 协议通过 CAN 总线向总线上的所有节点广播报文信息。此报文类型也可能是命令报文或请求请求的响应。

3.10.4 确认报文

确认 ACK 有两种形式：

① 第一种是 CAN 2.0B 协议规定的，如图 3-16 所示，它由 ACK 位组成，用来确认一个报文已被至少一个节点接收到。不出现错误帧则表明所有开启上电并连接在总线上的设备都正确接收到了此报文。此种确认 ACK 不用研发者干预，由 CAN 总线自动完成。

② 第二种形式的确认 ACK 由应用层规定，是对特定命令或者请求做出的正常广播/ACK/NACK 响应，提供了发送方和接收方之间的一种握手机制。

一点通：确认 ACK 提供了发送方和接收方之间的一种握手机制，发送方发出请求报文(其中数据部分有 PGN)，接收方收到该请求报文后，根据其中的 PGN 码决定自己怎样做出响应。

确认 PGN 的定义如下所示：

参数群编号：　　确认

定义：　　用来提供发送方和接收方之间的握手机制

重复传输速率：　　收到需要此类型的确认的 PGN 时

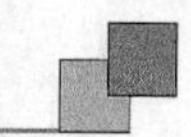

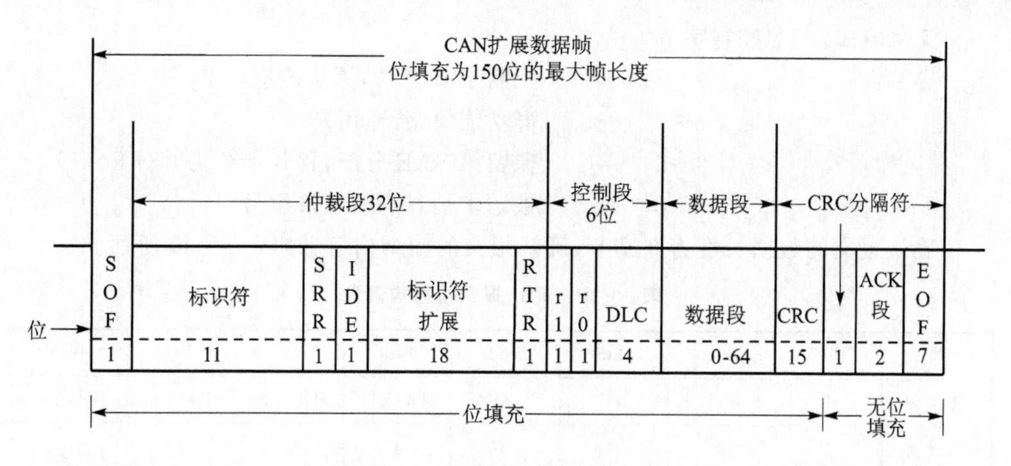

图 3-16 CAN 2.0B 中的 ACK

数据长度：	8 字节
数据页：	0
PDU 格式：	232(0XE8)
特定 PDU：	目标地址(全局地址时，为 0XFF)
缺省优先级：	6
参数群编号：	59 392(0X00E800)

肯定确认： 控制字节 = 0

字节：		
	1	控制字节 = 0，肯定确认(ACK)
	2	群功能值(若适用)
	3～5	保留给 SAE 分配，置各字节为 0XFF
	6～8	被请求消息的参数群编号

否定确认： 控制字节 = 1

字节：		
	1	控制字节 = 1，否定确认(NACK)
	2	群功能值(若适用)
	3～5	保留给 SAE 分配，置各字节为 0XFF
	6～8	被请求消息的参数群编号

拒绝访问： 控制字节 = 2

字节：		
	1	控制字节 = 2，拒绝访问(PGN 支持但被拒绝)
	2	群功能值(若适用)
	3～5	保留给 SAE 分配，置各字节为 0XFF
	6～8	被请求消息的参数群编号

无法响应：　　控制字节 =3

字节：　　1　　控制字节 = 3,无法响应

　　　　　2　　群功能值(若适用)

　　　　　3～5　　保留给 SAE 分配,置各字节为 0XFF

　　　　　6～8　　被请求消息的参数群编号

确认报文的数据长度为 8 字节,确认报文的帧结构信息如表 3-30 所列。

表 3-30　确认报文帧结构信息

位	Bit7	Bit6	Bit5	Bit4	Bit3	Bit2	Bit1	Bit0
含　义	1	RTR	r1	r0	DLC. 3	DLC. 2	DLC. 1	DLC. 0
二进制	1	0	0	0	1	0	0	0
十六进制	0X88							

确认报文的 J1939 协议数据单元如表 3-31 所列。确认报文优先级默认为 6,确认报文 PF 为 232(0XE8),数据页 DP 为 0。

表 3-31　确认报文的 J1939 协议数据单元

名　称		PGN (59392, 0X00E800)					DATA			
	P	R	DP	PF	PS	SA	(Byte1～Byte8)			
位　数	3	1	1	8	8	8	64			
数　据	110(二进制)	0(二进制)	0(二进制)	0XE8	目标地址	源地址	Byte1	Byte2	Byte3～Byte5	Byte6～Byte8
							控制字节	群功能值	0XFF	被请求消息的参数群编号

注意,当目标地址为全局目标地址时,PS 设置为 0XFF。

如果是全局请求,则当一个节点不支持某个 PGN 时,不能发出 NACK 响应。如果是对特定目标地址的请求,则目标地址必须做出响应：

1. Byte1 为控制字节

其数值可选范围是 0～3,4～255 保留给 SAE 分配,如表 3-32 所列。

对请求的响应取决于该 PGN 是否被支持,若确认 PGN 是正确的,则控制字节置 0 或 2 或 3;若不支持该 PGN,则响应的设备发送控制字节值为 1 的确认 PGN,其中 1 代表 NACK。

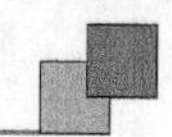

表3-32 控制字节的含义

Byte1	0	1	2	3	4～255
含义	肯定的应答信(ACK)	否定的应答(NACK)	拒绝访问(PGN支持但被拒绝)	无法响应	SAE保留位
解释	我收到了你发送的请求报文,并且我这里支持报文数据字节中的PGN,于是回复肯定的应答信息	我收到了你发送的请求报文,但是我这里不支持数据字节中的PGN,于是回复否定的应答信息	我收到了你发送的请求报文,并且我这里支持数据字节中的PGN,但是我拒绝回复信息	我收到了你发送的请求报文,并且我这里支持数据字节中的PGN,但是我现在很忙,无法做出响应,无法回复信息	

一点通举例:张三在北京通过顺丰快递给石家庄的李四快递了一箱苹果,北京代表源地址,石家庄代表目的地址,顺丰快递代表CAN总线,一箱苹果代表标签码为PGN的物品。快递发出后,有以下几种结果:

➢ 肯定确认:李四收到了苹果。
➢ 否定确认:李四告诉张三发错了货物,我要的是橘子,不是苹果(不接收苹果PGN)。
➢ 拒绝访问:李四跟张三闹别扭,李四不接收张三快递过来的苹果。
➢ 无法响应:李四出差了,现在无法接收快递。

2. Byte2为群功能数值

Byte2为1个字节,其取值范围为0～255。

其中,取值范围为0～250时,可以对每个PGN做特定的定义,用户可以根据PGN的内容做群功能数值的定义,比如设置车辆自动灭火控制器的PGN为568,设置其群功能数值为8;取值范围为251～255时,遵循SAE J1939-71的约定。

通常情况下,若发送请求到全局地址,则响应也发送到全局地址;若发送请求到特定地址,则发送响应到特定地址。当目标地址为全局目标地址时,PF设置为0XFF。

3.10.5 群功能报文

这种类型的报文用于特殊功能组(如专用功能、网络管理功能、多包传输功能等),每个组功能由其PGN识别。

专用功能通信并不是标准的通信模式,专用功能报文包括专用A报文和专用B报文。

1. 专用A报文

专用A报文为使用PDU1格式的报文,其允许制造商将他们的专用报文发送到特定目标节点，各制造商决定如何使用报文的数据域以及报文数据长度。其 PGN 的定义如下所示：

参数群名称：专用 A。

定义：专用 PG 使用目的地的特定 PDU 格式，以允许制造商将他们的专用信息定向到特定目的节点。如何使用消息的数据域由各制造商决定。此专用信息由制造商决定使用，但应该遵循避免使专用信息超过整个网络信息 2%的约束。

重复传输速率：用户自定义。

数据长度：0～1 785 字节（支持多组）。

数据页：0。

PDU 格式：239(0XEF)。

特定 PDU：目标地址。

默认优先级：6。

参数群编号：61 184(0X00EF00)。

字节：1～8，制造商专用（见 J1939/21 协议的 5.1.2 小节）。

群功能的参数数据范围：SAE 未定义。

专用 A 报文的帧结构信息如表 3-33 所列。

表 3-33　专用 A 报文帧结构信息

位	Bit7	Bit6	Bit5	Bit4	Bit3	Bit2	Bit1	Bit0
含义	1	RTR	r1	r0	DLC. 3	DLC. 2	DLC. 1	DLC. 0
二进制	1	0	0	0	1	0	0	0
十六进制	0X88							

专用 A 报文的 J1939 协议数据单元如表 3-34 所列；专用 A 报文优先级默认为 6，专用 A 报文 PF 为 239(0XEF)，数据页 DP 为 0。

表 3-34　专用 A 报文的 J1939 协议数据单元

名　称		PGN (61184，0X00EF00)					DATA
	P	R	DP	PF	PS	SA	(Byte1～Byte8)
位　数	3	1	1	8	8	8	64
数　据	110(二进制)	0(二进制)	0(二进制)	0XEF	目标地址	源地址	制造商自己根据实际需求，自行定义。

数据页 DP=0，PF=239，PS=DA(目标地址)，PGN=61184，该段是预留给企业自己用的 PGN，PDU1 格式通信。比如企业开发出车辆撞击监测器，用于保险公司实时掌握车辆碰撞时的状态，防止个别车主制造假碰撞现场骗保。由 J1939 协议附

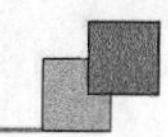

录表 B3 可知，行业组公路设备中的地址范围 208～231 是为 SAE 以后的地址分配预留的，用作预先分配地址，因此，厂家可以将车辆撞击监测器的地址设置为 218(0XDA)。

车辆撞击监测器时的 PGN 定义就用到专用 A 报文，车辆撞击监测器信息参数组如下：

参数群名称：　　车辆撞击监测器信息参数组
定义：　　车辆是否发生猛烈撞击、撞击强度
发送周期：　　监测到信息时
数据长度：　　2 字节
数据页：　　0
PDU 格式(PF)：　　239(0XEF)
特定 PDU(PS)：　　目标地址
缺省优先级：　　6
参数群编号：　　61184(0X00EF00)
字节：　1　　车辆是否发生猛烈撞击　　SPN：520195
　　　2　　撞击强度　　SPN：520196

注意，SPN 为 520192～524287，是 SAE J1939 为企业预留的。

本例中的 SPN 520195 定义如下：

SPN 参数名称：车辆是否发生猛烈撞击

数据长度：1 个字节

数据含义：0X00，未发生猛烈撞击；0XFF，发生猛烈撞击；其余未定义

本例中的 SPN 520196 定义如下：

SPN 参数名称：撞击强度

数据长度：1 个字节

分辨率：　0.04 G/bit

取值范围：0～100%

偏移量：　0

假设车辆撞击监测器状态为发生猛烈撞击时，地址为 0XFF，撞击强度 8.4G：0XD2，将监测的信息发送给刹车-系统控制器，地址为 0X0B。

那么，车辆撞击监测器发送给刹车-系统控制器的报文为：

0X82　0X18　0XEF　0X0B　0XDA　0XFF　0XD2

2. 专用 B 报文

专用 B 为使用 PDU2 格式的报文，允许制造商按需定义 PS 域、数据域的内容以及报文数据长度；其 PGN 的定义如下所示：

参数群名称：专用 B

定义：专用 PG 使用 PDU2 格式消息，以允许制造商按需定义 PS(GE)段内容，但使用时应该遵循避免使专用信息超过整个网络信息 2%的约束。消息数据域和 PS(GE)的使用由制造商决定。消息数据长度由制造商定义。因此，就传输而言，两个制造商可能使用相同的 GE 值而数据长度码却不同。信息响应者要区别此二者的不同。

重复传输速率：　　用户自定义
数据长度：　　0～1 785 字节(支持多组)
数据页：　　0
PDU 格式：　　255(0XFF)
特定 PDU：　　群扩展(制造商分配)
缺省优先级：　　6
参数群编号：　　65 280～65 535(0X00FF00～0X00FFFF)
字节：　　1～8　　制造商专用(见 J1939/21 协议的 5.1.2 小节)

专用 B 报文的帧结构信息如表 3-35 所列。

表 3-35　专用 B 报文帧结构信息

位	Bit7	Bit6	Bit5	Bit4	Bit3	Bit2	Bit1	Bit0
含　义	1	RTR	r1	r0	DLC. 3	DLC. 2	DLC. 1	DLC. 0
二进制	1	0	0	0	1	0	0	0
十六进制	0X88							

专用 B 报文的 J1939 协议数据单元如表 3-36 所列；专用 B 报文优先级默认为 6，专用 B 报文 PF 为 255(0XFF)，数据页 DP 为 0。

表 3-36　专用 B 报文的 J1939 协议数据单元

名　称		PGN 65280～65535 (0X00FF00～0X00FFFF)					DATA
	P	R	DP	PF	PS	SA	(Byte1～Byte8)
位　数	3	1	1	8	8	8	64
数　据	110(二进制)	0(二进制)	0(二进制)	0XFF	GE(0X00～0XFF)	源地址	制造商自己根据实际需求，自行定义

数据页 DP=0，PF=255，PS=0～255，PGN=65280～65535，该段是预留给企业自己用的 PGN，PDU2 格式通信。比如企业开发出车辆自动灭火控制器。查阅 J1939 协议附录表 B3 可知：行业组公路设备中的地址范围 208～231，是为 SAE 以后的地址分配预留的，用作预先分配地址。因此，可以将车辆自动灭火控制单元的地址

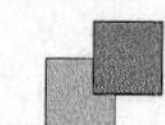

设置为208(0XD0)。

车辆自动灭火控制器时PGN定义用到专用B报文，车辆自动灭火控制器信息参数组如下：

参数群名称： 车辆自动灭火控制器信息参数组
定义： 自动灭火器状态、剩余灭火溶剂的百分比
发送周期： 1 s
数据长度： 8字节
数据页： 0
PDU格式(PF)： 255(0XFF)
特定PDU(PS)： 00
缺省优先级： 6
参数群编号： 65 280(0X00FF00)
字节： 1 自动灭火器状态 SPN：520192
2 剩余灭火溶剂的百分比 SPN：520193
3～8 未定义

注意，SPN为520192～524287，是SAE J1939为企业预留的。

本例中的SPN 520192定义如下：

SPN参数名称：自动灭火器状态
数据长度：1个字节
数据含义：0X00，关闭状态；0XFF，开启状态；其余未定义

本例中的SPN 520193定义如下：

SPN参数名称：剩余灭火溶剂的百分比
数据长度： 1个字节
分辨率： 0.4%/bit
取值范围： 0～100%
偏移量： 0

假设自动灭火器状态为关闭状态0X00，剩余90%的灭火溶剂为0XE1，那么，车辆自动灭火控制器发送的广播报文为：

0X88 0X18 0XFF 0X00 0XD0 0X00 0XE1 0XFF 0XFF 0XFF 0XFF 0XFF 0XFF

综上所述，专用A报文用于有目标地址的报文，专用B报文用于没有特定目标地址的广播报文。企业研发出新的产品时，比如新能源汽车行业的混合动力车辆控制器、动力电池组控制器、启动发电一体机控制器等，查询J1939协议发现没有和这些对应的PGN、地址和SPN，这时候，就需要J1939协议预留给企业的PGN、地址、SPN范围，然后再通过专用A报文和专用B报文传输信息。

3.11 各类型报文举例

1. 广播报文举例

发动机通过广播报文向总线上的节点发送发动机的序列号。

通过查阅J1939附录A参数群分配表可知，组件识别PGN为65259(0X00FEEB)。发动机序列号广播报文帧结构如表3-37所列。

表3-37 发动机序列号广播报文帧结构信息

位	Bit7	Bit6	Bit5	Bit4	Bit3	Bit2	Bit1	Bit0
含 义	1	RTR	r1	r0	DLC.3	DLC.2	DLC.1	DLC.0
二进制	1	0	0	0	0	1	0	1
十六进制	0X85							

发动机序列号广播报文的J1939协议数据单元如表3-38所列；发动机序列号广播报文优先级默认为6，PF为254(0XFE)，数据页DP为0，R为0。

表3-38 发动机序号广播报文的J1939协议数据单元

名 称		PGN (65259，0X00FEEB)					DATA
	P	R	DP	PF	PS(GE)	SA	数据长度可变
位 数	3	1	1	8	8	8	本例为5个字节长度
数 据	110(二进制)	0(二进制)	0(二进制)	0XFE(254)	0XEB(235)	0X00(发动机#1电控单元地址)	Byte1 = 0X30，Byte2 = 0X31，Byte3 = 0X32，Byte3 = 0X33，Byte3=0X34(发动机序号对应的ASCⅡ为01234)

完整的发动机序列号广播报文：

0X85 0X18 0XFE 0XEB 0X00 0X30 0X31 0X32 0X33 0X34

2. 请求报文举例

(1) 指定目标地址的请求报文

变速器#1的电控单元(地址0X03)向发动机#1电控单元(地址0X00)发送请求报文，请求发动机序列号为PGN 65259(0X00FEEB)。

类似于在外上学的大学生向父母发出一条请求报文，内容为“给我这个月的生活费”，该信息内容编码为65259；下次的请求报文可能是“给我一些购买电脑的钱”，该信息内容编码为65586。

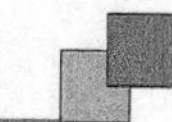

父母收到该请求报文后，有2种应答：

一是“好吧，给你这个月的生活费”——带有数据的响应；

二是“6天前刚给过你生活费了啊？这次不给了”——NACK消息（拒绝）。

通过查阅J1939附录A参数群分配表可知，请求报文PGN为59904（0X00EA00），数据长度为3字节，请求报文帧结构如表3-39所列。

表3-39　请求报文帧结构信息

位	Bit7	Bit6	Bit5	Bit4	Bit3	Bit2	Bit1	Bit0
含　义	1	RTR	r1	r0	DLC.3	DLC.2	DLC.1	DLC.0
二进制	1	0	0	0	0	0	1	1
十六进制	0X83							

变速器＃1的电控单元（地址0X03）向发动机＃1电控单元（地址0X00）发送的请求报文中，J1939协议数据单元如表3-40所列；请求报文的优先级为6，PF为234（0XEA），数据页DP为0，R为0，被请求的参数组编号被放在帧数据部分的前3个字节里。

表3-40　变速器＃1的电控单元发出的请求报文的J1939协议数据单元

名　称		PGN（59904，0X00EA00）					DATA
	P	R	DP	PF	PS(DA)	SA	数据长度
位　数	3	1	1	8	8	8	24个bit(3个字节长度)
数　据	110（二进制）	0(二进制)	0(二进制)	0XEA（234）	0X00（发动机＃1电控单元地址）	0X03(变速器＃1的电控单元地址)	Byte1＝0XEB，Byte2＝0XFE，Byte3＝0X00，发动机序号PGN 65259（0X00FEEB）

完整的变速器＃1的电控单元（地址0X03）向发动机＃1电控单元（地址0X00）发送的请求报文：

0X83　0X18　0XEA　0X00　0X03　0XEB　0XFE　0X00

指定目标地址的请求报文回复的消息：要么是一个带有数据的响应，要么是一条NACK消息。

1）带有数据的响应

发动机通过广播报文向总线上的节点发送发动机的序列号报文，变速器＃1的电控单元（地址0X03）也会收到此报文，详细的讲解同3.11。

发动机序列号广播报文：

0X85　0X18　0XFE　0XEB　0X00　0X30　0X31　0X32　0X33　0X34

2）NACK 消息（拒绝应答）

NACK 报文的数据长度为 8 字节，其报文的帧结构信息如表 3－41 所列。

表 3－41　NACK 报文帧结构信息

位	Bit7	Bit6	Bit5	Bit4	Bit3	Bit2	Bit1	Bit0
含　义	1	RTR	r1	r0	DLC. 3	DLC. 2	DLC. 1	DLC. 0
二进制	1	0	0	0	1	0	0	0
十六进制	0X88							

NACK 报文的 J1939 协议数据单元如表 3－42 所列；报文优先级默认为 6，R 为 0，数据页 DP 为 0，PF 为 232（0XE8）。

表 3－42　NACK 报文的 J1939 协议数据单元

名　称		PGN （59 392，0X00E800）					DATA			
	P	R	DP	PF	PS(DA)	SA	（Byte1～Byte8）			
位　数	3	1	1	8	8	8	64			
数据							Byte1	Byte2	Byte3～Byte5	Byte6～Byte8
	110（二进制）	0（二进制）	0（二进制）	0XE8	（0XFF）255 为全局目标地址	0X00（发动机＃1 电控单元地址）	0XO1	0XFF	0XFF	Byte6 ＝ 0XEB，Byte7 ＝ 0XFE，Byte8 ＝ 0X00，发动机序号 PGN 65259（0X00FEEB）

发动机＃1 电控单元发出的完整的 NACK 报文：

0X88　0X18　0XE8　0XFF　0X00　0X01　0XFF　0XFF　0XFF 0XFF 0XEB　0XFE　0X00

（2）全局目标地址的请求报文

变速器 ＃1 的电控单元（地址 0X03）向全局目标地址（地址 0XFF）发送请求报文，请求发动机序列号为 PGN 65259（0X00FEEB）。当然，发动机＃1 电控单元（地址 0X00）也能收到这条报文。

一点通：全局目标地址的请求报文类似于大喇叭广播求助："各位村民请注意，现在疫情严重，谁家里存有 N95 口罩？"有一位村民家里有 N95 口罩，于是回复说："我家里有"。

通过查阅J1939附录A参数群分配表可知，请求报文PGN为59904(0X00EA00)，数据长度为3字节，请求报文帧结构如表3-43所列。

表3-43 请求报文帧结构信息

位	Bit7	Bit6	Bit5	Bit4	Bit3	Bit2	Bit1	Bit0
含 义	1	RTR	r1	r0	DLC.3	DLC.2	DLC.1	DLC.0
二进制	1	0	0	0	0	0	1	1
十六进制	0X83							

变速器#1的电控单元(地址0X03)向全局目标地址(地址0XFF)发送请求报文，其J1939协议数据单元如表3-44所列。请求报文的优先级为6，PF为234(0XEA)，数据页DP为0，R为0，被请求的参数组编号被放在帧数据部分的前3个字节里。

表3-44 变速器#1的电控单元发出的请求报文的J1939协议数据单元

名 称		PGN (59904, 0X00EA00)					DATA
	P	R	DP	PF	PS(DA)	SA	数据长度
位 数	3	1	1	8	8	8	24个bit(3个字节长度)
数 据	110(二进制)	0(二进制)	0(二进制)	0XEA(234)	0XFF(全局地址)	0X03(变速器#1的电控单元地址)	Byte1= 0XEB, Byte2 = 0XFE, Byte3 = 0X00，发动机序号PGN 65259(0X00FEEB)

完整的变速器#1的电控单元(地址0X03)向全局目标地址(地址0XFF)发送的请求报文：

0X83 0X18 0XEA 0XFF 0X03 0XEB 0XFE 0X00

发动机#1电控单元(地址0X00)接收一个对于发动机序列号的全局请求，给予带有数据的响应：

0X85 0X18 0XFE 0XEB 0X00 0X30 0X31 0X32 0X33 0X34

3. 命令报文举例

电子发动机控制单元#2发给发动机#1电控单元的“扭矩/速度控制#1：TSC1”命令报文，PGN为0X000000；命令发动机输出一定数值的转速和扭矩，发动机接收到该命令后，就去执行命令。

通过查阅J1939附录A参数群分配表可知，该命令报文PGN为0(0X000000)，数据长度为8字节，报文帧结构如表3-45所列。

表 3-45　命令报文帧结构信息

位	Bit7	Bit6	Bit5	Bit4	Bit3	Bit2	Bit1	Bit0
含　义	1	RTR	r1	r0	DLC.3	DLC.2	DLC.1	DLC.0
二进制	1	0	0	0	1	0	0	0
十六进制	0X88							

电子发动机控制单元 ＃2(地址 0XF0)向发动机 ＃1 电控单元(地址 0X00)发送的“扭矩/速度控制＃1:TSC1”命令报文,其 PGN 为 0X000000,其 J1939 协议数据单元如表 3-45 所列;报文的优先级为 3,PF 为 0(0X00),数据页 DP 为 0,R 为 0,帧标识符和帧数据部分如表 3-46 所列。

表 3-46　帧标识符和帧数据内容

名　称		PGN (0, 0X000000)					DATA
	P	R	DP	PF	PS(DA)	SA	(Byte1～Byte8)
位　数	3	1	1	8	8	8	64
数　据	011(二进制)	0(二进制)	0(二进制)	0x00	0x00	0xF0	Byte1 = 0XD5, Byte2 = 0X00, Byte3 = 0X19, Byte4 = 0X50, Byte5 = Byte6 = Byte7 = Byte8 =0XFF
含　义	优先级为 3	0000 是“扭矩/速度控制＃1:TSC1”的 PGN;PF=0X00 时,PS 是目标地址,PS=0x00 是“发动机＃1 电控单元”的地址。				源地址 0xF0 是电子发动机控制单元 ＃2 的地址	转速 800 rpm,输出 80%扭矩

电子发动机控制单元 ＃2(地址 0XF0)下达的“扭矩/速度控制＃1:TSC1”命令报文:

0X88　0X0C　0X00　0X00　0XF0　0XD5　0X00　0X19　0X50　0XFF　0XFF　0XFF　0XFF

其 PGN 为 0X000000,发动机 ＃1 电控单元(地址 0X00)需要有一个特定的应答消息来确认任务已经被完成。应答消息分以下 3 种情况:

(1) ACK 应答

ACK 应答相当于 COMMAND COMPLETE 消息,表示已经完成了命令。

ACK 报文的数据长度为 8 字节,其报文的帧结构信息如表 3-47 所列。

ACK 报文的 J1939 协议数据单元如表 3-48 所列;报文优先级默认为 6,R 为 0,数据页 DP 为 0,PF 为 232(0XE8)。

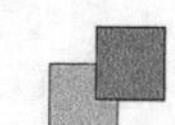

表 3-47　ACK 报文帧结构信息

位	Bit7	Bit6	Bit5	Bit4	Bit3	Bit2	Bit1	Bit0
含　义	1	RTR	r1	r0	DLC. 3	DLC. 2	DLC. 1	DLC. 0
二进制	1	0	0	0	1	0	0	0
十六进制	0X88							

表 3-48　ACK 报文的 J1939 协议数据单元

名　称		PGN (59392，0X00E800)					DATA			
	P	R	DP	PF	PS(DA)	SA	(Byte1～Byte8)			
位数	3	1	1	8	8	8	64			
数据	110(二进制)	0(二进制)	0(二进制)	0XE8	(0XFF) 255 为全局目标地址，理所当然包括电子发动机控制单元#2	0X00(发动机#1电控单元地址)	Byte1	Byte2	Byte3～Byte5	Byte6～Byte8
							0X00	0XFF	0XFF	Byte6 = 0X00，Byte7 = 0X00，Byte8=0X00，发动机序号 PGN 0 (0X000000)

发动机#1 电控单元发出的完整的 ACK 报文：

0X88　0X18　0XE8　0XFF　0X00　0X00　0XFF　0XFF　0XFF　0XFF　0X00　0X00　0X00

通过该 ACK 报文告诉电子发动机控制单元 #2(地址 0XF0)：我已经完成了你下达的“扭矩/速度控制#1：TSC1”命令。

(2) NACK 应答

NACK 应答相当于 COMMAND NOT ABLE TO BE COMPLETED 消息，表示无法完成命令。

NACK 报文的数据长度为 8 字节，其报文的帧结构信息如表 3-49 所列。

表 3-49　NACK 报文帧结构信息

位	Bit7	Bit6	Bit5	Bit4	Bit3	Bit2	Bit1	Bit0
含　义	1	RTR	r1	r0	DLC. 3	DLC. 2	DLC. 1	DLC. 0
二进制	1	0	0	0	1	0	0	0
十六进制	0X88							

NACK 报文的 J1939 协议数据单元如表 3-50 所列；报文优先级默认为 6，R 为 0，数据页 DP 为 0，PF 为 232(0XE8)。

表 3-50　NACK 报文的 J1939 协议数据单元

名　称		PGN (59392，0X00E800)					DATA			
	P	R	DP	PF	PS(DA)	SA	(Byte1～Byte8)			
位数	3	1	1	8	8	8	64			
数据							Byte1	Byte2	Byte3～Byte5	Byte6～Byte8
	110(二进制)	0(二进制)	0(二进制)	0XE8	(0XFF) 255 为全局目标地址，理所当然包括“电子发动机控制单元 #2”	0X00(发动机#1 电控单元地址)	0X01	0XFF	0XFF	Byte6 = 0X00, Byte7 = 0X00, Byte8 = 0X00, 转矩—速度控制 #1PGN 0 (0X000000)

发动机#1 电控单元发出的完整的 NACK 报文：

0X88　0X18　0XE8　0XFF　0X00　0X01　0XFF　0XFF　0XFF　0XFF　0X00　0X00　0X00

通过该 NACK 报文告诉电子发动机控制单元 #2(地址 0XF0)：我不能完成你下达的“扭矩/速度控制#1:TSC1”命令。

(3) 其他方式的应答

命令(COMMANDS)必须要由一个机制来确认是否被成功执行。如果有别的可用方法，则可以不需要确认消息，这样有助于减少总线传输。例如，发动机的转矩命令可以通过观察转矩状态位来确认命令的执行，这与从发动机返回转矩数值有同样的效果。

3.12　J1939 接收报文的流程

3.12.1　接收中断

有些研发人员在编写单片机程序时喜欢在中断对接收帧进行处理，如果 CAN 总线上数据通信量比较大，单片机需要处理的数据就比较多，这样容易导致中断服务程序被阻塞。也就是说，一帧 CAN 总线数据还没有处理完毕，又来了一帧数据，从而导致单片机无法响应后面来的 CAN 帧，最终使硬件的缓冲区溢出、新进的 CAN 帧无法进入接收缓冲，从而出现丢帧现象。

正确的做法是：在 CAN 总线中断服务程序中，只是把接收到的数据帧存放到数据缓冲区，同时用一个标志位说明缓冲区里面有数据待处理，等单片机空闲时再接收

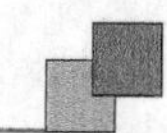

到的数据帧进行解析和处理。

3.12.2 典型的接收流程

当微处理器通过 CAN 芯片接收到消息的时候，需要解析帧结构信息(表 3－51)和帧标识符(表 3－52)。

表 3－51 帧结构信息

位	Bit7	Bit6	Bit5	Bit4	Bit3	Bit2	Bit1	Bit0
含 义	1	RTR	r1	r0	DLC.3	DLC.2	DLC.1	DLC.0

解析帧结构信息可知数据的长度。

表 3－52 帧标识符和帧数据内容

名 称		PGN (65213，0X00FEBD)					DATA
	P	R	DP	PF	PS	SA	(Byte1～Byte8)
位 数	3	1	1	8	8	8	64
数 据	011(二进制)	0(二进制)	0(二进制)	0XFE	0XBD	0X8D	Byte1 ＝ 0X64，Byte2 ＝ 0XF3，Byte3 ＝ 0XE0，Byte4 ＝ 0X2E，Byte5 ＝ Byte6 ＝ Byte7 ＝ Byte8 ＝ 0XFF

解析帧标识符可知优先级、PGN 编码、源地址，其中的 3 位优先级用于总线仲裁，其和后续的数据处理关系不大。

帧结构信息和帧标识符解析的结果决定是否保存消息和消息保存在哪里。如果指定设备可以完成多种功能，那么它可能有多于一个的地址。

1. 请求报文的处理流程

```
IF“PGN = 请求 PGN ”AND“目标地址是指定的”;指定目标的请求
THEN
    IF DA = 被分配的地址(目的地)
    THEN
    把 4 字节的 ID 和 3 字节的数据包存在请求队列中
    IF“PGN = 请求 PGN” AND“目标地址是全局的”;全局目标的请求
    THEN
    把 4 字节的 ID 和 3 字节的数据包存在请求消息队列中
```

(1) 指定目标地址的请求

举例：如本章前文所述，变速器 ＃1 的电控单元(地址 0X03)向发动机 ＃1 电控单元(地址 0X00)发送请求报文，请求发动机序列号为 PGN 65259(0X00FEEB)。

0X83　0X18　0XEA　*0X00*　0X03　0XEB　0XFE　0X00

发动机#1电控单元先判断是不是来了请求 PGN(0X00EA00),然后再根据请求报文“当目标地址为全局目标地址时,PF 设置为 0XFF,为其他数值时目标地址为指定的地址”进行判断。根据这条原则判断目标地址是否为指定的,如果满足上述条件,则紧接着就核对报文的目标地址 0X00 是否和自己的地址(0X00)一致,如果地址信息也一致,则把 4 字节的 ID(0X18　0XEA　0X00　0X03)和 3 字节的数据包(0XEB　0XFE　0X00)存在请求队列中,待单片机空闲时处理这些信息:按照要求提取 PGN 65259(0X00FEEB)的数据内容,然后填写好发送帧的帧结构信息、帧标识符、数据,并回复一个数据帧给变速器 #1 的电控单元(地址 0X03)。

假设 PGN 65259 发动机的序列号(组件标识)是:

0X30　0X31　0X32　0X33　0X34

发动机#1电控单元(地址 0X00)回复的报文为:

0X85　0X18　0XFE　0XEB　0X00　0X30　0X31　0X32　0X33　0X34

(2) 全局目标地址的请求

举例:变速器 #1 的电控单元(地址 0X03)向全局目标地址(地址 0XFF)发送请求报文,请求发动机序列号为 PGN 65259(0X00FEEB)。

0X83　0X18　0XEA　0XFF　0X03　0XEB　0XFE　0X00

发动机#1电控单元先判断是不是来了请求 PGN(0X00EA00),然后再根据“请求报文当目标地址为全局目标地址时,PF 设置为 0XFF,为其他数值时目标地址为指定的地址”这条判断原则,判断 PF 设置是否为 0XFF。

因为是全局地址(包含了自己的地址 0X03),因此就不需要再跟自己的地址 0X03 作比较了。

如果都满足上述条件,则把 4 字节的 ID(0X18　0XEA　0XFF　0X03)和 3 字节的数据包(0XEB　0XFE　0X00)存在请求队列中,待单片机空闲时处理这些信息:发动机#1电控单元需要核对请求报文中的 PGN 65259(0X00FEEB)是不是自己的 PGN,是就回复一个数据帧给变速器 #1 的电控单元(地址 0X03)。

假设 PGN 65259 发动机的序列号(组件标识)是:

0X30　0X31　0X32　0X33　0X34

发动机#1电控单元(地址 0X00)回复的报文为:

0X85　0X18　0XFE　0XEB　0X00　0X30　0X31　0X32　0X33　0X34

一点通:居委会的椅子坏掉了,村长给张三写了木匠李四家(家住兴隆胡同 03 号)的地址,让张三去修理。第一种方式,张三按照门牌号直接找到李四家,请求李四帮忙修理椅子,木匠李四一看是居委会请求修理椅子,地址也是自己家地址(本村还有王五木匠),于是就按要求修理椅子;第二种方式,村长在广播中向全村发出请求,木匠李四听到广播后,先考虑一下自己是否能修理(是不是自己的 PGN),然后再做决定是否“应答”。

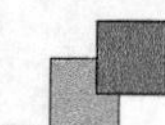

2. 接收到的其他报文的处理流程

(1) 当 PF＜240 时

其接收处理报文流程如下：

```
IF PF＜240
THEN
    IF DA = 全局地址
    THEN                    ;PDU1 格式(DA = 全局地址)
        “用跳转表查询 PGN 值,该 PGN 是自己所需要的 PGN” AND
        IF SA = 指定需要的 ID(约定好发数据给自己的源地址 ID)
        THEN
            把 8 字节的数据保存到专用的缓冲区
        ELSE
        把 12 字节的消息(ID 和数据)保存到循环队列中
    ELSE(DA = 指定地址)           ;PDU1 格式(DA = 指定地址)
        “用跳转表查询 PGN 值,该 PGN 是自己所需要的 PGN” AND
        IF SA = 指定需要的 ID(约定好发数据给自己的源地址 ID)
        THEN
            把 8 字节的数据保存到专用的“接收”缓冲区
        ELSE
            把 12 字节的消息(ID 和数据)保存到“接收”循环队列中
```

举例：如本章前文所述，发动机＃1 电控单元(地址 0X00)向变速器 ＃1 的电控单元(地址 0X03)发送 TP.CM_RTS 报文，如表 3-53 所列，告诉变速器 ＃1 的电控单元(地址 0X03)说：“我要发送参数群编号 PGN 为 65259(0X00FEEB)的一组数据给你，总共 23 个字节数据，分 4 包发给你。”

表 3-53　发动机＃1 电控单元 TP.CM_RTS 报文的帧标识符和帧数据内容

名　称	PGN (60416，0X00EC00)						DATA				
	P	R	DP	PF	PS	SA	Byte1	Byte2 和 Byte3	Byte4	Byte5	Byte6～Byte8
位　数	3	1	1	8	8	8	8	16	8	8	24
数　据	111(二进制)	0(二进制)	0(二进制)	0XEC (236)	0X03 目标地址为变速器 ＃1 的电控单元	0X00 源地址为发动机 ＃1 电控单元	0X10 (16) 指定目标地址请求发送 (RTS)	0X0017 (23)整个数据域包含字节的数量	0X04 共有 4 包数据	0XFF	0X00FEEB 发动机序号的参数群编号 PGN

因此,发动机#1 电控单元(地址 0X00)发出的 TP. CM_RTS 报文为:

0X88　0X1C　0XEC　0X03　0X00　0X10　0X17　0X00　0X04　0XFF　0XEB　0XFE　0X00

首先,判断 PF=EC=236<240,PDU1 格式。

接下来,判断 PS=0X03,是指定的目标地址。

然后,变速器 #1 的电控单元(地址 0X03)程序查阅 PGN(60416, 0X00EC00)得知:这是发动机#1 电控单元(地址 0X00)发出的 TP. CM_RTS 报文,立即核对一下这个 PGN 是否是自己感兴趣的、需要的 PGN 信息,是则进行下一步判断。

这个源地址 0X00(#1 发动机)是否是约定好发送 TP. CM_RTS 报文给自己的源地址,如果是则进行下一步。

既然是自己需要的 PGN 信息,也是约定好的源地址发过来的,那就把 8 字节的数据(0X10　0X17　0X00　0X04　0XFF　0XEB　0XFE　0X00)保存到专用的接收缓冲区——表明自己成功接收到一个 TP. CM_RTS 报文。先从接收中断程序跳出来,待单片机空闲时再处理这些信息:比如变速器 #1 的电控单元(地址 0X03)发出的 TP. CM_CTS 报文:

0X88　0X1C　0XEC　0X00　0X03　0X11　0X02　0X01　0XFF　0XFF　0XEB　0XFE　0X00

如果这个源地址 0X00(#1 发动机)不是先前约定好发送数据给自己的源地址,即收到一组意外数据,则把 12 字节的报文(ID 和数据)保存到循环队列中,以后再分析这组数据是否有用。

(2) 当 PF≥240 时

其接收处理报文流程如下:

```
IF PF> = 240
THEN                                        ;PDU2 格式
    "用跳转表查询 PGN 值,该 PGN 是自己所需要的 PGN" AND
        IF SA = 指定需要的 ID(约定好发数据给自己的源地址 ID)
        THEN
            把 8 字节的数据保存到专用的"接收"缓冲区
        ELSE
            把 12 字节的消息(ID 和数据)保存到"接收"循环队列中
```

举例:发动机 #1 的电控单元 0X00 的发出的响应。

接收到如下报文:

0X88　0X18　0XFE　0XEE　0X00　0X55　0X42　0XA0　0X25　0XC0　0X25　0X46　0X7D

首先,判断 PF=FE=254>240,PDU2 格式。

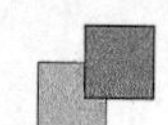

然后，查阅PGN(0X00FEEE)得知是发动机发送出来的各类温度信息，核对一下这个PGN是否是自己感兴趣的、需要的PGN信息，如果是则进行下一步判断。

这个源地址0X00(＃1发动机)是否是约定好发送数据给自己的源地址，如果是则进行下一步。

既然是自己需要的PGN信息，也是约定好的源地址发过来的，那就把8字节的数据(0X55　0X42　0XA0　0X25　0XC0　0X25　0X46　0X7D)保存到专用的接收缓冲区——表明自己成功接收到一组"＃1发动机"温度数据。先从接收中断程序跳出来，待单片机空闲时再处理这些信息。

如果这个源地址0X00(＃1发动机)不是先前约定好发送数据给自己的源地址——收到一组"意外"数据，则把12字节的报文(ID和数据)保存到接收循环队列中，以后再分析这组数据是否有用。

一点通：张三从京东网上烟台的商家处购买了一箱苹果，2天后张三收到了快递。张三首先看包装箱上显示的是不是一箱苹果(PGN是否正确)，然后看发货地址是不是自己下单的发货方地址"烟台"，如果地址是"烟台"，那么张三就收下这一箱苹果；如果地址不是"烟台"，那么张三就记下发货地址(ID)和留下这一箱苹果(数据)，然后再作处理。例如，回去跟商家核对一下，结果商家说："苹果是从京东的沈阳物流中心发货的。"

对比分析上述(1)、(2)中PDU1格式和PDU2格式的传输报文举例可知，PDU1格式报文时向特定目标地址发送的报文，PDU2格式报文没有明确指定目标地址，类似于广播报文。

3.12.3　J1939协议中关于接收滤波器设置的特殊性

通过学习发现了一个问题：CAN 2.0A、CAN 2.0B通信时，通过设置单滤波器、双滤波器固定自己的ID，J1939协议中的接收报文流程为何不这样设置？这是因为现在写J1939协议程序的程序员，考虑到其协议的复杂性，一般会选用32位的ARM单片机，其晶振频率较高，信息处理能力非常强，所以所有消息先全部接收，也就是说将滤波器设置为全接收模式，之后再判断消息的PGN信息是不是发送给自己的消息(自己所需要的消息)。这样有一个弊端，即单片机在不停地接收中断，但是对于处理能力强大的32位ARM单片机而言，这些都是"小菜一碟儿"。

举个例子：CAN总线中使用滤波器设置的程序，犹如一位"比较讲究的美女"，恋爱过程中只接收自己心仪的男孩子的礼物，其他男孩子的礼物一概不收。J1939协议中未使用滤波器设置的程序，犹如一位"物质女孩"，只要有男孩子送礼物，她就统统收下，然后核实谁送的礼物是自己喜欢的礼物，就和他谈朋友。

第 4 章

J1939 传输协议功能

在基于 J1939 协议的 CAN 总线的系统中，除了请求报文的数据域是 3 个字节外，其他最短的消息也需要全部使用数据域的 8 个字节，没有使用的数据域字节全部填写 0XFF。除了在传送时间要求非常急迫的消息的情况外，相关的参数都应该组合起来占用 8 个字节的数据域。依照这一原则，可以保存参数群编号以备以后分配使用。除非有特别需要，一般不允许定义未充分使用数据域长度的参数群。

当报文数据长度大于 8 字节，无法用单个 CAN 数据帧来传输时，就用到了传输协议功能以实现多包的数据传输。传输协议功能是数据链路层的一部分，它可再细分为两个主要功能：消息的拆装和重组、连接管理。后面将进行详细描述。

在以下的段落中，术语“发送者”(originator)指那些发出请求报文的电控单元或设备。术语“响应者”(responder)指那些发出应答报文的电控单元或设备。

4.1 报文的拆装和重组

对于报文发送方而言，长度大于 8 字节的报文无法用一个单独的 CAN 数据帧来装载。因此，它们必须拆分为若干个小的数据包，然后使用单独的数据帧对其进行逐一的、分包传送。

对于报文接收方而言，接收方必须能够接收这些单独的数据帧，然后解析各个数据包并重组成发送方发过来的原始报文信息。

一点通：类似于搬运图书馆中的藏书，张三需要将 200 本书按照图书编码顺序从 1 楼图书架搬运到 3 楼图书架，交给 3 楼的图书管理员李四。但是，张三本人一次只能搬运 10 本图书。于是，张三将 200 本图书分为 20 组，每一组 10 本，再张三按照组号将 200 本图书搬运到 3 楼图书架；李四收到这 200 本图书后，按照组号复原原来的图书摆放顺序。

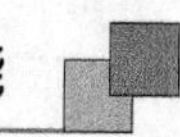

4.1.1　数据包的序列号

CAN 数据帧包含一个 8 字节的数据域。由于那些重组成长信息的单独数据包必须能够被一个个识别出来，才可以正确重组。因此，把数据域的首字节译为数据包的序列编号，后面的 7 个字节为发送的数据信息，如表 4－1 所列。

表 4－1　大于 8 个字节报文的数据域配置表

数据域	Byte1	Byte2	Byte3	Byte4	Byte5	Byte6	Byte7	Byte8
内　容	数据包序列编号	数据包						

数据域的首字节用作数据包的序列编号，其编号范围是 1～255，共 255 个编号。所以多帧传输的最大数据长度是 255×7＝1 785 个，每个数据包都会被分配到一个 1～255 的序列编号。

J1939/21 协议中，将序列编号定义如下：

序列编号在数据拆装时分配给每个数据包，然后通过网络传送给接收方。接收方接收后，利用这些编号把数据包重组回原始信息。

序列编号将从 1 开始依次分配给每个数据包，直到整个数据都被拆装和传送完毕。这些数据包将从编号为 1 的数据包开始按编号的递增顺序发送。

4.1.2　数据包的拆装

数据包的拆装工作是需要发送方完成的工作。

过长的数据，是指那些无法用一个单独的 CAN 数据帧全部装载的数据（例如，数据域长于 8 个字节的消息），这里认为是数据域长度大于等于 9 字节长度的参数群。

第一个数据传送包包含序列编号 1 和数据域的头 7 个字节，其后的 7 个字节跟随序列编号 2 存放在另一个 SAE J1939/CAN 数据帧中，之后的 7 个字节与编号 3 一起，直到原始信息中所有的字节都被存放到 SAE J1939/CAN 数据帧中。

每个数据传送包（除了传送队列中的最后一个数据包）都装载着原始数据中的 7 个字节。最后一个数据包的数据域的 8 个字节包含数据包的序列编号和与参数群相关数据的至少一个字节，余下未使用的字节全部设置为 0XFF。

多组广播信息的数据包发送间隔时间为 50～200 ms（参考 J1939/21 协议的 5.12.3 小节），对于发送到某个指定目标地址的多组消息，发送者将维持数据包发送间隔的最长时间不多于 200 ms。超过上述时间间隔范围则导致连接关闭。

一点通：张三从 1 楼图书架将图书分组搬运到 3 楼并交给李四。搬运之前，张三和李四先建立连接，并约定最长 8 min 搬运一次图书；张三说："李四，我现在可以搬运图书吗？"李四回答："可以搬运。"于是张三搬运第一组 10 本图书，并交给李四；在搬运第二组图书期间，张三接打电话用了 9 min，这时超过了张三和李四约定最长 8 min 搬运一次图书，连接因超时而关闭。如果想再次搬运图书，张三和李四需要重新建立连接。

4.1.3 数据包的重组

数据包的重组工作是需要接收方完成的工作。接收方按照数据包顺序号陆续接收到数据包后，则按照数据包顺序号重新将多个数据包组合起来。

一点通：3 楼的李四在接收 1 楼的张三搬运过来的 200 本图书时，会按照数据包顺序号将 200 本图书有序排列好，放在 3 楼的图书架上。

4.1.4 数据包拆装与重组举例

1. 拆装(对于发送方而言)

发送方传输下列 10 个字节数据：

0X00 0X01 0X02 0X03 0X04 0X05 0X06 0X07 0X08 0X09

分成 2 包数据传输，如表 4-2 所列。

表 4-2 10 个字节数据传输

内　容	0X01	0X00 0X01 0X02 0X03 0X04 0X05 0X06	
第一帧 CAN 报文	第一包数据	第 1～7 个数据	
第二帧 CAN 报文	0X02	0X07 0X08 0X09	0XFF 0XFF 0XFF 0XFF
	第二包数据	第 8～10 个数据	填写 0XFF

2. 重组(对于接收方而言)

接收方将收到的 2 包数据重组，去掉数据包顺序号，恢复成 10 个字节数据：

0X00 0X01 0X02 0X03 0X04 0X05 0X06 0X07 0X08 0X09

4.2 传输协议连接管理中的报文类型

传输协议连接管理中的报文(Transport Protocol Connection Management 简称 TP.CM)用于建立、关闭连接以及控制数据流。

传输协议提供了以下 6 种传输协议连接管理报文：连接模式下的请求发送报文、连接模式下的准备发送报文、消息结束应答报文、放弃连接报文、广播公告报文以及数据传送报文。

查阅 J1939 协议附录 A 可知，传输协议-连接管理 TP.CM.xx 的 PGN 数值为 60416(0X00EC00)。也就是说，和 TP.CM 有关的所有报文的 PF 都为 236(0XEC)，默认优先级是 7，DP 为 0，R 为 0，数据长度是 8，其报文的帧结构如表 4-3 所列，其

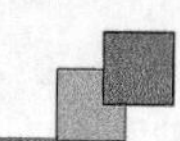

报文的帧标识符和帧数据如表4-4所列。

表4-3　TP.CM.xx报文的帧结构信息

位	Bit7	Bit6	Bit5	Bit4	Bit3	Bit2	Bit1	Bit0
含　义	1	RTR	r1	r0	DLC.3	DLC.2	DLC.1	DLC.0
二进制	1	0	0	0	1	0	0	0
十六进制	0X88							

表4-4　TP.CM.xx报文的帧标识符和帧数据内容

<table>
<tr><td rowspan="2">名　称</td><td></td><td colspan="4">PGN
(60416，0X00EC00)</td><td></td><td>DATA</td></tr>
<tr><td>P</td><td>R</td><td>DP</td><td>PF</td><td>PS</td><td>SA</td><td>(Byte1～Byte8)</td></tr>
<tr><td>位　数</td><td>3</td><td>1</td><td>1</td><td>8</td><td>8</td><td>8</td><td>64</td></tr>
<tr><td>数　据</td><td>111(二进制)</td><td>0(二进制)</td><td>0(二进制)</td><td>0XEC (236)</td><td>目标地址</td><td>源地址</td><td>数据域字节的含义根据TP.CM.xx报文类型有所变化</td></tr>
</table>

4.2.1　连接模式下的请求发送报文

连接模式下请求发送报文(Connection Mode Request to Send，简称TP.CM_RTS)的PF为236(0XEC)，默认优先级是7，DP为0，R为0，数据长度是8。帧数据的第一个字节是控制字节，设置为Byte1＝16(0X10)，其报文的帧结构如表4-5所列，其报文的帧标识符和帧数据如表4-6所列。

表4-5　TP.CM_RTS报文的帧结构信息

位	Bit7	Bit6	Bit5	Bit4	Bit3	Bit2	Bit1	Bit0
含　义	1	RTR	r1	r0	DLC.3	DLC.2	DLC.1	DLC.0
二进制	1	0	0	0	1	0	0	0
十六进制	0X88							

TP.CM_RTS消息用于通知一个节点，在网络上有另一节点希望和它建立一个虚拟连接。在TP.CM_RTS消息中，源地址域设置发送节点的地址，目标地址段设置所期望的接收节点的地址。

如果接收到来自同一源地址的、关于相同PGN的多组RTS消息，那么最新的RTS有效，以前的RTS将被丢弃。在这种特殊情况下，无须为那些被丢弃的RTS消息发送放弃连接的消息。

TP.CM_RTS消息只能由发送者发送。

表 4-6　TP.CM_RTS 报文的帧标识符和帧数据内容

名　称	PGN (60416，0X00EC00)						DATA				
	P	R	DP	PF	PS	SA	Byte1	Byte2 和 Byte3	Byte4	Byte5	Byte6～Byte8
位　数	3	1	1	8	8	8	8	16	8	8	24
数　据	111(二进制)	0(二进制)	0(二进制)	0XEC (236)	目标地址	源地址	0X10(16)指定目标地址请求发送(RTS)	整个数据域包含字节的数量	全部数据包的数目	0XFF	所装载数据的参数群编号 PGN

一点通：TP.CM_RTS 消息用于通知一个节点，在网络上有另一节点希望和它建立一个虚拟连接，并告诉接收方将要发送数据的字节数量、分成多少包、数据的 PGN 编码。

举例：张三给李四发送一个 TP.CM_RTS 消息，说："我要给你搬运 200 本书，分成 20 包发给您，这批货物(书籍)的编码是 12345(PGN 编号)"。

4.2.2　连接模式下的准备发送报文

连接模式下的准备发送报文(Connection Mode Clear to Send 简称 TP.CM_CTS)的 PF 为 236(0XEC)，默认优先级是 7，DP 为 0，R 为 0，数据长度是 8。帧数据的第一个字节是控制字节，设置为 Byte1＝17(0X11)，其报文的帧结构如表 4-7 所列，其报文的帧标识符和帧数据如表 4-8 所列。

表 4-7　TP.CM_CTS 报文的帧结构信息

位	Bit7	Bit6	Bit5	Bit4	Bit3	Bit2	Bit1	Bit0
含　义	1	RTR	r1	r0	DLC.3	DLC.2	DLC.1	DLC.0
二进制	1	0	0	0	1	0	0	0
十六进制	0X88							

TP.CM_CTS 消息用于回答请求发送消息，它通知对方节点，已经准备好接收一定量的长消息数据。如果在一个连接已经建立后还接收到多组 CTS 消息，那么连接将被关闭。如果发送者放弃连接，它会发送放弃连接消息。

响应者只有等到它已经接收到来自于前一个 CTS 消息的数据包或者工作超时，它才会发送下一条 CTS 消息。如果在连接尚未建立时接收到 CTS 消息，那么该消息将被忽略。

表4-8 TP.CM_CTS报文的帧标识符和帧数据内容

名 称	PGN (60416，0X00EC00)						DATA				
	P	R	DP	PF	PS	SA	Byte1	Byte2	Byte3	Byte4和Byte5	Byte6～Byte8
位数	3	1	1	8	8	8	8	8	8	16	24
数 据	111(二进制)	0(二进制)	0(二进制)	0XEC (236)	目标地址	源地址	0X11(17)指定目标地址准备发送(CTS)	可以接收的数据包数目，不大于5	开始接收的数据包编号	0XFF	所装载数据的参数群编号PGN

CTS消息不但控制数据流，还可以确认在该CTS消息数据包编号之前的所有数据包被正确接收。因此，如果前一个CTS的信息被破坏，那么应该在继续发送队列中的下一个数据包前，为被破坏的信息发送一条CTS消息。

TP.CM_CTS消息只能由响应者发送。

一点通：TP.CM_CTS消息用于回答请求发送消息，它通知对方节点，已经准备好接收一定量的长消息数据，包括能接收多少包数据(一次不多于5包)、下一数据包编号、数据的PGN编码。

举例：李四给张三发送一个TP.CM_CTS消息，说："我现在能接收2包，你先从第一包开始搬运给我吧，这批货物(书籍)的编码是12345(PGN编号)，别搬错了"。

4.2.3 消息结束应答报文

消息结束应答报文(End of Message Acknowledgment，简称TP.CM_EndOfMsgACK)的PF为236(0XEC)，默认优先级是7，DP为0，R为0，数据长度是8，帧数据的第一个字节是控制字节，设置为Byte1＝19(0X13)，其报文的帧结构如表4-9所列，其报文的帧标识符和帧数据如表4-10所列。

表4-9 TP.CM_EndOfMsgACK报文的帧结构信息

位	Bit7	Bit6	Bit5	Bit4	Bit3	Bit2	Bit1	Bit0
含 义	1	RTR	r1	r0	DLC.3	DLC.2	DLC.1	DLC.0
二进制	1	0	0	0	1	0	0	0
十六进制	0X88							

表 4-10　TP. CM_EndOfMsgACK 报文的帧标识符和帧数据内容

名　称	PGN (60416，0X00EC00)						DATA				
	P	R	DP	PF	PS	SA	Byte1	Byte2 和 Byte3	Byte4	Byte5	Byte6～Byte8
位　数	3	1	1	8	8	8	8	16	8	8	24
数据	111(二进制)	0(二进制)	0(二进制)	0XEC (236)	目标地址	源地址	0X13 (19)消息结束应答	整个数据域包含字节的数量	全部数据包的数目	0XFF	所装载数据的参数群编号 PGN

TP. CM_EndofMsgACK 消息是由长消息的响应者传送给消息的发送者，表示整个消息已经被接收并正确重组。在最后一个数据传输完成后，响应者可以通过不马上发送 TP. CM_EndofMsgACK 消息来维持连接，这样可以在需要时让响应者得到重发的数据包。如果发送者在最后的数据传输之前接收到消息结束应答，那么发送者将忽略这条应答消息。TP. CM_EndofMsgACK 消息只能由响应者发送。

一点通：TP. CM_EndofMsgACK 消息由长消息的响应者传送给消息的发送者，表示整个消息已经被接收并正确重组。

举例：李四接收完 200 本书籍，并按照顺序把书放到 3 楼书架上，然后告诉张三说："总共收到 20 包共计 200 本书籍，这批货物(书籍)的编码是 12345(PGN 编号)，没有搬错。

4.2.4　放弃连接报文

放弃连接报文(Connection Abort 简称 TP. Conn_Abort)的 PF 为 236(0XEC)，默认优先级是 7，DP 为 0，R 为 0，数据长度是 8，帧数据的第一个字节是控制字节，设置为 Byte1＝255(0XFF)；其报文的帧结构如表 4-11 所列，报文的帧标识符和帧数据如表 4-12 所列。

表 4-11　TP. CM_Abort 报文的帧结构信息

位	Bit7	Bit6	Bit5	Bit4	Bit3	Bit2	Bit1	Bit0
含　义	1	RTR	r1	r0	DLC. 3	DLC. 2	DLC. 1	DLC. 0
二进制	1	0	0	0	1	0	0	0
十六进制	0X88							

TP. Conn_Abort 消息用于让虚拟连接中的任一节点在没有完成整个消息的传输时关闭连接。

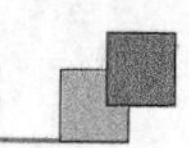

表 4-12 TP.CM_Abort 报文的帧标识符和帧数据内容

名 称	PGN (60416，0X00EC00)						DATA		
	P	R	DP	PF	PS	SA	Byte1	Byte2～Byte5	Byte6～Byte8
位 数	3	1	1	8	8	8	8	32	24
数 据	111(二进制)	0(二进制)	0(二进制)	0XEC (236)	目标地址	源地址	0XFF(255) 放弃连接	0XFF	所装载数据的参数群编号 PGN

当一个节点接收到连接模式下的请求发送消息时，它必须确定是否具有充足的可用资源来处理这个连接将要传输的消息。例如，如果设备必须从系统的堆中获得存储空间，那么它就不能宣称有足够的资源接收整个消息；或者，一个设备可能由于过于耗费处理器的工作循环作其他的事，以致无法处理长消息的传输。在这些情况下，即使连接尚未建立，也可以发送放弃连接消息，这样做可以使发送者无须等到超时产生才去尝试别的虚拟连接。

无论是发送者还是响应者，在数据传输完成之前，由于任何原因(包括超时)决定关闭连接时，它都应该发送一条放弃连接消息。

通常情况下，接收到发自 CAN 通信协议设备的放弃连接消息后，发送者(如 RTS 节点)应该马上停止传输数据。如果这样不可行，那么在停止传送数据包的过程中不能发送超过 32 个数据包或超过 50 ms。在发送或接收了放弃连接消息后，所有相关的已接收数据包都会被忽略。

TP.Conn_Abort 消息可以由发送者或者响应者发送。

一点通：TP.Conn_Abort 消息用于让虚拟连接中的任一节点在没有完成整个消息的传输时关闭连接。

举例：张三给李四发送一个 TP.CM_RTS 消息，说："我要给你搬运 200 本书，分成 20 包发给您，这批货物(书籍)的编码是 12345(PGN 编号)"。李四回答说："别搬这批书籍(编码是 12345)了，3 楼图书架都满了，没有地方放置这些书籍了。"或者，李四回答说："别搬这批书籍(编码是 12345)了，我现在忙着订阅今年的新书，没有时间。"以上 2 种情况都会导致放弃连接。

4.2.5 广播公告报文

广播公告报文(Broadcast Announce Message，简称 TP.CM_BAM)的 PF 为 236 (0XEC)，默认优先级是 7，DP 为 0，R 为 0，数据长度是 8，帧数据的第一个字节是控制字节，设置为 Byte1＝32(0X20)；其报文的帧结构如表 4-13 所列，其报文的帧标识符和帧数据如表 4-14 所列。

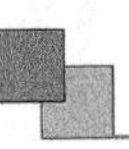

表4-13　TP.CM_BAM报文的帧结构信息

位	Bit7	Bit6	Bit5	Bit4	Bit3	Bit2	Bit1	Bit0
含　义	1	RTR	r1	r0	DLC.3	DLC.2	DLC.1	DLC.0
二进制	1	0	0	0	1	0	0	0
十六进制	0X88							

表4-14　TP.CM_BAM报文的帧标识符和帧数据内容

名　称	PGN (60416，0X00EC00)						DATA				
	P	R	DP	PF	PS	SA	Byte1	Byte2和Byte3	Byte4	Byte5	Byte6～Byte8
位　数	3	1	1	8	8	8	8	16	8	8	24
数　据	111(二进制)	0(二进制)	0(二进制)	0XEC(236)	目标地址	源地址	0X20(32)广播公告消息(BAM)	整个数据域包含字节的数量	全部数据包的数目	0XFF	所装载数据的参数群编号PGN

TP.CM_BAM消息用于通知网络上所有节点将要广播一条长消息，定义了要发送消息的参数群和字节数。在TP.CM_BAM消息被发送后，数据传送消息将会被发送，它包含了拆装好的广播数据。

TP.CM_BAM消息只能由发送者发送。

一点通：TP.CM_BAM消息用于通知网络上所有节点将要广播一条长消息，包括一共有多少个字节、分成了多少个数据包、数据的PGN编号。

举例：不管李四今天是否上班，3楼肯定有图书管理员。张三在楼道里对着3楼喊话："3楼的图书管理员，我要向3楼搬运20包共计200本书籍，这批书籍的编码是12345(PGN编号)。"

4.2.6　数据传送报文

数据传送报文，即Transport Protocol Data Transfer (TP.DT)，用于与同一个参数群相关的、8字节以上的数据传送。

注意，TP.DT的PF为235(0XEB)，和TP.CM有关的所有报文的PF都为236(0XEC)。默认优先级是7，DP为0，R为0，数据长度是8，帧数据的第一个字节是数据包编号，范围是1～255；其余7个字节是发送的数据，最后一包数据除了数据包编号外，如果少于7个字节，则需要填补0XFF以补满7个字节。其报文的帧结构如表4-15所列，其报文的帧标识符和帧数据如表4-16所列。

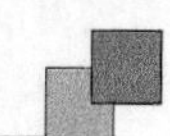

表 4－15　TP. DT 报文的帧结构信息

位	Bit7	Bit6	Bit5	Bit4	Bit3	Bit2	Bit1	Bit0
含　义	1	RTR	r1	r0	DLC. 3	DLC. 2	DLC. 1	DLC. 0
二进制	1	0	0	0	1	0	0	0
十六进制	0X88							

表 4－16　TP. DT 报文的帧标识符和帧数据内容

名　称		PGN (60160，0X00EB00)					DATA	
	P	R	DP	PF	PS	SA	Byte1	Byte2～Byte8
位　数	3	1	1	8	8	8	8	56
数　据	111(二进制)	0(二进制)	0(二进制)	0XEB (235)	目标地址	源地址	要发送的数据包编号	传输的数据。不满 7 个字节时用 0XFF 填充

备注：传送 TP. CM_BAM 数据时，目标地址使用全局地址(DA＝255)；传送 RTS/CTS 数据时，不允许用全局地址。

TP. DT 消息用于与同一个参数群相关的数据通信，是指多组消息传送中的一个单独的数据包。例如，如果一条长消息为了通信被分割成 5 个数据包，那么将由 5 个 TP. DT 消息发送数据。TP. DT 消息只能由发送者发送。

网络上每个节点每次可以产生一个带有指定目标地址的连接传送，这是因为 TP. DT 消息只包含要传送数据的源地址和目标地址，而非 PGN 值。

在一个指定时刻，一个发送者只能发送一个多组 BAM 消息，这是因为 TP. DT 消息不包含目前的 PGN 值或者连接标识符。但是，响应者(如这个特殊例子中的接收设备)必须使来自多个不同发送者的多组消息报都能接收到并且不被打乱。

一个节点必须能够支持与同一个源地址同时进行一个 RTS/CTS 会话和一个 BAM 会话，因此，响应者必须用这两种传输协议消息的目标地址来正确区分它们。其中，一种传输协议消息使用全局目标地址，另一种消息使用指定目标地址。因为 TP. DT 消息不包含目前的 PGN 值和连接标识符，所以只能通过目标地址来区分这两种消息。

不管一个节点能不能够支持多个同时发生的传输协议会话(RTS/CTS 与/或 BAM)，它都必须确保来自同一源地址但带有不同目标地址的 TP. DT 消息能够被区别开来。接收方必须使用目标地址和源地址来保持消息的数据接收正确。

一点通：TP. DT 消息用于把一包一包的数据发送出去，当然，发送之前需要明确所发送数据的 PGN，不能发错。

举例：张三把 200 本书籍分成 20 包并编号号码，开始搬运这批书籍(编码是 12345)。

4.3　多字节数据传输

多字节数据包指的是大于等于 9 个字节长度的报文。

发送方已经将大于等于 9 个字节长度的报文分好包，接下来的事情就是怎样把这一包一包的数据按照一定的顺序发送出去，接收方怎样按照顺序接收好分包数据——这就需要先建立一定的约束机制，才能保证分包数据的顺利传输。

大于等于 9 个字节长度的报文传输就用到了传输协议功能，主要包括 RTS/CTS 和 BAM 协议，用于实现多包的数据传输。

4.3.1　多组消息广播

4.2 节介绍了广播公告报文(BAM)的格式。广播公告报文的目标地址必须是全局目标地址，作为一个长消息公告发送给网络上的节点。

BAM 消息规划好即将广播的长消息的参数群编号、消息字节数量和它被拆装的数据包的数目，然后使用数据传输 PGN(PGN＝60160，TP. DT)来发送相关的数据。

图 4-1 为广播数据传送顺序示例图：一个节点向网络表示，它将要使用传输协议的服务来传送一个多组消息。在这个例子中，PGN 65260(0XFEEC)车辆身份标识符在网络中广播。发送节点首先发出了一条 TP. CM_BAM 消息(广播公告消息)，随后发送数据包。所有的响应者都没有进行接收确认(如这个例子中的接收节点)。

1. 发送 TP. CM_BAM 报文

查询 J1939/71 协议，PGN 65260(0XFEEC)为车辆身份标识符，如表 4-17 所列。

表 4-17　PGN 65260(0XFEEC)

传输循环率	请求中
数据长度	可变
数据页面	0
PDU 格式	254(0XFE)
PDU 指定	236(0XEC)
默认优先值	6
参数组数编号	65260(00FEEC)
字节:1～n	车辆身份标识符，ASCII 字符“ * ”用作分隔符，详见 J1939/71“5.2.5.87”小节

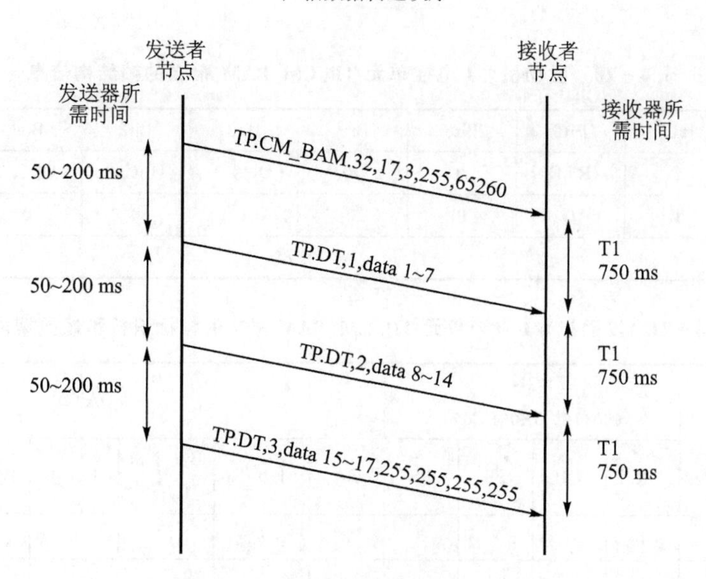

图4-1 广播数据传送顺序示例图

车辆标志符编号(VIN)由车辆制造商赋值,其定义如表4-18所列。

表4-18 车辆标志符编号定义

数据长度	可变,且大于200字符
分辨率	用ASCⅡ表示的数值
数据范围	用ASCⅡ表示的数值
类型	测量值
未知参数编号(SPN)	237

备注:ASCⅡ字符"*"用作分隔符。

假设图4-1中传输的17个车辆标志符编号(ASCⅡ)为0123456789abcdefg,其对应的十六进制如表4-19所列。

表4-19 图4-1中的17个车辆标志符内容

ASCⅡ	0	1	2	3	4	5	6	7	8	9
十六进制	0X30	0X31	0X32	0X33	0X34	0X35	0X36	0X37	0X38	0X39
ASCⅡ	a	b	c	d	e	f	g			
十六进制	0X61	0X62	0X63	0X64	0X65	0X66	0X67			

图4-1中PGN 65260(0X00FEEC)车辆身份标识符是由发动机#1电控单元(地址0X00)发出的,发送的字节长度是17,分3包传输。

发动机#1电控单元(地址0X00)首先发出了一条TP.CM_BAM消息(广播公

告消息),其报文的帧结构如表 4-20 所列,其报文的帧标识符和帧数据如表 4-21 所列。

表 4-20 发动机#1 电控单元 TP.CM_BAM 报文的帧结构信息

位	Bit7	Bit6	Bit5	Bit4	Bit3	Bit2	Bit1	Bit0
含 义	1	RTR	r1	r0	DLC.3	DLC.2	DLC.1	DLC.0
二进制	1	0	0	0	1	0	0	0
十六进制	0X88							

表 4-21 发动机#1 电控单元 TP.CM_BAM 报文的帧标识符和帧数据内容

名 称		PGN (60416, 0X00EC00)					DATA				
	P	R	DP	PF	PS	SA	Byte1	Byte2 和 Byte3	Byte4	Byte5	Byte6～Byte8
位 数	3	1	1	8	8	8	8	16	8	8	24
数 据	111(二进制)	0(二进制)	0(二进制)	0XEC (236)	0XFF 目标地址	0X00 源地址	0X20 (32)广播公告消息 (BAM)	0X0011 (17)整个数据域包含字节的数量	0X03(3)全部数据包的数目	0XFF	0X00FEEC 所装载数据的参数群编号 PGN

因此,发动机#1 电控单元(地址 0X00)发出的 TP.CM_BAM 报文为:

0X88 0X1C 0XEC 0XFF 0X00 0X20 0X11 0X00 0X03 0XFF 0XEC 0XFE 0X00

2. 发送报文的时间间隔

对于发送节点而言,J1939/21 协议中规定:多组广播消息中,数据包之间所需要的时间间隔是 50～200 ms,如图 4-1 的左侧所示。也就是说,发送节点发送完一个报文后,在自己的 MCU 中设置一个定时器,定时范围为 50～200 ms,比如定时 150 ms;过 150 ms 后再发送下一包数据,以便让接收节点有时间接收这些数据包。

对于接收节点而言,J1939/21 协议中规定:多组广播消息中,当接收节点收到一个数据包后,等待下一个数据包的时间间隔不大于 750 ms,如图 4-1 的右侧所示。也就是说,接收节点接收完一包数据,然后最多等待 750 ms;如果 750 ms 内发送节点没有把下一包数据发过来,接收节点就会认为连接关闭。

一点通:张三从 1 楼运送 20 包(共计 200 本书)给 3 楼的李四,张三运输一包书籍的时间范围是 5～8 分钟,李四在 3 楼等待张三运送书籍,如果等待了 15 分钟张三还没有运送过来,李四就会认为:张三有急事需要处理,不会运送后续的图书到 3 楼了,下次再约时间吧。

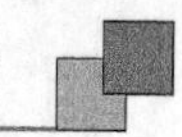

3. 发送 TP. DT 报文

发动机＃1 电控单元(地址 0X00)用 TP. DT 报文将 3 包(共计 17 个字节)数据发送出去,这里以其发送的第 1 包报文为例讲解,其报文的帧结构如表 4－22 所列,其报文的帧标识符和帧数据如表 4－23 所列。

表 4－22　发动机＃1 电控单元 TP. DT 报文的帧结构信息

位	Bit7	Bit6	Bit5	Bit4	Bit3	Bit2	Bit1	Bit0
含　义	1	RTR	r1	r0	DLC. 3	DLC. 2	DLC. 1	DLC. 0
二进制	1	0	0	0	1	0	0	0
十六进制	0X88							

表 4－23　发动机＃1 电控单元 TP. DT 报文的帧标识符和帧数据内容

名　称	PGN (60160, 0X00EB00)						DATA	
	P	R	DP	PF	PS	SA	Byte1	Byte2～Byte8
位　数	3	1	1	8	8	8	8	56
数　据	111(二进制)	0(二进制)	0(二进制)	0XEB (235)	0XFF 目标地址	0X00 源地址	0X01（1）要发送的第 1 个数据包	0X30 0X31 0X32 0X33 0X34 0X35 0X36

因此,发动机＃1 电控单元(地址 0X00)发出的第 1 包 TP. DT 报文为:

0X88　0X1C　0XEB　0XFF　0X00　0X01　0X30　0X31　0X32　0X33　0X34　0X35　0X36

发动机＃1 电控单元(地址 0X00)发出的第 2 包 TP. DT 报文为:

0X88　0X1C　0XEB　0XFF　0X00　0X02　0X37　0X38　0X39　0X61　0X62　0X63　0X64

发动机＃1 电控单元(地址 0X00)发出的第 3 包 TP. DT 报文为:

0X88　0X1C　0XEB　0XFF　0X00　0X03　0X65　0X66　0X67　0XFF　0XFF　0XFF　0XFF

最后一个数据包没有用完,只用了 3 个字节,其余字节用 0XFF 填充。

这样,发动机＃1 电控单元(地址 0X00)通过广播消息,将 17 个车辆标志符 0123456789abcdefg 分为 3 个数据包发送出去了。

4.3.2　连接模式下的多字节数据传送

注意,多字节数据指的是大于等于 9 个字节长度的报文数据。

1. 无错误的数据传送

通常情况下，RTS/CTS 协议下无传送错误的数据传输会按照图 4－2 的数据流模式进行。

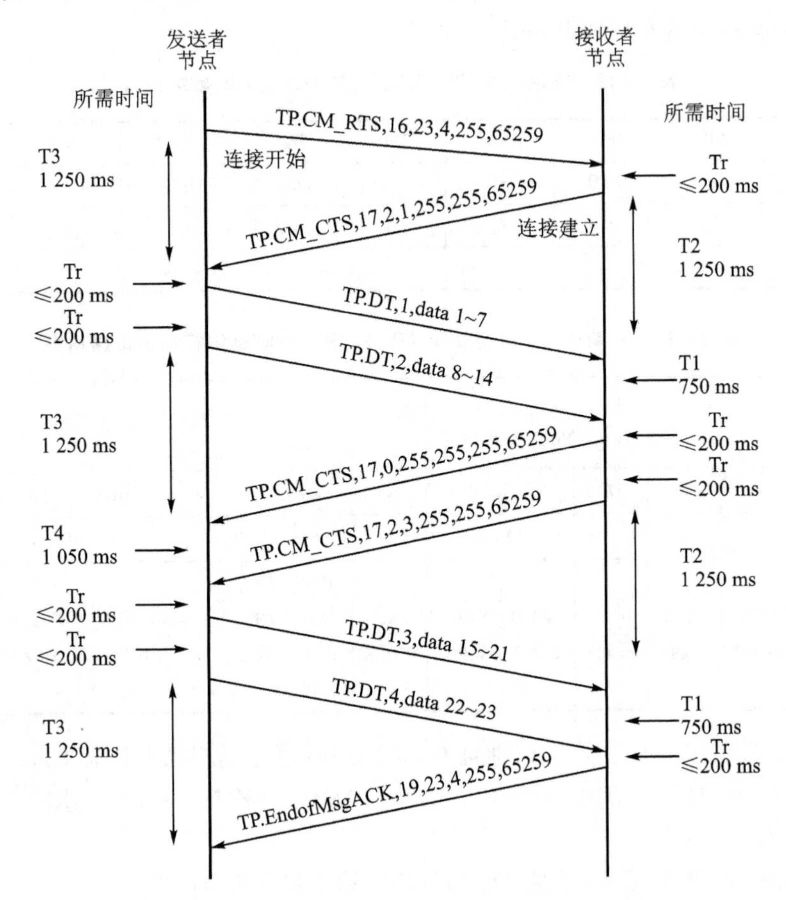

图 4－2　RTS/CTS 协议下无传送错误的数据传输

假设发动机＃1 电控单元（地址 0X00）作为发送节点，变速器 ＃1 的电控单元（地址 0X03）作为接收节点，两者之间传输组件识别标识符（发动机序号），PGN65259（0X00FEEB）。

（1）发送节点发送 TP. CM_RTS 报文

发动机＃1 电控单元（地址 0X00）向变速器 ＃1 的电控单元（地址 0X03）发送 TP. CM_RTS 报文，告诉变速器 ＃1 的电控单元（地址 0X03）说："我要发送参数群编号 PGN 为 65259 的一组数据给你，总共 23 个字节数据，分 4 包发给列。"

查询 J1939/71 协议，PGN65259（0X00FEEB）为组件识别标识符（发动机序号），如表 4－23 所列。

表4-23 PGN 65259(0XFEEB)

名 称	内 容
传输循环率	请求中
数据长度	可变
数据页面	0
PDU格式	254
PDU指定	235
默认优先值	6
参数组数编号	65259(0X00FEEB)
域	a:制作,详见J1939/71协议的5.2.5.90小节,分隔符使用ASCII“*”
	b:模式,详见J1939/71协议的5.2.5.91小节,分隔符使用ASCII“*”
	c:序列号,详见J1939/71协议的5.2.5.92小节,分隔符使用ASCII“*”
	d:单位数(能量单位),详见J1939/71协议的5.2.5.92小节,分隔符使用ASCII“*”

备注:① 制作方式,模式、序列号和单位数域自由选择,它们之间用一个ASCII“*”分开。

② 没有必要包括所有的域,但多个域之间必须用分隔符(ASCII“*”)。

假设发动机序号(PGN65259)数据域只有制作域和模式域。

1) 制作域

制作域指的是元件型号(本例指发动机型号)的相应代码,该代码在美国货车运输业联盟的车辆保养报告系统(ATA/VMRS)中定义。如果ATA/VMRS型号代码少于5个字符,建议使用空格(ASCⅡ32)填充剩余的字符。

数据长度: 5字节;

分辨率: ASCⅡ;

数据范围: ASCⅡ;

类型: 测量值;

未知参数编号: 586;

参考: 5.3.25。

注意:ASCⅡ字符“*”用作分隔符。

2) 模式域

模式域指的是元件型号(本例指的是发动机型号)。

数据长度: 可变——大于200字符;

分辨率: ASCⅡ;

数据范围: ASCⅡ;

类型: 测量值;

未知参数编号：　　　587；

参考：　　　　　　5.3.25。

注意：ASCⅡ字符“＊”用作分隔符。

假设制作域的 ASCII 码为 01234，模式域的 ASCII 码为 56789abcdefghigkl，2 个域之间用一个 ASCII“＊”分开，那么发动机序列号对应的十六进制数如表 4-24 所列。

表 4-24　图 4-2 中 23 个发动机序列号内容

ASCⅡ	0	1	2	3	4	*	5	6
十六进制	0X30	0X31	0X32	0X33	0X34	0X2A	0X35	0X36
ASCⅡ	7	8	9	a	b	c	d	e
十六进制	0X37	0X38	0X39	0X61	0X62	0X63	0X64	0X65
ASCⅡ	f	g	h	i	g	k	l	
十六进制	0X66	0X67	0X68	0X69	0X6A	0X6B	0X6C	

发动机＃1 电控单元（地址 0X00）向变速器 ＃1 的电控单元（地址 0X03）发送 TP.CM_RTS 报文，其报文的帧结构如表 4-25 所列，其报文的帧标识符和帧数据如表 4-26 所列。

表 4-25　发动机＃1 电控单元 TP.CM_RTS 报文的帧结构信息

位	Bit7	Bit6	Bit5	Bit4	Bit3	Bit2	Bit1	Bit0
含　义	1	RTR	r1	r0	DLC.3	DLC.2	DLC.1	DLC.0
二进制	1	0	0	0	1	0	0	0
十六进制	0X88							

因此，发动机＃1 电控单元（地址 0X00）发出的 TP.CM_RTS 报文为：

0X88　0X1C　0XEC　0X03　0X00　0X10　0X17　0X00　0X04　0XFF　0XEB　0XFE　0X00

（2）传输报文的时间间隔 1

针对接收节点而言，变速器 ＃1 的电控单元（地址 0X03）收到发动机＃1 电控单元（地址 0X00）发过来的 TP.CM_RTS 后，需要在 200 ms 内回复 TP.CM_CTS 应答报文，否则视为连接失败，如图 4-2 中标注的时间所示。

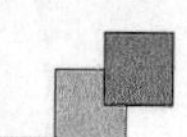

表 4－26　发动机＃1 电控单元 TP.CM_RTS 报文的帧标识符和帧数据内容

名　称	PGN (60416，0X00EC00)						DATA				
	P	R	DP	PF	PS	SA	Byte1	Byte2 和 Byte3	Byte4	Byte5	Byte6～Byte8
位　数	3	1	1	8	8	8	8	16	8	8	24
数　据	111(二进制)	0(二进制)	0(二进制)	0XEC (236)	0X03 目标地址为变速器＃1 的电控单元	0X00 源地址为发动机＃1 电控单元	0X10 (16) 指定目标地址请求发送(RTS)	0X0017 (23) 整个数据域包含字节的数量	0X04 共有 4 包数据	0XFF	0X00FEEB 发动机序号的参数群编号 PGN

针对发送节点而言，发动机＃1 电控单元(地址 0X00)向变速器 ＃1 的电控单元(地址 0X03)发送 TP.CM_RTS 报文后就开始计时等待；如果在 1 250 ms 内没有收到变速器 ＃1 的电控单元(地址 0X03)发送的 TP.CM_CTS 应答报文，视为放弃连接，如图 4－2 中标注的时间所示。

(3) 接收节点发送 TP.CM_CTS 应答报文

变速器 ＃1 的电控单元(地址 0X03)向发动机＃1 电控单元(地址 0X00)发送 TP.CM_CTS 应答报文，表示它已经准备好接收从 2 个数据包，从编号为"1"的数据包开始。其报文的帧结构如表 4－27 所列，其报文的帧标识符和帧数据如表 4－28 所列。

表 4－27　变速器 ＃1 的电控单元 TP.CM_CTS 报文的帧结构信息

位	Bit7	Bit6	Bit5	Bit4	Bit3	Bit2	Bit1	Bit0
含　义	1	RTR	r1	r0	DLC.3	DLC.2	DLC.1	DLC.0
二进制	1	0	0	0	1	0	0	0
十六进制	0X88							

表 4－28　变速器 ＃1 的电控单元 TP.CM_CTS 报文的帧标识符和帧数据内容

名　称	PGN (60416，0X00EC00)						DATA				
	P	R	DP	PF	PS	SA	Byte1	Byte2	Byte3	Byte4 和 Byte5	Byte6～Byte8
位数	3	1	1	8	8	8	8	8	8	16	24
数据	111(二进制)	0(二进制)	0(二进制)	0XEC (236)	0X00 目标地址为发动机＃1 电控单元	0X03 源地址为变速器＃1 的电控单元	0X11(17) 指定目标地址准备发送(CTS)	0X02 可以接收 2 包数据	0X01 从第 1 包数据开始发送	0XFF	0X00FEEB 发动机序号的参数群编号 PGN

因此,变速器 #1 的电控单元(地址 0X03)发出的 TP.CM_CTS 报文为:

0X88　0X1C　0XEC　0X00　0X03　0X11　0X02　0X01　0XFF　0XFF　0XEB　0XFE　0X00

(4) 传输报文的时间间隔 2

针对发送节点而言,发动机 #1 电控单元(地址 0X00)收到变速器 #1 的电控单元(地址 0X03)发过来的 TP.CM_CTS 响应报文后,证明连接正常;200 ms 内发出第一个数据包,下一个 200 ms 发送第 2 个数据包。

针对接收节点而言,变速器 #1 的电控单元(地址 0X03)发送 TP.CM_CTS 响应报文后计时 1 250 ms,如果在这 1 250 ms 内没有收到发动机 #1 电控单元(地址 0X00)发过来的第 1 包数据,就认为连接失败;正常接收到第一包数据后,计时 750 ms,如果在 750 ms 内没有收到发动机 #1 电控单元(地址 0X00)发过来的第二包数据,就认为连接失败。

发送和接收的时间间隔限制如图 4-2 所示,后续不再专门解析此问题。

(5) 发送节点发送前 2 个 TP.DT 报文

发动机 #1 电控单元(地址 0X00)向变速器 #1 的电控单元(地址 0X03)发送 TP.DT,先发送前 2 包数据。以发送的第一包数据为例讲解,其报文的帧结构如表 4-29 所列,其报文的帧标识符和帧数据如表 4-30 所列。

表 4-29　发动机 #1 电控单元 TP.DT 报文的帧结构信息

位	Bit7	Bit6	Bit5	Bit4	Bit3	Bit2	Bit1	Bit0
含　义	1	RTR	r1	r0	DLC.3	DLC.2	DLC.1	DLC.0
二进制	1	0	0	0	1	0	0	0
十六进制	0X88							

表 4-30　发动机 #1 电控单元 TP.DT 报文的帧标识符和帧数据内容

名　称		PGN (60160, 0X00EB00)				DATA		
	P	R	DP	PF	PS	SA	Byte1	Byte2～Byte8
位　数	3	1	1	8	8	8	8	56
数　据	111(二进制)	0(二进制)	0(二进制)	0XEB (235)	0X03 目标地址为变速器 #1 的电控单元	0X00 源地址为发动机 #1 电控单元	0X01 (1) 要发送的第 1 个数据包	0X30　0X31　0X32　0X33　0X340X2A 0X35

因此,发动机 #1 电控单元(地址 0X00)发出的第 1 包 TP.DT 报文为:

0X88　0X1C　0XEB　0X03　0X00　0X01　0X30　0X31　0X32　0X33

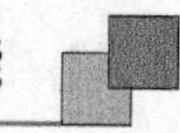

0X34　0X2A　0X35

200 ms 后，发动机＃1 电控单元(地址 0X00)发出的第 2 包 TP. DT 报文为：

0X88　0X1C　0XEB　0X03　0X00　0X02　0X36　0X37　0X38　0X39
0X61　0X62　0X63

(6) 接收节点发送 2 个 TP. CM_CTS 报文

变速器 ＃1 的电控单元(地址 0X03)发出的第一个 TP. CM_CTS 报文为：

0X88　0X1C　0XEC　0X00　0X03　0X11　0X00　0XFF　0XFF　0XFF
0XEB　0XFE　0X00

上述报文中，可接收数据包的数量是 0X00，下一个发送的数据包编号是 0XFF，表示变速器 ＃1 的电控单元(地址 0X03)想和发动机＃1 电控单元(地址 0X00)保持连接，但不能马上再接收任何数据包。在最长延迟 500 ms 后，变速器 ＃1 的电控单元(地址 0X03)必须再发一条 TP. CM_CTS 消息来保持连接。在这个例子中，响应者变速器＃1 的电控单元(地址 0X03)再发送了一条 TP. CM_CTS 消息，表示它可以接收从编号 3 开始的两个数据包。

变速器＃1 的电控单元(地址 0X03)发出的第 2 个TP. CM_CTS 报文为：

0X88　0X1C　0XEC　0X00　0X03　0X11　0X02　0X03　0XFF　0XFF
0XEB　0XFE　0X00

(7) 发送节点发送第 3 和第 4 包数据

发动机＃1 电控单元(地址 0X00)发出的第 3 包 TP. DT 报文为：

0X88　0X1C　0XEB　0X03　0X00　0X03　0X64　0X65　0X66　0X67
0X68　0X69　0X6A

200 ms 后，发动机＃1 电控单元(地址 0X00)发出的第 4 包 TP. DT 报文为：

0X88　0X1C　0XEB　0X03　0X00　0X04　0X6B　0X6C　0XFF　0XFF
0XFF　0XFF　0XFF

4 号数据包包含 2 个字节的有效数据，那么余下的无效数据都将被设为 255 进行传送，所有数据包的数据长度都是 8 个字节。

(8) 接收节点发送 TP. EndofMsgACK 报文，数据接收完毕

变速器 ＃1 的电控单元(地址 0X03)向发动机＃1 电控单元(地址 0X00)发送 TP. CM_EndOfMsgACK，表示所有数据接收完毕，现在关闭连接。其报文的帧结构如表 4－31 所列，其报文的帧标识符和帧数据如表 4－32 所列。

表 4－31　TP. CM_EndOfMsgACK 报文的帧结构信息

位	Bit7	Bit6	Bit5	Bit4	Bit3	Bit2	Bit1	Bit0
含　义	1	RTR	r1	r0	DLC. 3	DLC. 2	DLC. 1	DLC. 0
二进制	1	0	0	0	1	0	0	0
十六进制	0X88							

表 4－32　TP. CM_EndOfMsgACK 报文的帧标识符和帧数据内容

名　称		PGN (60416,0X00EC00)					DATA				
	P	R	DP	PF	PS	SA	Byte1	Byte2 和 Byte3	Byte4	Byte5	Byte6～Byte8
位　数	3	1	1	8	8	8	8	16	8	8	24
数　据	111(二进制)	0(二进制)	0(二进制)	0XEC (236)	0X00 目标地址为发动机＃1 电控单元	0X03 源地址为变速器＃1 的电控单元	0X13 (19)消息结束应答	0X0017 (23)整个数据域包含字节的数量	0X04(4) 全部数据包的数目	0XFF	0X00FEEB 发动机序号的参数群编号 PGN

变速器＃1 的电控单元(地址 0X03)发出的 TP. CM_EndOfMsgACK 报文为：

0X88　0X1C　0XEC　0X00　0X03　0X13　0X17　0X00　0X04　0XFF　0XEB　0XFE　0X00

变速器＃1 的电控单元(地址 0X03)通知发动机＃1 电控单元(地址 0X00)，表明自己已经接收完毕对方分 4 包发送的 22 个组件识别标识符(发动机序号)和一个分隔符号 01234 * 56789abcdefghigkl，现在关闭连接。

2. 有传送错误情况的数据传送

在有传送错误情况下，RTS/CTS 协议数据传输会按照图 4－3 的数据流模式进行。

在这种情况下，发送请求与前面的例子一样，通过同样的方式发送。发动机＃1 电控单元(地址 0X00)发送完毕第一个和第 2 个数据包，但是，响应者变速器＃1 的电控单元(地址 0X03)认为 2 号数据包中有错误。然后，变速器＃1 的电控单元(地址 0X03)发送了一条 TP. CM_CTS 消息：

0X88　0X1C　0XEC　0X00　0X03　0X11　0X01　0X02　0XFF　0XFF　0XEB　0XFE　0X00

表示它想让发动机＃1 电控单元(地址 0X00)再单独发送一次 2 号数据包。

发送者发动机＃1 电控单元(地址 0X00)回应，并再次传送了 2 号数据包。接着，响应者变速器＃1 的电控单元(地址 0X03)发出一条 CTS 消息，表示它想要从编号 3 开始的 2 个数据包，这条 TP. CM_CTS 消息同时也确认 1 号和 2 号数据包已经被正确接收了。

其余的传输过程和无错误的数据传送数据流模式相同，一旦最后一个数据包被正确接收，则响应者发送一条 TP. EndofMsgACK 消息，表示整个消息已经被正确接收了。

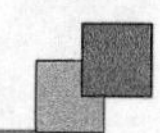

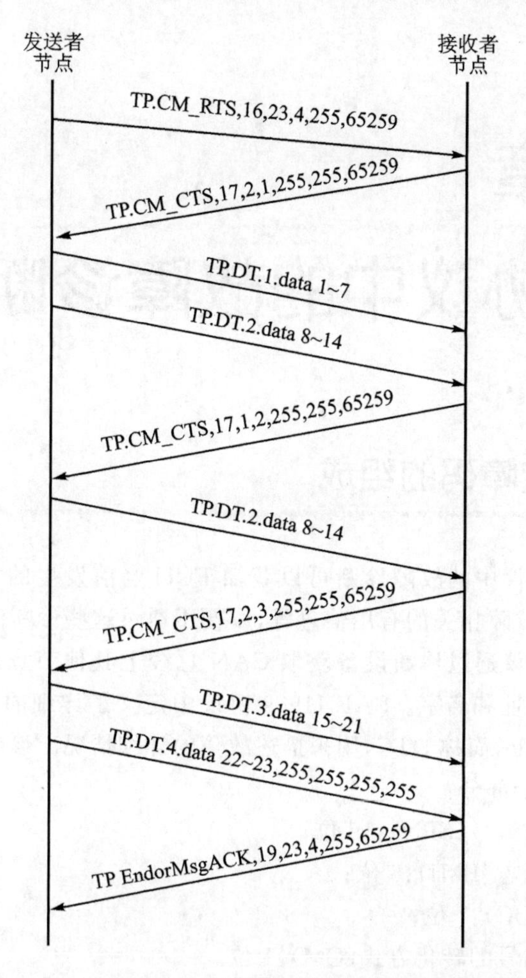

图 4-3　RTS/CTS 协议下有传送错误情况的数据传输

第 5 章

J1939 协议中的故障诊断

5.1 诊断故障码的组成

SAE J1939 协议中的故障诊断可以获知 ECU 当前发生的故障、历史发生的故障、发生故障时和故障相关的有用信息等，以便于通过这些诊断信息排除故障。

SAE J1939 协议通过诊断设备获取 CAN 总线上其他节点的故障信息，从而获得故障控制器源地址和名字。SAE J1939 协议中定义了详细的诊断故障代码 Diagnostic Trouble Code，简称 DTC，用来描述故障的详细情况。诊断故障代码由 4 个字节构成，划分为 4 个部分：

- 未知参数的编号(SPN)：19 位；
- 故障模式标志(FMI)：5 位；
- 发生次数(OC)：7 位；
- 未知参数编号的转化方式(CM)：1 位。

其结构如图 5－1 所示。

<table>
<tr><td colspan="32">DTC</td></tr>
<tr><td colspan="8">字节 3
SPN 的低 8 位
（第 8 位为最高有效位）</td><td colspan="8">字节 4
SPN 的第 2 字节
（第 8 位为最高有效位）</td><td colspan="8">字节 5SPN 高 3 位与 FMI 有效位（第 8 位为 SPN 的最高有效位及第 5 位为 FMI 的最高有效位）</td><td colspan="8">字节 6</td></tr>
<tr><td colspan="19">SPN</td><td colspan="5">FMI</td><td>M</td><td colspan="7">OC</td></tr>
<tr><td>8</td><td>7</td><td>6</td><td>5</td><td>4</td><td>3</td><td>2</td><td>1</td><td>8</td><td>7</td><td>6</td><td>5</td><td>4</td><td>3</td><td>2</td><td>1</td><td>8</td><td>7</td><td>6</td><td>5</td><td>4</td><td>3</td><td>2</td><td>1</td><td>8</td><td>7</td><td>6</td><td>5</td><td>4</td><td>3</td><td>2</td><td>1</td></tr>
</table>

图 5－1　故障码 DTC 结构

① SPN 是发生故障的未知参数编号。

② FMI 是发生故障的类型(具体查表 SAE J1939－73 附录 A)，例如：

FMI＝0，表示数据有效但超出了正常操作的范围——最严重水平；

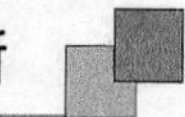

FMI＝1,表示数据有效但低于正常操作的范围——最严重水平;

FMI＝2,表示数据不稳定、断断续续的或者不正确;

FMI＝3,表示电压高于正常值、或者与高压源短路;

FMI＝4,表示电压低于正常值、或者与低压源短路;

FMI＝5,表示电流低于正常值或断路;

FMI＝6,表示电流高于正常值或电路接地;

……

FMI＝19,表示错误地接收到的网络数据;

FMI＝20～30,表示预留由 SAE 赋值;

FMI＝31,表示未知或条件存在。

一点通:把所有的故障分类,并给所划分的类别定义了一个数字代码,就像有关汽车的类型可以分为轿车、越野车、皮卡、大巴车、公交车等。

③ CM 是未知参数编号(SPN)的转化方式控制位,也就是 19 位的 SPN 排列顺序定义,用 CM 外加不同的版本号定义,以便正确读出故障代码中的 SPN 编号。

当 CM＝0 时,表示按版本 4 的每个定义转化 SPN,SPN 对所有的 19 位均采用英特尔格式。当 CM＝1 时,表示按版本 1、2 和 3 的每个定义转化 SPN:版本 1,首先发送 SPN 的最高有效位;版本 2,SPN 对高 16 位采用英特尔格式加上与 FMI 值共用字节里的低 3 位共 19 位的格式;版本 3,SPN 对所有的 19 位均采用英特尔格式(首先发送低位)。

下面通过一个例子介绍 SPN 不同的排列顺序,举例:

SPN　1208　　＝$4B8_{16}$　　＝000 00000100 10111000_2(19 位)

FMI　3　　＝3_{16}　　＝00011_2(5 位)

OC　10　　＝A_{16}　　＝0001010_2(7 位)

CM　　＝0 或 1　　＝0 或 1(1 位)

其版本 1～版本 4 的具体 SPN 排列顺序如图 5－2～图 5－5 所示。

<table>
<tr><td colspan="32">DTC</td></tr>
<tr><td colspan="8">字节 3
SPN 高 16 位中的
高 8 位有效位
(第 8 位为最
高有效位)</td><td colspan="8">字节 4
SPN 高 16 位中的
低 8 位有效位
(第 8 位为最
高有效位)</td><td colspan="8">字节 5SPN 低 3 位有效位
与 FMI 有效位(第 8 位为
SPN 的最高有效位及第 5
位为 FMI 的最高有效位)</td><td colspan="8">字节 6</td></tr>
<tr><td colspan="19">SPN</td><td colspan="5">FMI</td><td>CM</td><td colspan="7">OC</td></tr>
<tr><td>8</td><td>7</td><td>6</td><td>5</td><td>4</td><td>3</td><td>2</td><td>1</td><td>8</td><td>7</td><td>6</td><td>5</td><td>4</td><td>3</td><td>2</td><td>1</td><td>8</td><td>7</td><td>6</td><td>5</td><td>4</td><td>3</td><td>2</td><td>1</td><td>8</td><td>7</td><td>6</td><td>5</td><td>4</td><td>3</td><td>2</td><td>1</td></tr>
<tr><td>0</td><td>0</td><td>0</td><td>0</td><td>0</td><td>0</td><td>0</td><td>0</td><td>1</td><td>0</td><td>0</td><td>1</td><td>0</td><td>1</td><td>1</td><td>1</td><td>0</td><td>0</td><td>0</td><td>0</td><td>0</td><td>0</td><td>1</td><td>1</td><td>1</td><td>0</td><td>0</td><td>0</td><td>1</td><td>0</td><td>1</td><td>0</td></tr>
</table>

图 5－2　SPN 转化的阐述(版本 1)

DTC																															
字节 3 SPN 高 16 位中的低 8 位有效位（第 8 位为最高有效位）								字节 4 SPN 高 16 位中的高 8 位有效位（第 8 位为最高有效位）								字节 5 SPN 低 3 位有效位与 FMI 有效位（第 8 位为 SPN 的最高有效位及第 5 位为 FMI 的最高有效位）								字节 6							
SPN																			FMI					CM	OC						
8	7	6	5	4	3	2	1	8	7	6	5	4	3	2	1	8	7	6	5	4	3	2	1	8	7	6	5	4	3	2	1
1	0	0	1	0	1	1	1	0	0	0	0	0	0	0	0	0	0	0	0	0	0	1	1	1	0	0	0	1	0	1	0

图 5-3　SPN 转化的阐述(版本 2)

DTC																															
字节 3 SPN 低 8 位有效位（第 8 位为最高有效位）								字节 4 SPN 第 2 字节（第 8 位为最高有效位）								字节 5 SPN 高 3 位有效位与 FMI 有效位（第 8 位为 SPN 的最高有效位及第 5 位为 FMI 的最高有效位）								字节 6							
SPN																			FMI						OC						
8	7	6	5	4	3	2	1	8	7	6	5	4	3	2	1	8	7	6	5	4	3	2	1	8	7	6	5	4	3	2	1
1	0	1	1	1	0	0	0	0	0	0	0	0	1	0	0	0	0	0	0	0	0	1	1	1	0	0	0	1	0	1	0

图 5-4　SPN 转化的阐述(版本 3)

DTC																															
字节 3 SPN 的低 8 位有效位（第 8 位为最高有效位）								字节 4 SPN 第 2 字节（第 8 位为最高有效位）								字节 5 SPN 高 3 位有效位与 FMI 有效位（第 8 位为 SPN 的最高有效位及第 5 位为 FMI 的最高有效位）								字节 6							
SPN																			FMI					CM	OC						
8	7	6	5	4	3	2	1	8	7	6	5	4	3	2	1	8	7	6	5	4	3	2	1	8	7	6	5	4	3	2	1
1	0	1	1	1	0	0	0	0	0	0	0	0	1	0	0	0	0	0	0	0	0	1	1	0	0	0	0	1	0	1	0

图 5-5　SPN 转化的阐述(版本 4)

一点通：假如有2个小孩子在玩拼图游戏，需要事先约定好顺序，并严格按照这个顺序标明物料，才能最终拼成一个完美的图案。也就是说，发生故障的节点必须事先和故障诊断仪约定好，告诉故障诊断仪自已的故障SPN编号是怎样排列定义的。

④ OC为本故障的发生次数。当故障第一次发生时OC加1，如果故障一直存在，OC不累加。当同样的故障再次发生时，OC累加1。故障取值为0～126，大于126时，OC也保持126。

⑤ 诊断故障代码实例。

实例1：　　　　　　　　　　　　这是一个SAE J1587的参数；
未知参数数值＝91：　　　　　　未知参数为油门踏板位置；
故障模式标志＝3：　　　　　　　故障代码确认为电压高于正常值；
发生次数＝5：　　　　　　　　　发生次数显示故障已发生了5次。

实例2：　　　　　　　　　　　　这不是一个以SAE J1587参数标志符传送的参数，所以它的赋值大于511；
未知参数数值＝656；　　　　　　未知参数为发动机6号喷嘴；
故障模式标志＝3：　　　　　　　故障代码确认为电压高于正常值；
发生次数＝2：　　　　　　　　　发生次数显示故障已发生了2次。

实例3；　　　　　　　　　　　　诊断故障代码以诊断信息的方式传送(例DM1)：
油压预滤器参数，未知参数数值(SPN＝1208)；
故障模式标志(FMI)为3；
发生次数(OC)为10。

所有的诊断故障代码域以英特尔格式传送(最小有效字节优先)：

SPN　1208　　＝0x4B8　　＝000 00000100 10111000(19位)
FMI　3　　　 ＝0x03　　 ＝00011(5位)
OC　10　　　 ＝0x0A　　 ＝0001010(7位)
未知参数编号的转化方式(CM)　＝0(1位)

其SPN排列顺序如图5-6所示。

⑥ 某柴油机DTC实例。

表5-1为某柴油机DTC实例，故障发生次数都假设为0，可疑参数转化方式设为0(采取版本4的SPN排序方式)。

<table>
<tr><td colspan="32">DTC</td></tr>
<tr><td colspan="8">字节 3
SPN 低 8 位有效位
(第 8 位为最
高有效位)</td><td colspan="8">字节 4
SPN 第 2 字节
(第 8 位为最
高有效位)</td><td colspan="8">字节 5
SPN 高 3 位有效位与 FMI
有效位(第 8 位为 SPN 的
最高有效位及第 5 位为
FMI 的最高有效位)</td><td colspan="8">字节 6</td></tr>
<tr><td colspan="19">SPN</td><td colspan="5">FMI</td><td>CM</td><td colspan="7">OC</td></tr>
<tr><td>8</td><td>7</td><td>6</td><td>5</td><td>4</td><td>3</td><td>2</td><td>1</td><td>8</td><td>7</td><td>6</td><td>5</td><td>4</td><td>3</td><td>2</td><td>1</td><td>8</td><td>7</td><td>6</td><td>5</td><td>4</td><td>3</td><td>2</td><td>1</td><td>8</td><td>7</td><td>6</td><td>5</td><td>4</td><td>3</td><td>2</td><td>1</td></tr>
<tr><td>1</td><td>0</td><td>1</td><td>1</td><td>1</td><td>0</td><td>0</td><td>0</td><td>0</td><td>0</td><td>0</td><td>0</td><td>0</td><td>1</td><td>0</td><td>0</td><td>0</td><td>0</td><td>0</td><td>0</td><td>0</td><td>0</td><td>1</td><td>1</td><td>0</td><td>0</td><td>0</td><td>0</td><td>1</td><td>0</td><td>1</td><td>0</td></tr>
</table>

图 5-6　SPN＝1208 转化的阐述(版本 3)

表 5-1　某柴油机 DTC 实例(版本 4)

序　号	故障名称	SPN	FMI	DTC(Hex)
传感器故障				
1	曲轴信号缺失	190	12	0X000C00BE
2	曲轴信号错误	190	11	0X000B00BE
3	凸轮轴信号缺失	636	12	0X000C027C
4	凸轮轴信号错误	636	11	0X000B027C
5	大气压力 SRC 高	108	3	0X0003006C
6	大气压力 SRC 低	108	4	0X0004006C
7	增压压力 SRC 高	102	3	0X00030066
8	增压压力 SRC 低	102	4	0X00040066
9	增压压力合理性故障	102	12	0X000C0066
10	增压温度 SRC 高	105	3	0X00030069
11	增压温度 SRC 低	105	4	0X00040069
12	冷却水温 SRC 高	101	3	0X00030065
13	冷却水温 SRC 低	101	4	0X00040065
14	冷却水温合理性故障	101	12	0X000C0065
15	冷却水温动态测试故障	52198	11	0X000BCBE6
16	燃油温度 SRC 高	174	3	0X000300AE

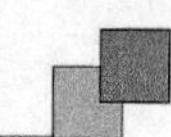

续表

序 号	故障名称	SPN	FMI	DTC(Hex)
17	燃油温度SRC低	174	4	0X000400AE
18	油门踏板1SRC高	91	3	0X0003005B
19	油门踏板1SRC低	91	4	0X0004005B
20	油门踏板1合理性故障	91	12	0X000C005B
21	油门踏板2SRC高	29	3	0X0003001D
22	油门踏板2SRC低	29	4	0X0004001D
23	环境温度SRC高	171	3	0X000300AB
24	环境温度SRC低	171	4	0X000400AB
25	机油压力SRC高	100	3	0X00030064
26	机油压力SRC低	100	4	0X00040064
27	机油压力合理性低故障	100	17	0X00110064
28	机油压力合理性高故障	100	15	0X000F0064
29	机油温度SRC高	175	3	0X000300AF
30	机油温度SRC低	175	4	0X000400AF
31	机油温度合理性故障	175	12	0X000C00AF
32	机油温度超过最大值	175	0	0X000000AF
33	多态开关SRC高	5794	3	0X000316A2
34	多态开关SRC低	5794	4	0X000416A2
执行器故障				
35	第一缸短路	651	6	0X0006028B
36	第一缸断路	651	5	0X0005028B
37	第一缸不合理	651	13	0X000D028B
38	第二缸短路	652	6	0X0006028C
39	第二缸断路	652	5	0X0005028C
40	第二缸不合理	652	13	0X000D028C
41	第三缸短路	653	6	0X0006028D
42	第三缸断路	653	5	0X0005028D
43	第三缸不合理	653	13	0X000D028D
44	第四缸短路	654	6	0X0006028E
45	第四缸断路	654	5	0X0005028E

续表

序　号	故障名称	SPN	FMI	DTC(Hex)
46	第四缸不合理	654	13	0X000D028E
47	第五缸短路	655	6	0X0006028F
48	第五缸断路	655	5	0X0005028F
49	第五缸不合理	655	13	0X000D028F
50	第六缸短路	656	6	0X00060290
51	第六缸断路	656	5	0X00050290
52	第六缸不合理	656	13	0X000D0290
53	EGR 位置传感器 SRC 高	2791	3	0X00030AE7
54	EGR 位置传感器 SRC 低	2791	4	0X00040AE7
55	EGR 位置控制正偏差过大	2791	15	0X000F0AE7
56	EGR 位置控制负偏差过小	2791	17	0X00110AE7
57	EGR 阀卡死在开状态	2791	0	0X00000AE7
58	EGR 阀卡死在关状态	2791	1	0X00010AE7
59	EGR 位置传感器物理值高	2791	16	0X00100AE7
60	EGR 位置传感器物理值低	2791	18	0X00120AE7
61	EGR 位置与上次学习值偏移过大	2791	15	0X000F0AE7
62	EGR 电机供电故障	5791	12	0X000C169F
63	EGR 电机短路到电源	5791	3	0X0003169F
64	EGR 电机短路到地	5791	4	0X0004169F
65	EGR 电机开路	5791	5	0X0005169F
66	EGR 电机过热	5791	0	0X0000169F
67	EGR 流量过大	2659	18	0X00120A63
68	EGR 阀 NOx 限值 1 超标	5031	16	0X001013A7
69	EGR 阀 NOx 限值 2 超标	5038	16	0X001013AE
70	空调继电器短路	1351	6	0X00060547
71	空调继电器断路	1351	5	0X00050547
72	排气制动阀短路	668	6	0X0006029C
73	排气制动阀断路	668	5	0X0005029C
74	排气制动指示灯短路	669	6	0X0006029D
75	排气制动指示灯断路	669	5	0X0005029D

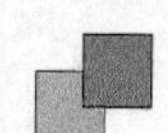

续表

序　号	故障名称	SPN	FMI	DTC(Hex)
76	进气加热继电器短路	729	6	0X000602D9
77	进气加热继电器断路	729	5	0X000502D9
78	进气加热指示灯短路	703	3	0X000302BF
79	进气加热指示灯断路	703	4	0X000402BF
80	OBD 故障灯短路	1213	3	0X000304BD
81	OBD 故障灯断路	1213	4	0X000404BD
82	SVS 灯短路	624	3	0X00030270
83	SVS 灯断路	624	4	0X00040270
84	主继电器短路	1485	6	0X000605CD
85	主继电器断路	1485	5	0X000505CD
ECU 故障				
86	EEPROM 不可用	630	12	0X000C0276
87	部分 EEPROM 不可用	630	0	0X00000276
88	AD 参考电压过高	520192	3	0X00E3F000
89	AD 参考电压过低	520192	4	0X00E4F000
90	CAN0_BUSOFF	1231	12	0X000C04CF
91	CAN1_BUSOFF	1235	12	0X000C04D3
92	接收消息 1 超时	520194	11	0X00EBF002
93	接收消息 2 超时	520195	11	0X00EBF003
94	接收消息 3 超时	520196	11	0X00EBF004
95	接收消息 4 超时	520197	11	0X00EBF005
96	接收消息 5 超时	520198	11	0X00EBF006
97	接收消息 6 超时	520199	11	0X00EBF007
98	接收消息 7 超时	520200	11	0X00EBF008
99	接收消息 8 超时	520201	11	0X00EBF009
100	接收消息 9 超时	520202	11	0X00EBF00A
101	接收消息 10 超时	520203	11	0X00EBF00B
102	接收消息 11 超时	520204	11	0X00EBF00C
103	接收消息 12 超时	520205	11	0X00EBF00D
104	DCDC 短路	671	6	0X0006029F

续表

序 号	故障名称	SPN	FMI	DTC(Hex)
105	DCDC 开路	671	5	0X0005029F
106	智能喷射模块通信故障	520206	12	0X00ECF00E
电源故障				
107	电池电压高	168	3	0X000300A8
108	电池电压低	168	4	0X000400A8

5.2 故障代码类型

有如下多种故障代码：

- DM1：诊断信息 1，当前故障代码；
- DM2：诊断信息 2，历史故障代码；
- DM3：诊断信息 3，历史故障代码的清除/复位；
- DM4：诊断信息 4，停帧参量；
- DM5：诊断信息 5，诊断准备就绪；
- DM6：诊断信息 6，持续监视系统测试结果；
- DM7：诊断信息 7，命令非持续监视测试；
- DM8：诊断信息 8，非持续监视系统测试结果；
- DM9：诊断信息 9，氧气探测器测试结果；
- DM10：诊断信息 10，非持续监视系统测试标志符识别支持；
- DM11：诊断信息 11，当前故障代码的清除/复位；
- DM12：诊断信息 12，发送排放相关的当前故障代码；
- DM13：诊断信息 13，停止启动广播；
- DM14：诊断信息 14，内存存取请求；
- DM15：诊断信息 15，内存存取响应；
- DM16：诊断信息 16，二进制数据传输；
- DM17：诊断信息 17，引导载入数据；
- DM18：诊断信息 18，数据安全性；
- DM19：诊断信息 19，标定信息。

上述故障代码仍在持续增加过程中，其中，常用的故障代码是 DM1、DM2、DM3、DM4、DM11。DM1 属于广播类型，每秒广播一次，其他用于接收到 PGN

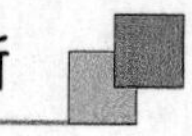

59904 参数请求指令时响应。DM1、DM2、DM4 为数据传输类型,DM3、DM11 属于应答类型。

5.2.1　当前故障代码(DM1)

DM1 报文的作用:及时报告正在发生的故障。

CAN 总线上一旦发生故障,就会有一个 DTC 成为激活的、当前的故障报文,就有一个 DM1 报文传输出去,并在其之后每秒传输一次。这就类似于古代的烽火台,一旦发现敌情,立即通过"烽烟"传递敌情信息。我的车辆也与此类似,一旦有电子部组件发生故障,立即通过广播发送 DM1 报文:"大家请注意,有故障了,故障的 DTC 是……"。

1. 单帧 DM1 报文

假设是发动机#1 电控单元(地址 0X00)发出的故障信息,当前故障代码 DM1 的报文格式如图 5-7 所示。

优先级	R	DP	PF	PS	SA	数据区(8 字节)				
3 位	1 位	1 位	8 位	8 位	8 位	1	2	3~6	7	8
6	0	0	0XFE	0XCA	0X00 发动机	0X00	0XFF	DTC	0XFF	0XFF

注:1 字节为故障灯状态,故障为严重则点亮红灯,一般点亮淡黄灯,无故障为 00。

图 5-7　DM1 报文格式

当前故障代码 DM1 的报文 ID 是 0X18FECA00,PGN 为 65226,发送速率是 1 s/次。

字节:　1　8~7 位:　故障指示灯状态;
　　　　　6~5 位:　红色停止灯状态;
　　　　　4~3 位:　琥珀色警告灯状态;
　　　　　2~1 位:　保护灯状态。
字节:　2　8~7 位:　预留以用来表示 SAE 任务灯状态;
　　　　　6~5 位:　预留以用来表示 SAE 任务灯状态;
　　　　　4~3 位:　预留以用来表示 SAE 任务灯状态;
　　　　　2~1 位:　预留以用来表示 SAE 任务灯状态。
字节:　3　8~1 位:　SPN,SPN 的低 8 位有效位(最高有效位为第 8 位)。
字节:　4　8~1 位:　SPN,SPN 的第 2 个字节(最高有效位为第 8 位)。
字节:　5　8~6 位:　SPN,有效位中的高 3 位(最高有效位为第 8 位)。

		5～1 位：	FMI(最高有效位为第 5 位)。
字节：	6	8 位：	未知参数编号的转化方式。
		7～1 位：	发生次数(注意：当发生次数未知时，应将其所有位的数值设为 1)。

字节 1 是指示灯的状态，SAE J1939 规定了 4 个与故障代码有关的指示灯，分别是：

① 故障指示灯。当有一个和排放相关的故障代码出现时，要求故障指示灯点亮。Bit8、bit7 为 00 时，要求该指示灯灭；bit8、bit7 为 01 时，要求该指示灯亮。

② 红色停止指示灯。当有一个非常严重的故障时，要求红色指示灯点亮，必须停车检修故障代码信息，仔细查找故障源。Bit6、bit5 为 00 时，要求该指示灯灭；bit6、bit5 为 01 时，要求该指示灯亮。

③ 琥珀色警告指示灯，用于警告信息提示的指示灯，此时车辆系统出了问题，但是不是致命故障信息，不需要停车检修。Bit4、bit3 为 00 时，要求该指示灯灭；bit4、bit3 为 01 时，要求该指示灯亮。

④ 保护指示灯，用于车辆系统出现问题，但是该问题极有可能不是车辆电路系统引发的故障信息时，比如发动机冷却液温度超出了温度范围。Bit2、bit1 为 00 时，要求该指示灯灭；bit2、bit1 为 01 时，要求该指示灯亮。

一点通：根据车辆发生故障的严重程度发送该字节信息，使车辆上对应的指示灯点亮，起到提示故障的作用，类似于通过十字路口的交通灯。

举例：

收到如图 5－8 所示 DM1 报文时，分析发生了什么故障？

优先级	R	DP	PF	PS	SA	数据区(8 字节)				
3 位	1 位	1 位	8 位	8 位	8 位	1	2	3～6	7	8
6	0	0	0XFE	0XCA	0X00	0X04	0XFF	DTC	0XFF	0XFF

图 5－8　举例中的 DM1 报文格式

当前故障代码 DM1 的报文是：

0X18FECA00　0X04　0XFF　0XAF　0X00　0X03　0X01　0XFF　0XFF

可知，源地址 SA 为 00，表示是发动机发出来的故障报文；第一个字节 0X04 表示让琥珀色警告指示灯点亮，其 DTC 为 0X010300AF，如图 5－9 所示。

分析图 5－9 可知，该 DM1 报文中的 SPN 是 175(0XAF)，为发动机机油温度；FMI＝3，表示机油温度高于正常数值；OC＝1，表示出现 1 次故障。

<table>
<tr><td colspan="32">DTC</td></tr>
<tr><td colspan="8">字节 3
SPN 的低 8 位有效位
（第 8 位为最
高有效位）</td><td colspan="8">字节 4
SPN 第 2 字节
（第 8 位为最
高有效位）</td><td colspan="8">字节 5
SPN 高 3 位有效位与 FMI
有效位（第 8 位为 SPN 的
最高有效位及第 5 位为
FMI 的最高有效位）</td><td colspan="8">字节 6</td></tr>
<tr><td colspan="19">SPN=175</td><td colspan="5">FMI</td><td>CM</td><td colspan="7">OC</td></tr>
<tr><td>8</td><td>7</td><td>6</td><td>5</td><td>4</td><td>3</td><td>2</td><td>1</td><td>8</td><td>7</td><td>6</td><td>5</td><td>4</td><td>3</td><td>2</td><td>1</td><td>8</td><td>7</td><td>6</td><td>5</td><td>4</td><td>3</td><td>2</td><td>1</td><td>8</td><td>7</td><td>6</td><td>5</td><td>4</td><td>3</td><td>2</td><td>1</td></tr>
<tr><td>1</td><td>0</td><td>1</td><td>0</td><td>1</td><td>1</td><td>1</td><td>1</td><td>0</td><td>0</td><td>0</td><td>0</td><td>0</td><td>0</td><td>0</td><td>0</td><td>0</td><td>0</td><td>0</td><td>0</td><td>0</td><td>0</td><td>1</td><td>1</td><td>0</td><td>0</td><td>0</td><td>0</td><td>0</td><td>0</td><td>0</td><td>1</td></tr>
</table>

图 5－9　举例中的 DTC 格式

需要注意的是，DM1 在发生故障时，每 1 s 发送一次；当由故障激活状态变为没有发生故障时，也是 1 s 发送一次（或者是收到请求帧报文，但是自己此时没有发生故障），只不过发送的内容变为如下格式内容：

		早期设定			推荐设定
字节 1	8～7 位	＝00			
	6～5 位	＝00			
	4～3 位	＝00			
	2～1 位	＝00			
字节 2	8～7 位	＝11			
	6～5 位	＝11			
	4～3 位	＝11			
	2～1 位	＝11			
字节 6～3	SPN	＝524287	—	显示未知	＝0
	FMI	＝31	—	显示未知	＝0
	OC	＝127	—	显示未知	＝0
	CM	＝1	—	显示未知	＝0
字节 7	＝	255			＝255
字节 8	＝	255			＝255

即无故障时，发动机＃1 电控单元（地址 0X00）发送的 DM1 报文是：

0X18FECA00　0X00　0XFF　0X00　0X00　0X00　0X00　0XFF　0XFF

2. 多帧 DM1 报文

当任何一个时刻发生多个故障时，则采用 SAE J1939－21 的传输协议发送多字节故障代码报文。

假设：

a＝灯状态

b＝SPN

c＝FMI

d＝CM 和 OC

多个故障码时，打包的顺序是 a b c d b c d ……如果最后一个报文中数据字节不到 7 位，则填充 0XFF。

首先 ECU 发送 BAM 报文通告，接着发送数据报文。具体操作：将数据分包，每 7 个字节为一包，每包的第一个字节为该报文的编号(SN)，剩余字节放数据，最后一包未用完的字节，全置 0XFF。

假设是发动机＃1 电控单元(地址 0X00)发生多个故障，其发送多个 DM1 报文的过程如下：

① BAM 通告报文，PGN 60416 ID：0X1CECFF00，如表 5－2 所列。

表 5－2　发动机＃1 电控单元发生多个故障时发送的 TP. CM_BAM 报文

优先级	R	DP	PF	PS	SA	数据区(8 字节)								
3 位	1 位	1 位	8 位	8 位	8 位	1	2～3		4	5	6	7	8	
7	0	0	0XEC	0XFF	0X00 发动机	0X20	LSB	MSB			0XFF	8LSB	2_{ND}	8 MSB
ID：0X 1C EC FF 00						控制字	数据字节总数		数据包总数		保留	0XCA 0XFE 0X00 (DM1 报文)		

② TP. DT 数据报文，PGN 60160 ID：0X1CEBFF00，如表 5－3～表 5－5 所列。

表 5－3　发动机＃1 电控单元发生多个故障时发送的 TP. DT 报文 1

优先级	R	DP	PF	PS	SA	数据区(8 字节)				
3 位	1 位	1 位	8 位	8 位	8 位	1	2	3	4～7	8
7	0	0	0XEB	0XFF	0X00	SN＝1	故障灯	0XFF	DTC1	DTC2 字节 1

表 5－4　发动机＃1 电控单元发生多个故障时发送的 TP. DT 报文 2

优先级	R	DP	PF	PS	SA	数据区(8 字节)		
3 位	1 位	1 位	8 位	8 位	8 位	1	2～4	5～8
7	0	0	0XEB	0XFF	0X00	SN＝2	DTC2 字节 2～4	DTC 字节 1

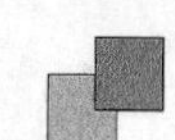

表 5－5 发动机#1 电控单元发生多个故障时发送的 TP. DT 报文 3

优先级	R	DP	PF	PS	SA	数据区(8 字节)		
3 位	1 位	1 位	8 位	8 位	8 位	1	2～4	未用完字节
7	0	0	0XEB	0XFF	0X00	SN＝n	DTCm	0XFF

③ 举例：发动机#1 电控单元(地址 0X00)发生 2 个故障：发动机机油温度高于正常数值、发动机燃油温度高于正常数值时，均发生 1 次故障，要求红色停止灯点亮。

通过查阅 J1939 协议附录 C 可知，SPN 是 175(0XAF)，为发动机机油温度，温度高于正常数值时，其 DTC 为 0X010300AF，FMI＝3，表示机油温度高于正常数值；OC＝1，表示出现 1 次故障。SPN 是 174(0XAE)，为发动机燃油温度，温度高于正常数值时，其 DTC 为 0X010300AE，FMI＝3，表示燃油温度高于正常数值；OC＝1，表示出现 1 次故障。

首先，发送 BAM 通告报文：PGN 60416，如表 5－6 所列。

表 5－6 发动机#1 电控单元发生 2 个故障时发送的 TP. CM_BAM 报文

优先级	R	DP	PF	PS	SA	数据区(8 字节)							
3 位	1 位	1 位	8 位	8 位	8 位	1	2—3 总字节数		4	5	6	7	8
7	0	0	0XEC	0XFF	0X00 发动机	0X20	LSB	MSB	数据包总数	保留	8LSB	2_{ND}	8MSB
ID：0X 1C EC FF 00						控制字	0X0A	0X00	0X02	0XFF	0XCA 0XFE 0X00 (DM1 报文)		

该报文帧结构如表 5－7 所列。

表 5－7 发动机#1 电控单元发生 2 个故障时发送的 TP. CM_BAM 报文帧结构信息

位	Bit7	Bit6	Bit5	Bit4	Bit3	Bit2	Bit1	Bit0
含 义	1	RTR	r1	r0	DLC. 3	DLC. 2	DLC. 1	DLC. 0
二进制	1	0	0	0	0	0	1	1
十六进制	0X88							

发送的报文为：

0X88 0X1C ECFF00 0X20 0X0A 0X00 0X02 0XFF 0XCA 0XFE 0X00

其次，发送 TP. DT 数据报文，PGN 60160，如表 5－8～表 5－9 所列。

表5-8　发动机#1电控单元发生2个故障时发送的TP.DT报文1

优先级	R	DP	PF	PS	SA	数据区(8字节)				
3位	1位	1位	8位	8位	8位	1	2	3	4～7	8
7	0	0	0XEB	0XFF	0X00 发动机	0X01 第1包	0X10 故障灯	0XFF 保留	0XAF 0X00 0X03 0X01	0XAE DTC2字节1

表5-9　发动机#1电控单元发生2个故障时发送的TP.DT报文2

优先级	R	DP	PF	PS	SA	数据区(8字节)		
3位	1位	1位	8位	8位	8位	1	2～4	5～8
7	0	0	0XEB	0XFF	0X00 发动机	0X02 第2包	0X00 0X03 0X01 DTC2字节2～4	0XFF 0XFF 0XFF 0XFF 未用完字节

上述TP.DT报文帧结构如表5-10所列。

表5-10　动机#1电控单元发生2个故障时发送的TP.DT报文帧结构信息

位	Bit7	Bit6	Bit5	Bit4	Bit3	Bit2	Bit1	Bit0
含　义	1	RTR	r1	r0	DLC.3	DLC.2	DLC.1	DLC.0
二进制	1	0	0	0	0	0	1	1
十六进制	0X88							

发动机#1电控单元(地址0X00)发送的第1包TP.DT报文为：

0X88　0X1C EB FF 000X01 0X10 0XFF 0XAF 0X00 0X030X01 0XAE

发动机#1电控单元(地址0X00)发送的第2包TP.DT报文为：

0X88　0X1C EB FF 000X02 0X00 0X03 0X01 0XFF 0XFF 0XFF 0XFF

这样,发动机#1电控单元(地址0X00)通过广播消息,将2个故障报文DM1分为2个数据包发送出去了。

3. DM1报文传输速率

关于DM1报文传输速率的问题,用如下比喻来解释说明:哨兵张三在掩体的窗口处观测敌情,一旦发现敌情,立即报告给指挥官,只要敌情存在,张三每1秒钟报告一次敌情。

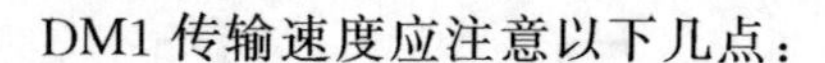

DM1传输速度应注意以下几点：

① 一旦有一个DTC成为激活的故障，则立即发送一个DM1报文，并在其后每秒发送一次，直至该激活的故障消失，即变为非激活状态的故障。

类比说明：一旦发现敌情，张三立即报告给指挥官，只要敌情存在，则每秒钟报告一次敌情。

② 如果一个故障激活的时间是一秒或更长，然后变为不激活的状态，则应传输一个DM1消息以反映这种状态的改变。

类比说明：当发现的敌情消失的时候，张三需要向指挥官报告一次。

③ 如果在一秒的更新期间有一个不同的DTC改变状态，则要传输一个新的DM1消息反映这个新的DTC。

类比说明：哨兵张三发现掩体南侧有敌情，同时掩体的西边也有敌情，则需要把新的敌情信息向指挥官报告。

④ 为了避免因高频率的间断故障而引起的高的消息传输率，建议每个DTC每秒只有一个状态改变被传输。这样，每秒两次变为激活/不激活状态的DTC，其中会有一个用于确认DTC成为激活状态的消息和下一个传输期间确认它为不激活状态的消息。该消息仅当有一个激活的DTC存在或处于响应一个请求时才被发送。

类比说明：哨兵张三报告敌情的频率不要太高，1秒钟报告一次就足够了，留点时间给指挥官思考问题吧。

⑤ 当不止一个激活的DTC存在时，这个参数组要求使用多包传输参数组来传输报文信息。

类比说明：哨兵张三发现多于一个敌情的时候，则打包报告敌情信息。

用以下3个例子说明DM1传输速度和发送时机，如图5-10所示。

通过查阅J1939协议附录C可知，序号是91的SPN为油门踏板位置参数。

图5-1中例1、例2、例3都有3行图形：

第1行图形是实际发生的SPN91故障状态，分为激活和非激活2种状态。激活状态就是发生了故障的状态，非激活状态就是无故障的状态，图中出现一次方波图形表示发生了一次故障。第2行图形是J1939发送的DM1故障报文，图中出现一次方波图形表示发送一次DM1故障报文。第3行图形是J1939确认的故障状态，也就是说，油门踏板位置先发生故障，然后这个故障被电控单元发现，并整理为标准的DM1故障报文。

(1) 例1中的图形解析

SPN91故障是一个油门踏板位置参数，该参数每秒更新大于一次。当一秒内有多次故障的时候，故障处于激活状态，DM1信息每秒发送一次。也就是说，并不是每个故障的转变(从激活到未激活或者从未激活到激活)都会引起一个SAE J1939故障信息DM1被发送。

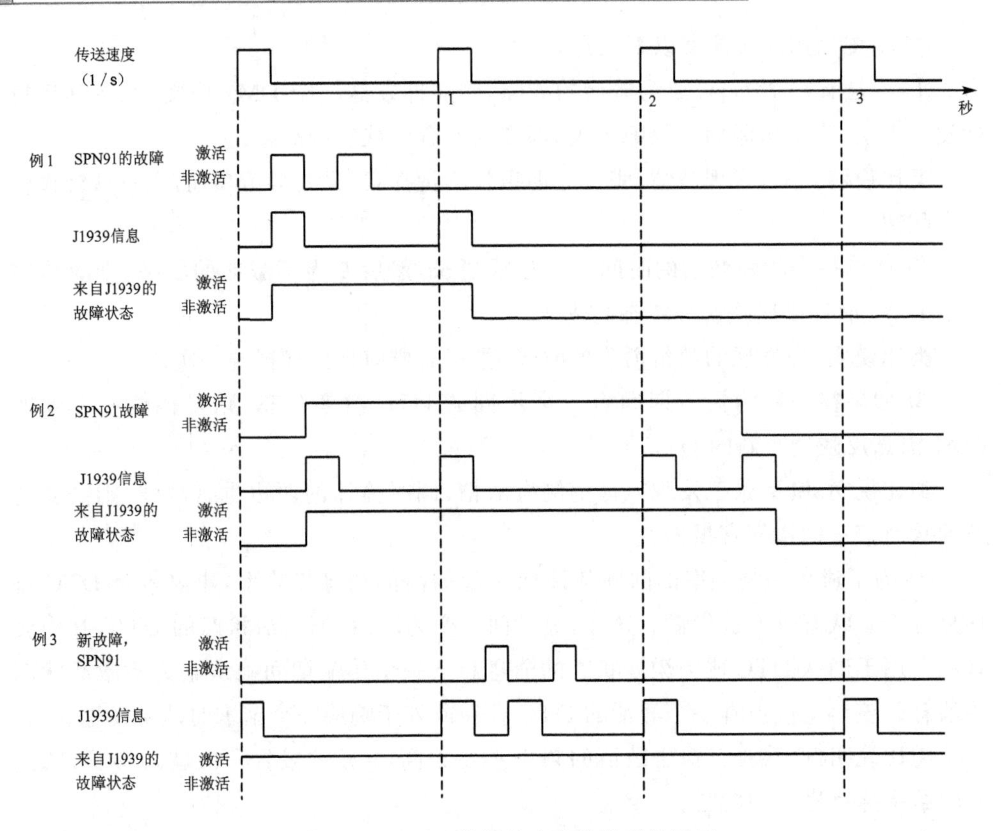

图 5-10 DM1 传播速度和发送时机图示

分析例 1 中的图形,可以获得以下 3 个方面的信息:

第一,SPN91 发生故障时,通过 J1939 发送 DM1 故障报文的时机是在首次发生故障且故障由非激活状态变为激活状态的时候,而不是首次发生故障变为未激活状态或者再次变为激活/未激活状态时候。未激活状态通常每秒更新发送一次(T=1 s)。

第二,即使故障不再变为激活状态,也要求 SAE J1939 信息(DM1 信息)每隔 1 s 发送一次,而实际上 DM1 信息不包括激活状态的故障,这是为了标示之前的故障现在已经消失了。例如:

当不再有任何激活状态的故障时,发动机 #1 电控单元(地址 0X00)发送的 DM1 报文是:

0X88 0X18FECA00 0X00 0XFF 0X00 0X00 0X00 0X00 0XFF 0XFF

假如有其他激活状态的故障,该信息发送时应包括这些故障。

第三,如果例 1 中第 2 行图形中的第 2 个方波表示 SPN92,该方波为当前速度下的负载系数,它和第一个方波表示的 SPN91 是不同的 SPN,应在通常的 1 s 更新的 DM1 信息发送的时间间隔里被优先发送。

如果这个新的 SPN92 或 SPN91 的传输过程都在每秒发送的信息之前,则该信息将不包括它们。也就是说,此时电控单元还没有发现并把它们整理为标准的 DM1

故障报文。所以,此时每秒更新的 DM1 不包括这些故障。

(2) 例 2 中的图形解析

例 2 中的图形显示故障状态能够在每秒间隔时间内发生改变,从而引起发送 2 次 DM1 故障报文:在时刻 0 与时刻 1 之间发送一个 SAE J1939 信息,以显示 SPN91 故障已变为激活状态;在 1 秒和 2 秒的时刻点处,该信息按通常的每秒更新发送一次;在 2 秒与 3 秒间的信息发送时,故障变为未激活状态。这样一来,J1939 信息发送无故障 DM1 报文,例如,当不再有任何激活状态的故障时,发动机#1 电控单元(地址 0X00)发送的 DM1 报文是:

0X88　0X18FECA00　0X00　0XFF　0X00　0X00　0X00　0X00　0XFF　0XFF

(3) 例 3 中的图形解析

例 3 中,第 3 行图形显示已存在激活状态的故障,此时第 2 行图形显示有 SPN91 故障发生了,处于激活状态了,即在 1 s 和 2 s 的时刻点之间发送了将 SPN91 转变为激活状态的 DM1 故障报文;该故障报文包含原来已有激活状态的故障和新的 SPN91 故障报文。

第 1 行图像显示,在 1 s 和 2 s 的时刻点之间的后期,SPN91 故障由激活状态变为非激活状态。这个状态改变后的 DM1 报文将在第 2 秒时刻发送出去,这个报文不包括 SPN91 故障,因为其已经消失;但是第 3 行图形显示,此时还存在其他的激活状态的故障,所以此时的 DM1 报文包含了所有激活状态的故障。需要注意的是,当不止一个激活的故障存在时,这个参数组将会要求使用多包传输参数组传输报文信息。

5.2.2　历史故障代码(DM2)

DM2 报文的作用是被问询的时候,报告已经发生过的故障。DM2 报文只在外部请求时才发送所有先前激活的故障代码(历史故障码),如果历史故障码大于一个,则使用多包传输发送报文。

电子控制模块使用 DM2 通知网络中的其他成员自身的诊断状态,该报文包括了一列诊断代码以及历史故障代码的发生次数。只要该信息发送,它就应包含所有发生次数不为 0 的历史故障代码。

假设是发动机#1 电控单元(地址 0X00)发出的故障信息,历史故障代码 DM2 的报文格式如表 5-11 所列。

表 5-11　DM2 报文格式

优先级	R	DP	PF	PS	SA	数据区(8 字节)				
3 位	1 位	1 位	8 位	8 位	8 位	1	2	3～6	7	8
6	0	0	0XFE	0XCB	0X00 发动机	0X00	0XFF	DTC	0XFF	0XFF

注:1 字节为故障灯状态,故障严重时点亮红灯,一般时点亮淡黄灯,无故障为 00。

历史故障代码 DM2 的报文 ID 是 0X18FECB00，PGN 为 65227。

传送速度：			收到 PGN59904 请求报文后，发送本报文；如果不支持该请求报文，则需要一个 NACK 应答报文。
数据长度：			可变。
数据页面：			0。
PDU 格式：			254。
PDU 指定：			203。
默认优先值：			6。
参数组数编号：			65227(0X00FECB)：
字节：	1	8～7 位；	故障指示灯状态。
		6～5 位；	红色停止灯状态。
		4～3 位；	琥珀色警告灯状态。
		2～1 位；	保护灯状态。
字节：	2	8～7 位；	预留，用来表示 SAE 任务灯状态。
		6～5 位；	预留，用来表示 SAE 任务灯状态。
		4～3 位；	预留，用来表示 SAE 任务灯状态。
		2～1 位；	预留，用来表示 SAE 任务灯状态。
字节：	3	8～1 位；	SPN，SPN 的低 8 位有效位(最高有效位为第 8 位)。
字节：	4	8～1 位；	SPN，SPN 的第 2 个字节(最高有效位为第 8 位)。
字节：	5	8～6 位；	SPN，有效位中的高 3 位(最高有效位为第 8 位)。
		5～1 位；	FMI(最高有效位为第 5 位)。
字节：	6	8 位；	未知参数编号的转化方式。
		7～1 位；	发生次数(注意，发生次数未知时，应将其所有位的数值设为 1)。

举例：故障诊断仪(地址 0X2B)向发动机＃1 电控单元(地址 0X00)发送请求报文，询问其历史故障信息情况。步骤如下：

第一步，故障诊断仪(地址 0X2B)向发动机＃1 电控单元(地址 0X00)发送请求报文。其请求报文帧结构信息如表 5－12 所列，请求报文格式如表 5－13 所列。

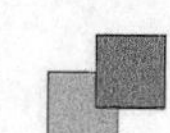

表 5－12　请求报文帧结构信息

位	Bit7	Bit6	Bit5	Bit4	Bit3	Bit2	Bit1	Bit0
含　义	1	RTR	r1	r0	DLC. 3	DLC. 2	DLC. 1	DLC. 0
二进制	1	0	0	0	0	0	1	1
十六进制	0X83							

表 5－13　请求报文格式

优先级	R	DP	PF	PS(DA)	SA	数据区(3 字节)		
3 位	1 位	1 位	8 位	8 位	8 位	1	2	3
6	0	0	0XEA	0X00(发动机＃1 电控单元地址)	0X2B(故障诊断仪)	0XCB	0XFE	0X00

发送的请求报文为：

0X83　0X18　0XEA　0X00　0X2B　0XCB　0XFE　0X00

第二步，发动机＃1 电控单元(地址 0X00)应答请求报文，发送 DM2 历史故障报文，其帧结构信息如表 5－14 所列，报文格式如表 5－15 所列。

表 5－14　响应的 DM2 报文帧结构信息

位	Bit7	Bit6	Bit5	Bit4	Bit3	Bit2	Bit1	Bit0
含　义	1	RTR	r1	r0	DLC. 3	DLC. 2	DLC. 1	DLC. 0
二进制	1	0	0	0	1	0	1	1
十六进制	0X88							

假设发动机历史故障是：机油温度超过正常数值时，SPN 是 175(0XAF)，为发动机机油温度，DTC 为 0X020300AF。其中，FMI＝3，表示机油温度高于正常数值；OC＝2，表示出现过 2 次故障；这时让琥珀警告灯亮。

表 5－15　响应的 DM2 报文格式

优先级	R	DP	PF	PS	SA	数据区(8 字节)				
3 位	1 位	1 位	8 位	8 位	8 位	1	2	3～6	7	8
6	0	0	0XFE	0XCB	0X00 发动机	0X40	0XFF	0XAF 0X00 0X03 0X02	0XFF	0XFF

注：1 字节为故障灯状态，故障严重时点亮红灯，一般时点亮淡黄灯，无故障为 00。

发送的 DM2 报文为：

0X88　0X18FECB00　0X40　0XFF　0XAF　0X00　0X03　0X02　0XFF　0XFF

同理，和发送多个 DM1 报文类似，不止有一个历史故障的时候，也采用多个报文传输协议完成发送任务。例如,发动机#1 电控单元(地址 0X00)发生 2 种类型的历史故障,即发动机机油温度高于正常数值及发动机燃油温度高于正常数值,且均发生 2 次故障,要求红色停止灯点亮。

通过查阅 J1939 协议附录 C 可知,SPN 是 175(0XAF),为发动机机油温度,温度高于正常数值时,其 DTC 为 0X020300AF,FMI=3,表示机油温度高于正常数值;OC=2,表示出现 2 次故障。SPN 是 174(0XAE),为发动机燃油温度,温度高于正常数值时,其 DTC 为 0X020300AE,FMI=3,表示燃油温度高于正常数值;OC=2,表示出现 2 次故障。

首先,发送 BAM 通告报文,PGN 60416,发送的报文为:

0X88　0X1CECFF00　0X20　0X0A　0X00　0X02　0XFF　0XCB　0XFE　0X00

其次,发送 TP.DT 数据报文,PGN 60160,发动机#1 电控单元(地址 0X00)发送的第一包 TP.DT 报文为:

0X88　0X1CEBFF00　0X01　0X10　0XFF　0XAF　0X00　0X03　0X02　0XAE

发动机#1 电控单元(地址 0X00)发送的第 2 包 TP.DT 报文为:

0X88　0X1CEBFF00　0X02　0X00　0X03　0X02　0XFF　0XFF　0XFF　0XFF

这样,发动机#1 电控单元(地址 0X00)通过广播消息将 2 种历史故障报文 DM2 分为 2 个数据包发送出去了。

第三步,假设发动机#1 电控单元(地址 0X00)不支持该请求报文,则需要一个 NACK 应答报文。

NACK 报文的数据长度为 8 字节,其报文的帧结构信息如表 5-16 所列,报文格式如表 5-17 所列。

表 5-16　NACK 报文帧结构信息

位	Bit7	Bit6	Bit5	Bit4	Bit3	Bit2	Bit1	Bit0
含　义	1	RTR	r1	r0	DLC.3	DLC.2	DLC.1	DLC.0
二进制	1	0	0	0	1	0	0	0
十六进制	0X88							

表 5-17　响应的 NACK 报文格式

优先级	R	DP	PF	PS	SA	数据区(8 字节)		
3 位	1 位	1 位	8 位	8 位	8 位	1	2~5	6~8
6	0	0	0XE8	0X2B (故障诊断仪)	0X00 发动机	0X01	0XFF 0XFF 0XFF 0XFF	0XCB 0XFE 0X00 PGN 65227 (0X00FECB)

发动机#1 电控单元发出的完整的 NACK 报文:

0X88　0X18E82B00　0X01　0XFF　0XFF　0XFF　0XFF　0XCB　0XFE　0X00

5.2.3　历史故障码诊断清除/复位(DM3)

DM3 报文的作用是清除历史故障。

当一个控制模块接收到这一参数组的请求报文时,所有历史故障代码都应该清除掉,但是,与激活状态的故障代码有关的诊断数据将不受影响。清除完毕,要求发送一个肯定的确认应答报文;若这个模块不能执行这一参数组的请求,那么就必须发送一个否定的应答报文。

传送速度：　响应 PGN59904 请求报文,如果不支持该请求,则需要一个 NACK 应答;
数据长度：　0;
数据页面：　0;
PDU 格式：　254;
PDU 指定：　204;
默认优先值：　6;
参数组数编号：　65 228(0X00FECC)。

注意,DM3 是一个数据长度为 0 的报文。

举例:故障诊断仪(地址 0X2B)向发动机#1 电控单元(地址 0X00)发送请求报文,希望清除发动机历史故障信息。步骤如下:

第一步,故障诊断仪(地址 0X2B)向发动机#1 电控单元(地址 0X00)发送请求报文。其请求报文帧结构信息如表 5-18 所列,请求报文格式如表 5-19 所示。

表 5-18　请求报文帧结构信息

位	Bit7	Bit6	Bit5	Bit4	Bit3	Bit2	Bit1	Bit0
含　义	1	RTR	r1	r0	DLC.3	DLC.2	DLC.1	DLC.0
二进制	1	0	0	0	0	0	1	1
十六进制	0X83							

表 5-19　请求报文格式

优先级	R	DP	PF	PS(DA)	SA	数据区(3 字节)		
3 位	1 位	1 位	8 位	8 位	8 位	1	2	3
6	0	0	0XEA	0X00(发动机#1 电控单元地址)	0X2B (故障诊断仪)	0XCC	0XFE	0X00

故障诊断仪(地址 0X2B)发送的请求报文为:

0X83　0X18EA00　0X2B　0XCC　0XFE　0X00

第二步，假设发动机＃1 电控单元（地址 0X00）不支持该请求报文，则需要一个 NACK 应答报文。

NACK 报文的帧结构信息如表 5－20 所列，报文格式如表 5－21 所列。

表 5－20 NACK 报文帧结构信息

位	Bit7	Bit6	Bit5	Bit4	Bit3	Bit2	Bit1	Bit0
含　义	1	RTR	r1	r0	DLC.3	DLC.2	DLC.1	DLC.0
二进制	1	0	0	0	1	0	0	0
十六进制	0X88							

表 5－21 响应的 NACK 报文格式

优先级	R	DP	PF	PS	SA	数据区(8 字节)		
3 位	1 位	1 位	8 位	8 位	8 位	1	2～5	6～8
6	0	0	0XE8	0X2B（故障诊断仪）	0X00 发动机	0X01	0XFF 0XFF 0XFF 0XFF	0XCC 0XFE 0X00 PGN 65228 (0X00FECC)

发动机＃1 电控单元发出的完整的 NACK 报文：

0X88　0X18E82B00　0X01　0XFF　0XFF　0XFF　0XFF　0XCC　0XFE 0X00

发动机＃1 电控单元通过上述报文告诉故障诊断仪：我不能按照您的要求，清除所有历史故障信息，原因是不存在历史故障码或者清除不成功。

第三步，假设发动机＃1 电控单元（地址 0X00）支持该请求报文，则需要一个 ACK 应答报文。

ACK 报文的帧结构信息如表 5－22 所列，报文格式如表 5－23 所列。

表 5－22 ACK 报文帧结构信息

位	Bit7	Bit6	Bit5	Bit4	Bit3	Bit2	Bit1	Bit0
含　义	1	RTR	r1	r0	DLC.3	DLC.2	DLC.1	DLC.0
二进制	1	0	0	0	1	0	0	0
十六进制	0X88							

表 5－23 响应的 ACK 报文格式

优先级	R	DP	PF	PS	SA	数据区(8 字节)		
3 位	1 位	1 位	8 位	8 位	8 位	1	2～5	6～8
6	0	0	0XE8	0X2B（故障诊断仪）	0X00 发动机	0X00	0XFF 0XFF 0XFF 0XFF	0XCC 0XFE 0X00 PGN 65228 (0X00FECC)

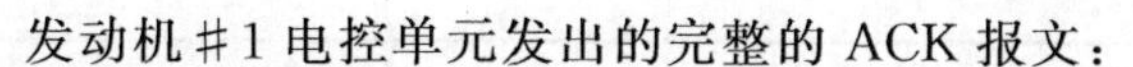

发动机＃1 电控单元发出的完整的 ACK 报文：

0X88　0X18E82B00　0X00　0XFF　0XFF　0XFF 0XFF　0XCC　0XFE 0X00

发动机＃1 电控单元通过上述报文告诉故障诊断仪："我已经按照您的要求，清除了所有历史故障信息。"

一点通：教学过程中，教师一般都会记录学生的平时成绩，以便期末考试参考；突然有一天，教务处通知"学生的期末考试成绩中不再参考其平时成绩，各位教师把学生的平时成绩记录清除吧。"教师有 2 种应答，一是"好的，清除完毕。"二是"我平时就没有记录学生的成绩，或者清除不成功（比如平时成绩记录本暂时找不到了）。"

5.2.4 当前故障码诊断数据清除/复位（DM11）

DM11 报文的作用是清除当前激活状态的故障。

故障诊断仪应该在当前故障得到纠正后发送该指令报文。当一个控制模块接收到这一参数组的请求报文时，则清除掉当前所有故障代码。清除操作完成或者被请求的控制模块内没有当前故障时，控制模块需要发送一个肯定的确认应答报文（ACK）；假如由于某种原因控制模块不能执行该操作，则需要发送一个否定的应答（NACK）。

传送速度：　响应 PGN59904 请求报文，如果不支持该请求，则需要一个 NACK 应答；

数据长度：　0；

数据页面：　0；

PDU 格式：　254；

PDU 指定：　211；

默认优先值：　6；

参数组数编号：　65 235（0X00FED3）。

注意，DM11 是一个数据长度为 0 的报文。

举例：故障诊断仪（地址 0X2B）向发动机＃1 电控单元（地址 0X00）发送请求报文，希望清除发动机当前激活状态的故障信息。步骤如下：

第一步，故障诊断仪（地址 0X2B）向发动机＃1 电控单元（地址 0X00）发送请求报文。其请求报文帧结构信息如表 5－24 所列，请求报文格式如表 5－25 所列。

表 5-24 请求报文帧结构信息

位	Bit7	Bit6	Bit5	Bit4	Bit3	Bit2	Bit1	Bit0
含　义	1	RTR	r1	r0	DLC.3	DLC.2	DLC.1	DLC.0
二进制	1	0	0	0	0	0	1	1
十六进制	0X83							

表 5-25 请求报文格式

优先级	R	DP	PF	PS(DA)	SA	数据区(3 字节)		
3 位	1 位	1 位	8 位	8 位	8 位	1	2	3
6	0	0	0XEA	0X00(发动机#1 电控单元地址)	0X2B (故障诊断仪)	0XD3	0XFE	0X00

故障诊断仪(地址 0X2B)发送的请求报文为：

0X83　0X18EA00　0X2B　0XD3　0XFE　0X00

第二步，假设发动机#1 电控单元(地址 0X00)不支持该请求报文，则需要一个 NACK 应答报文。

NACK 报文的帧结构信息如表 5-26 所列，报文格式如表 5-27 所列。

表 5-26 NACK 报文帧结构信息

位	Bit7	Bit6	Bit5	Bit4	Bit3	Bit2	Bit1	Bit0
含　义	1	RTR	r1	r0	DLC.3	DLC.2	DLC.1	DLC.0
二进制	1	0	0	0	1	0	0	0
十六进制	0X88							

表 5-27 响应的 NACK 报文格式

优先级	R	DP	PF	PS	SA	数据区(8 字节)		
3 位	1 位	1 位	8 位	8 位	8 位	1	2～5	6～8
6	0	0	0XE8	0X2B (故障诊断仪)	0X00 发动机	0X01	0XFF 0XFF 0XFF 0XFF	0XCC 0XFE 0X00 PGN 65235 (0X00FED3)

发动机#1 电控单元发出的完整的 NACK 报文：

0X88 0X18E82B00　0X01　0XFF　0XFF　0XFF　0XFF　0XD3　0XFE 0X00

发动机#1 电控单元通过上述报文告诉故障诊断仪："我不能清除当前激活状态的故障信息。"

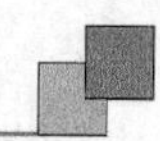

第三步，假设发动机＃1 电控单元（地址 0X00）支持该请求报文，则需要一个 ACK 应答报文。ACK 报文的帧结构信息如表 5－28 所列，报文格式如表 5－29 所列。

表 5－28　ACK 报文帧结构信息

位	Bit7	Bit6	Bit5	Bit4	Bit3	Bit2	Bit1	Bit0
含　义	1	RTR	r1	r0	DLC. 3	DLC. 2	DLC. 1	DLC. 0
二进制	1	0	0	0	1	0	0	0
十六进制	0X88							

表 5－29　响应的 ACK 报文格式

优先级	R	DP	PF	PS	SA	数据区（8 字节）		
3 位	1 位	1 位	8 位	8 位	8 位	1	2～5	6～8
6	0	0	0XE8	0X2B（故障诊断仪）	0X00 发动机	0X00	0XFF 0XFF 0XFF 0XFF	0XD3 0XFE 0X00 PGN 65235（0X00FED3）

发动机＃1 电控单元发出的完整的 ACK 报文：

0X88　0X18E82B00　0X00　0XFF　0XFF　0XFF　0XFF　0XD3　0XFE 0X00

发动机＃1 电控单元通过上述报文告诉故障诊断仪："我已经按照您的要求，清除了当前激活状态的故障信息。"

5.2.5　停帧参量（DM4）

DM4 报文的作用是报告故障发生时的状态，如车速、发动机转速、扭矩等。

停帧的定义：接收到一个诊断故障代码时，控制模块记录该时刻的一系列状态参数。停帧包含要求的参数以及任何一个制造商的专用信息。

一个 ECU 控制器可能有多个停帧，并且每个都包含了一些制造商的专用信息。此时，传输多个停帧需要用多字节报文传输，由前面介绍的多字节传输的具体过程可知，每个故障和包括在该故障信息中所有故障的停帧数据的个数必须在 1 785 个字节内（见 SAE J1939—21 传输协议）。

DM4 诊断报文最适合与排放相关以及动力总成的故障信息，当然，该诊断信息的使用不局限于上述 2 种故障信息。

传送速度：　响应 PGN59904 请求报文，如果不支持该请求，则需要一个 NACK 应答；

数据长度：　可变；

数据页面：　0；

PDU 格式：　254；
PDU 指定：　205；
默认优先值：　6；
参数组数编号：65229(0X00FECD)；

字节：1　停帧长度
字节：2　8～1 位　SPN,SPN 的低 8 位有效位(最高有效位为第 8 位)；
字节：3　8～1 位　SPN,SPN 的第 2 个字节(最高有效位为第 8 位)；
字节：4　8～6 位　SPN,有效位中的高 3 位(最高有效位为第 8 位)；
　　5～1 位　FMI(最高有效位为第 5 位)；
字节：5　8 位　未知参数编号的转化方式；
　　7～1 位　发生次数(当发生次数未知时,应将其所有位的数值设为 1)；
字节：　6　发动机扭矩模式(SPN899,见 SAE J1939－71)；
字节：　7　增压(SPN102,见 SAE J1939－71)；
字节：　8～9　发动机转速(SPN190,见 SAE J1939－71)；
字节：　10　发动机负载百分比(SPN92,见 SAE J1939－71)；
字节：　11　发动机冷却液温度(SPN110,见 SAE J1939－71)；
字节：　12～13　车速(SPN86,见 SAE J1939－71)；
字节：　14～n　制造商专用信息。

14 字节以后的信息是制造商专用的信息,一般首选的是发生故障的时间(年月日时分秒),对应 SPN959～SPN964;发生故障时车辆行驶的总里程,SPN245;各个制造商自己关心的信息(必须与本故障相关,否则,记录不相关的信息毫无意义),各不相同。

假如没有累积的诊断故障代码(激活或先前激活状态),那么响应为：

PGN　＝ 65 229
字节：1　＝ 0
　5～2　＝ 0
　6　＝ 255
　7　＝ 255
　8　＝ 255

举例:假如发动机发生燃油温度过高的故障,SPN 是 174(0XAE),为发动机燃油温度,温度高于正常数值时,其 DTC 为 0X010300AE。其中,FMI＝3,表示燃油温度高于正常数值;OC＝1,表示出现一次故障。

故障诊断仪(地址 0X2B)向发动机＃1 电控单元(地址 0X00)发送请求报文,希望获取其停帧信息(就是发动机燃油温度过高故障时,其他与燃油温度过高相关联的信息)。步骤如下：

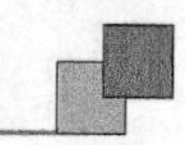

第一步，故障诊断仪(地址 0X2B)向发动机＃1 电控单元(地址 0X00)发送请求报文。其请求报文帧结构信息如表 5－30 所列，请求报文格式如表 5－31 所列。

表 5－30　请求报文帧结构信息

位	Bit7	Bit6	Bit5	Bit4	Bit3	Bit2	Bit1	Bit0
含　义	1	RTR	r1	r0	DLC. 3	DLC. 2	DLC. 1	DLC. 0
二进制	1	0	0	0	0	0	1	1
十六进制	0X83							

表 5－31　请求报文格式

优先级	R	DP	PF	PS(DA)	SA	数据区(3 字节)		
3 位	1 位	1 位	8 位	8 位	8 位	1	2	3
6	0	0	0XEA	0X00(发动机＃1 电控单元地址)	0X2B (故障诊断仪)	0XCD	0XFE	0X00

故障诊断仪(地址 0X2B)发送的请求报文为：

0X83　0X18EA00　0X2B　0XCD　0XFE　0X00

第二步，假设发动机＃1 电控单元(地址 0X00)不支持该请求报文，则需要一个 NACK 应答报文。

NACK 报文的帧结构信息如表 5－32 所列，报文格式如表 5－33 所列。

表 5－32　NACK 报文帧结构信息

位	Bit7	Bit6	Bit5	Bit4	Bit3	Bit2	Bit1	Bit0
含　义	1	RTR	r1	r0	DLC. 3	DLC. 2	DLC. 1	DLC. 0
二进制	1	0	0	0	1	0	0	0
十六进制	0X88							

表 5－33　响应的 NACK 报文格式

优先级	R	DP	PF	PS	SA	数据区(8 字节)		
3 位	1 位	1 位	8 位	8 位	8 位	1	2～5	6～8
6	0	0	0XE8	0X2B (故障诊断仪)	0X00 发动机	0X01	0XFF 0XFF 0XFF 0XFF	0XCC 0XFE 0X00 PGN 65229 (0X00FECD)

发动机＃1 电控单元发出的完整的 NACK 报文：

0X88　0X18E82B00　0X01　0XFF　0XFF　0XFF　0XFF　0XCD　0XFE 0X00

发动机＃1 电控单元通过上述报文告诉故障诊断仪:“我不支持该请求报文!”。

第三步,假设发动机＃1 电控单元(地址 0X00)没有累积的诊断故障代码(激活状态或历史状态),那么响应报文的帧结构信息如表 5－34 所列,报文格式如表 5－35 所列。

表 5－34 无故障信息时响应报文的帧结构信息

位	Bit7	Bit6	Bit5	Bit4	Bit3	Bit2	Bit1	Bit0
含　义	1	RTR	r1	r0	DLC. 3	DLC. 2	DLC. 1	DLC. 0
二进制	1	0	0	0	1	0	0	0
十六进制	0X88							

表 5－35 无故障信息时响应报文格式

优先级	R	DP	PF	PS	SA	数据区(8 字节)				
3 位	1 位	1 位	8 位	8 位	8 位	1	2～5	6	7	8
6	0	0	0XFE	0XCD	0X00 发动机	0X00	0X00 0X00 0X00 0X00	0XFF	0XFF	0XFF

发送的报文是:

0X88　0X18FECD00　0X00　0X00　0X00　0X00　0X00　0XFF　0XFF　0XFF

第三步,假如发动机发生燃油温度过高的故障,报文内容为 13 个字节(就是不包括制造商专用信息)。

通过查阅 J1939 协议附录 C 可知:SPN 是 175(0XAF),为发动机机油温度,温度高于正常数值时,其 DTC 为 0X010300AF。其中,FMI＝3,表示机油温度高于正常数值;OC＝1,表示出现一次故障。

SPN 是 174(0XAE),为发动机燃油温度,温度高于正常数值时,其 DTC 为 0X010300AE。其中,FMI＝3,表示燃油温度高于正常数值;OC＝1,表示出现一次故障。

首先,发送 BAM 通告报文:PGN 60416,如表 5－36 所列。

表 5－36 发动机发生燃油温度过高故障时发送的 TP. CM_BAM 报文

优先级	R	DP	PF	PS	SA	数据区(8 字节)							
3 位	1 位	1 位	8 位	8 位	8 位	1	2～3 总字节数		4	5	6	7	8
7	0	0	0XEC	0XFF	0X00 发动机	0X20	LSB	MSB	数据包总数	保留	8LSB	2_{ND}	8MSB
ID:0X1CECFF00						控制字	0X0D	0X00	0X02	0XFF	0XCD 0XFE 0X00 (DM4 报文)		

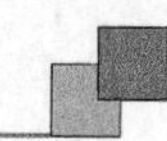

该报文帧结构如表5-37所列。

表5-37 发动机发生燃油温度过高故障时发送的TP.CM_BAM报文帧结构信息

位	Bit7	Bit6	Bit5	Bit4	Bit3	Bit2	Bit1	Bit0
含 义	1	RTR	r1	r0	DLC.3	DLC.2	DLC.1	DLC.0
二进制	1	0	0	0	0	0	1	1
十六进制	0X88							

发送的报文为：

0X88 0X1CECFF 000X20 0X0D 0X00 0X02 0XFF 0XCD 0XFE 0X00

其次，发送TP.DT数据报文PGN 60160，如表5-38～表5-39所列。

表5-38 发动机发生燃油温度过高故障时发送的TP.DT报文1

优先级	R	DP	PF	PS	SA	数据区(8字节)				
3位	1位	1位	8位	8位	8位	1	2	3～6	7	8
7	0	0	0XEB	0XFF	0X00 发动机	0X01 第一包	0X0D 停帧长度	0XAE 0X00 0X03 0X01	发动机扭矩模式	增压

表5-39 发动机发生燃油温度过高故障时发送的TP.DT报文2

优先级	R	DP	PF	PS	SA	数据区(8字节)					
3位	1位	1位	8位	8位	8位	1	2～3	4	5	6～7	8
7	0	0	0XEB	0XFF	0X00 发动机	0X02 第2包	发动机转速	发动机负载百分比	发动机冷却液温度	车速	0XFF

其中，TP.DT报文帧结构如表5-40所列。

表5-40 发动机发生燃油温度过高故障时发送的TP.DT报文帧结构信息

位	Bit7	Bit6	Bit5	Bit4	Bit3	Bit2	Bit1	Bit0
含 义	1	RTR	r1	r0	DLC.3	DLC.2	DLC.1	DLC.0
二进制	1	0	0	0	0	0	1	1
十六进制	0X88							

发动机#1电控单元(地址0X00)发送的第一包TP.DT报文为：

0X88 0X1CEBFF00 0X01 0X0D 0XAE 0X00 0X030X01 发动机扭矩模式增压

发动机#1电控单元(地址0X00)发送的第2包TP.DT报文为：

0X88 0X1CEBFF00 0X02 发动机转速 发动机负载百分比 发动机冷却液温

度 车速 0XFF

注意，当发动机有多个故障停帧信息时，比如本例中燃油温度过高、机油温度过高等，此时，设 a 为停帧长度、b 为所需参数、c 为制造商专用停帧信息，那么，按照如下信息格式发送报文“a,b,c,a,b,c,a,b,c,a,b,c,a,b,c……”。因为报文内容多于 8 个字节，所以会用 SAE J1939－21 的多字节传输协议来发送这些停帧信息。

第6章 摊铺机找平控制系统

通过前面章节的学习，读者对工程机械J1939协议已有了比较系统的了解，本章将以徐工集团摊铺机找平控制系统为例，阐述J1939协议在工程机械上的应用，供读者参考。

摊铺机找平控制系统的研发包括很多内容，如摊铺机自动找平控制理论研究、抗干扰措施设计、算法设计及实现、CAN总线通信系统设计等。篇幅所限，本章主要从开发流程、硬件设计、软件设计方面介绍J1939协议应用，并给出示例代码(均使用C语言编写)，并在Keil MDK5.28上编译调试通过。

6.1 摊铺机找平控制系统功能概述

我国公路的质量与国际先进水平相比有一定的差距，很大一部分原因是路面施工工艺水平不高。摊铺机作为公路施工机械的重要机种，其工作的可靠性与稳定性对路面质量有很大的影响。

摊铺机找平控制系统(如图6-1所示)是保证路面密实性、均匀性、平整度的关键，系统以找平基准线的高度作为输入量，通过PWM输出信号控制液压电磁换向阀，从而实现路面铺设的找平控制。

1. 系统主要功能

摊铺机找平控制系统结合找平油缸、电磁换向阀等机械液压元件实现摊铺机自动找平功能，从找平控制器硬件设计、软件算法和系统匹配等方面提高找平控制器的精度，实现技术先进性和可靠性。

要求：根据不同的路况和路面平整度要求对控制系统进行参数设置，使控制器能够满足不同等级路面施工的需求，具备手动模式和自动模式切换功能、灵敏度设置功

图 6-1　摊铺机找平控制系统施工图(铺设沥青)

能、断电参数存储功能等。

2. 系统参数

摊铺机找平控制系统具体参数如下：

参数名称	参数范围
输入电压	DC 9～32 V
静态精度	0.5 mm
工作温度	－20～＋105℃
抗振性能	加速度 5g,频率 10～100 Hz
分辨率(连传感臂)	0.25 mm
储存温度	－25～＋105℃

6.2　基于 J1939 协议的找平控制系统开发的一般步骤

摊铺机找平控制系统采用 V 型开发模型进行项目开发,该模型基于“开发-验证”思想,如图 6-2 所示,强调开发的协作,追求效率,将方案实现和验证有机地结合起来,有效缩短开发周期。

摊铺机找平控制系统(如图 6-3 所示)主要包括 3 部分:找平仪(如图 6-4 所示)、线控盒和中央控制单元;在 CAN 总线通信方面主要是找平仪与线控盒的采集数据交互,以及它们与中央控制单元间的命令数据交互。完整的项目开发过程内容和步骤较多,与 J1939 协议相关的内容主要有拓扑结构规划、通信协议制定、硬件设计和软件设计,其他方面不再一一阐述。

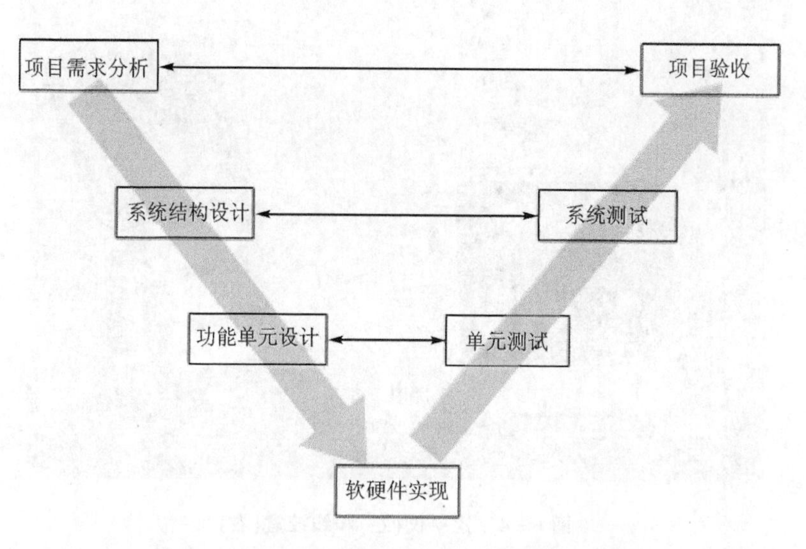

图 6－2　摊铺机找平控制系统开发模型示意图

图 6－3　徐工摊铺机找平控制系统组成

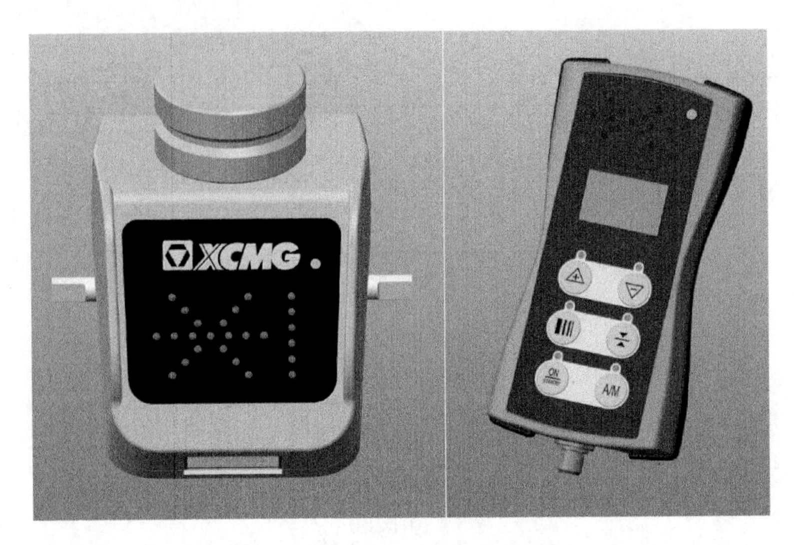

图 6-4 找平仪(左)和线控盒(右)

6.3 拓扑结构规划

拓扑结构是指网络中各个站点相互连接的形式,在 CAN 总线网络中就是指各节点和电缆等的连接形式。较为常用的拓扑结构为直线型拓扑,如图 6-5 所示,该拓扑结构的主要优点是参数匹配容易,方便生产和现场施工。

CAN 总线网络两端必须连接终端电阻才可以正常工作,终端电阻应该与通信电缆的特征阻抗相同,典型值为 120 Ω,其作用是匹配总线阻抗,吸收电缆终端的能量,避免信号反射回总线而产生不必要的干扰,从而提高通信的抗干扰性及可靠性。

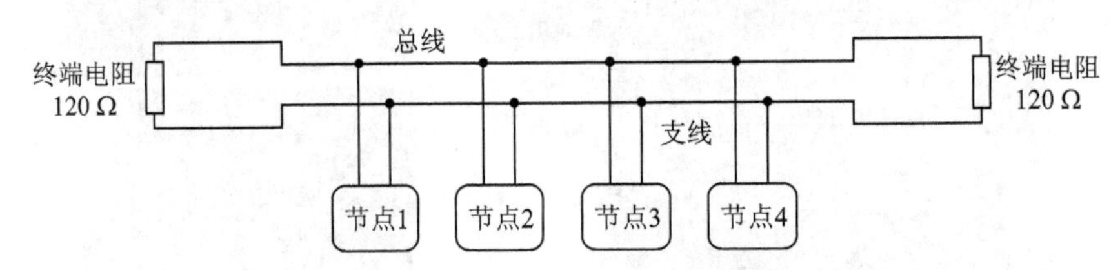

图 6-5 直线型拓扑结构示意图

摊铺机找平控制系统节点数量较少,拓扑结构较为简单,包括中央控制单元、找平仪和线控盒,共 3 个节点,通信速率为 250 kbit/s,如图 6-6 所示。

通常,直线型拓扑结构需要在电缆终端部分各自并联一个 120 Ω 电阻(功率不小于 0.25 W),保证总体阻抗为 60 Ω。

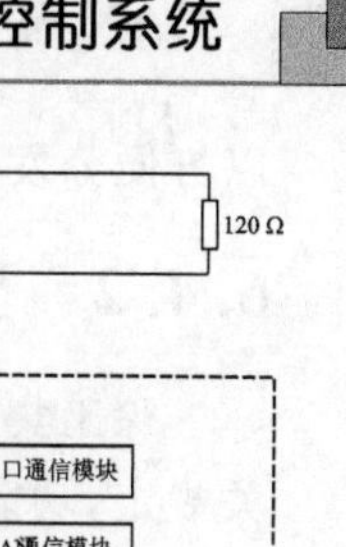

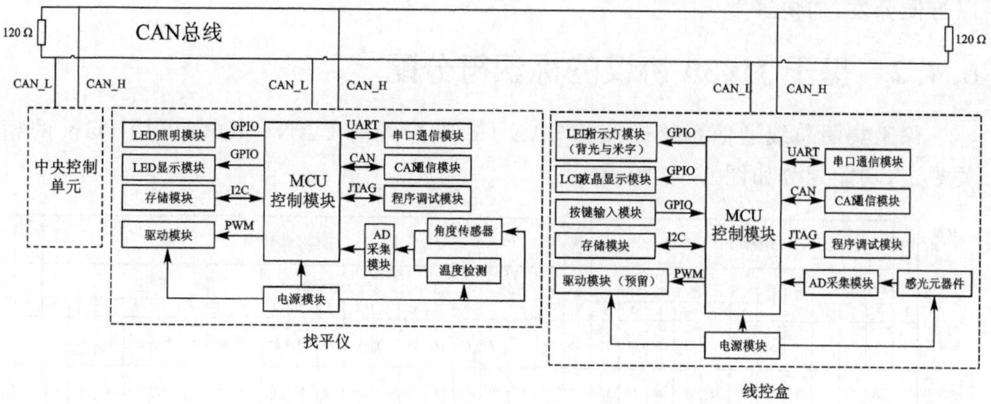

图 6-6　摊铺机找平控制系统拓扑结构示意图

6.4　通信协议制定

CAN 总线应用层为用于通信的应用程序和用于消息传输的底层网络提供接口，通信协议就处于应用层，制定规范、完善的通信协议对 CAN 总线网络的稳定、高效交互十分重要。在通信协议制定方面，徐工集团有具体的企业标准，下面结合徐工集团的标准阐述通信协议的制定过程。

6.4.1　节点命名规则

在制定通信协议时，徐工集团总线通信系统标准要求：首先根据拓扑结构为节点命名，节点命名规则为“设备名称＋节点编号”，如图 6-7 所示。

J1939 协议附录 B 中没有规划摊铺机电控单元地址，为了便于读者理解，这里定义中央控制单元、找平仪、线控盒的节点编号分别为 01、02、03，采用 J1939 协议时，该编号作为节点发送数据帧 CAN-ID 的源地址。

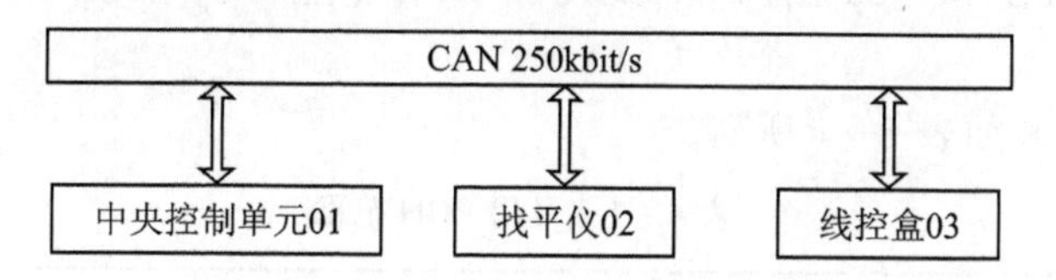

图 6-7　系统节点命名示意图

为了加快项目开发中协同作业的进度、提高效率，徐工集团总线通信系统标准规定了通信协议文件具体格式。每个通信协议文件只描述一个 CAN 网络，每个 CAN 网络只对应一个通信协议文件，不可使用多个文件描述一个网络或一个文件中描述多个网络。文件中每个工作表描述一个节点，工作表名称与节点命名保持一致。每个工作表中详细列出了节点发送和接收的报文，在项目组协同开发或外协加工时可以方便分发,加快进度。

6.4.2 基于 J1939 协议的标识符分配

徐工集团总线通信系统标准和 SAE J1939 中均有 CAN－ID 和可用 PGN 的相关规定,功能划分如图 6－8 所示。

<table>
<tr><td>扩展CAN格式</td><td>SOF</td><td colspan="11">11位标识符</td><td>SRR</td><td>IDE</td><td colspan="18">18位标识符扩展</td><td>RTR</td></tr>
<tr><td rowspan="2">J1939帧格式</td><td rowspan="2">SOF</td><td colspan="3">优先级</td><td rowspan="2">R</td><td rowspan="2">DP</td><td colspan="6">PDU格式(PF)
6位(高位)</td><td rowspan="2">SRR</td><td rowspan="2">IDE</td><td colspan="2">RF
(续)</td><td colspan="8">特定PDU(PS)
(目的地址、群扩展或专用)</td><td colspan="8">源地址</td><td rowspan="2">RTR</td></tr>
<tr><td>3</td><td>2</td><td>1</td><td>8</td><td>7</td><td>6</td><td>5</td><td>4</td><td>3</td><td>2</td><td>1</td><td>8</td><td>7</td><td>6</td><td>5</td><td>4</td><td>3</td><td>2</td><td>1</td><td>8</td><td>7</td><td>6</td><td>5</td><td>4</td><td>3</td><td>2</td><td>1</td></tr>
<tr><td>J1939帧比特位置</td><td>1</td><td>2</td><td>3</td><td>4</td><td>5</td><td>6</td><td>7</td><td>8</td><td>9</td><td>10</td><td>11</td><td>12</td><td>13</td><td>14</td><td>15</td><td>16</td><td>17</td><td>18</td><td>19</td><td>20</td><td>21</td><td>22</td><td>23</td><td>24</td><td>25</td><td>26</td><td>27</td><td>28</td><td>29</td><td>30</td><td>31</td><td>32</td><td>33</td></tr>
<tr><td>CAN29位标识符位置</td><td></td><td>28</td><td>27</td><td>26</td><td>25</td><td>24</td><td>23</td><td>22</td><td>21</td><td>20</td><td>19</td><td>18</td><td></td><td></td><td>17</td><td>16</td><td>15</td><td>14</td><td>13</td><td>12</td><td>11</td><td>10</td><td>9</td><td>8</td><td>7</td><td>6</td><td>5</td><td>4</td><td>3</td><td>2</td><td>1</td><td>0</td><td></td></tr>
</table>

图 6－8　SAE J1939 29 位 CAN－ID 功能划分

参数群编号(PGN)由保留位(R)、数据页位(DP)、PDU 格式域(PF)和组扩展域(PS)组成,其中,R 为 1 位,DP 为 1 位,PF 为 8 位,PS 为 8 位,因此表示 PGN 时需要 3 个字节。具体说明如下:

保留位(R):1 位,所有消息应在传输中将该位置 0。

数据页位(DP):1 位,值为 0 或 1,先分配完页 0 的可用 PGN(DP＝0),才允许分配页 1 的 PGN(DP＝1)。

PDU 格式域(PF):8 位,当 PF 的值≥240 时,为广播消息。

群扩展域(PS):8 位,当 PF 的值≥240 时,PS 取值范围为 0～255。

根据参数群编号进行标识符分配,优先级部分可以采用 J1939 默认优先级,也可以由主机厂自行确定,源地址根据拓扑结构确定,与拓扑结构中的节点编号保持一致。

参数群及参数群编号在 J1939－21 中有详细的描述,参数群编号分配在 J1939 协议的附录 A 中列出。预留给企业自定义使用的有专用 A 和专用 B,其中,DP＝0 或 1,PF＝255,PS＝0～255 的 PGN 为专用 B,各企业可以用此 PGN 段实现自定义功能。

可用的 PGN 如表 6－1 所列。

表 6－1　可用 PGN 范围

<table>
<tr><td rowspan="2">组　号</td><td rowspan="2">名　称</td><td colspan="2">可用 PGN 范围</td><td rowspan="2">备　注</td></tr>
<tr><td>十进制</td><td>十六进制</td></tr>
<tr><td>1</td><td>专用 A</td><td>61184</td><td>0X00EF00</td><td></td></tr>
<tr><td>2</td><td rowspan="2">专用 B</td><td>65280～65535</td><td>0X00FF00～0X00FFFF</td><td></td></tr>
<tr><td>3</td><td>130816～131071</td><td>0X01FF00～0X01FFFF</td><td>组 2 分配完后可用</td></tr>
</table>

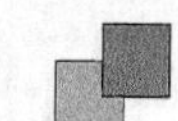

6.4.3 数据格式规定

徐工集团总线通信系统标准要求总线数据采用 Intel 格式(Little-Endian),每帧有效数据长度为 8 字节,在编制通信协议时,命名规则为以 Byte0 开始、以 Byte7 结束,如表 6-2 所列。

表 6-2　字节命名规则

序　号	1	2	3	4	5	6	7	8
字节名称	Byte0	Byte2	Byte3	Byte4	Byte5	Byte6	Byte7	Byte7

每个字节包含 8 位,在编制通信协议时,命名规则为以 bit0 命名开始,以 bit7 结束,如表 6-3 所列。

表 6-3　位命名规则

序　号	1	2	3	4	5	6	7	8
位名称	bit0	bit1	bit2	bit3	bit4	bit5	bit6	bit7

6.4.4 报文发送方式

徐工集团总线通信系统标准推荐 5 种类型的 CAN 报文发送方式,分别为周期型、事件型、使能型、周期事件型、周期使能型,可以根据应用场景和功能的不同自主选择。

1. 周期型

周期型报文以一定的周期 T 发送,不用关注报文中的信号值是否改变。

周期型发送方式最为常见,主要用于需要定时更新的参数报文、心跳报文等。如图 6-9 所示,"开门/关门"信号改变时,报文依然按照周期 T 发送,只是报文内容有变化,与信号发生时刻无关。

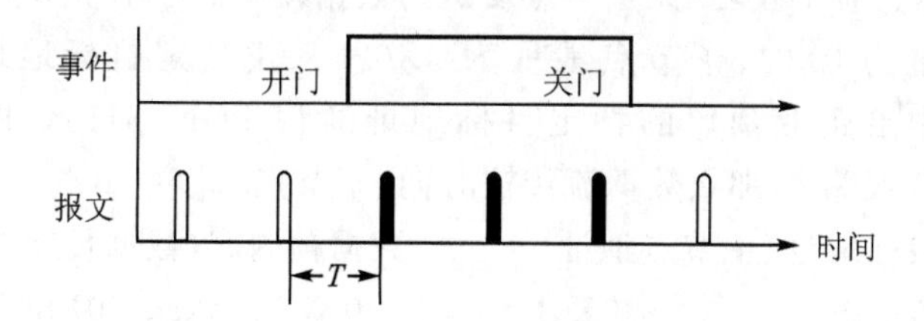

图 6-9　周期型报文发送方式示意图

下面以 2 个节点的简单 CAN 总线网络通信中的心跳报文对周期信号进行说明。顾名思义,心跳报文就是告诉总线上的控制单元:我这个 CAN 总线节点还"活着",就像人活着就有心跳一样。

虽然 CAN 2.0 总线属于无主总线(即总线上的各通信节点都不是主机,谁都可以主动发起通信,同时都可以是从机。这种总线的好处就是哪个节点有情况就可以抢占总线立即申请通信,没事的就闲着),但是可以根据功能或具体需要,在应用层自定义主从关系,与底层机制无关,如 CANopen 协议即为典型的主从连接式通信协议。

例如,一个 CAN 总线网络中只有 2 个节点,分别定义为主节点(可以下发命令)和一个子节点(上报或执行命令),如图 6-10 所示。

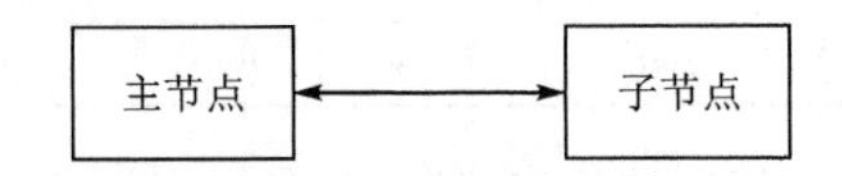

图 6-10　2 个节点构成的简单 CAN 总线网络

这时,主节点可以通过 2 种方式诊断子节点是处于正常通信状态还是故障状态。

方式一:主节点中设置一个定时器,如 2 s,在该定时时间到的时刻,主节点向子节点发送一次询问(可以单独询问子节点的状态,也可以命令子节点上传数据),从询问消息发出开始设定 0.5 s 时间限制;如果 0.5 s 内没有收到子节点的应答,就判定子节点故障。主节点可以通过指示灯闪烁、蜂鸣器鸣叫、屏幕显示信息、停机等方式报警;同样的,子节点中也设置一个定时器,设定 6 s 时间限制,如果 6 s 内没有收到主节点的询问,则判定主节点故障。同样,子节点也可以通过指示灯闪烁、蜂鸣器鸣叫、屏幕显示信息、停机等方式报警。

方式二:主节点在有人值守的情况下,例如,煤矿风机运转状态的监控,主节点一般是有人值守的计算机(主节点通过 CAN 转 USB、串口、PCI 模块连接在计算机上),此时可以不用再通过嵌入式系统判定主节点是否工作正常了。可以让子节点定时(如 0.5 s)向主节点发送一组数据帧,在主节点上设定 1 s 时间限制,如果 1 s 内没有收到子节点的应答,就判定子节点故障。此处 0.5 s 向主节点发送的一组数据帧就是我们常说的心跳信息。

设置心跳信息有个技巧,让子节点发送的数据帧中的一个字节内容要有所变化,假设主节点地址为 0X01,子节点地址为 0X02,采用特定目标地址通信,并使用 J1939-1 协议中给企业预留的特定目标地址通信 PGN:61184,即数据页 DP=0,PF=239;优先级为 6,那么数据流传输方向:子节点⇨主节点。

	目标地址(主节点地址)	数据帧内容(数据长度 3)
第一次	0X01	0X00　0Xaa　0Xbb
第二次	0X01	0X01　0Xaa　0Xbb
第三次	0X01	0X00　0Xaa　0Xbb
第四次	0X01	0X01　0Xaa　0Xbb
第五次	0X01	0X00　0Xaa　0Xbb

数据帧内容中的第一个字节是 0X00 和 0X01 交替出现,假如都是保持 0X00 不

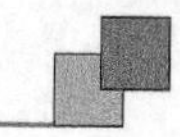

变会有什么麻烦呢?

目标地址(主节点地址)		数据帧内容(数据长度3)
第一次	0X01	0X00　0Xaa　0Xbb
第二次	0X01	0X00　0Xaa　0Xbb
第三次	0X01	0X00　0Xaa　0Xbb
第四次	0X01	0X00　0Xaa　0Xbb
第五次	0X01	0X00　0Xaa　0Xbb

如果某一段时间内CAN总线网络上没有其他的数据传输,只有这些内容不变的心跳信息占满整个显示屏,那么就不容易让人及时判定子节点出现故障了,因为人类有视觉疲劳。

所以,使用心跳信息时,要让子节点发送的数据帧中的一个字节内容有所变化,变化的形式由程序员根据实际情况设定。至于数据帧中的数据长度,只要满足1～8个字节都可以,只是数据长度越大则占用CAN总线网络传输数据的时间越长,这个需要根据项目的实际情况灵活运用。

另外,在设计心跳信息的数据帧内容时,一般采用较少的字节(1～3字节),并设置DLC为有效字节长度。例如,上述例子中数据长度为3字节,在发送前设置DLC=3,这样,在总线数据发送时数据段只传输3个字节,没有使用的5个字节不发送,不占用总线时间。如果DLC仍然为8,即使只有3字节有效数据,数据传输时依然占用了8字节总线时间,比较图6-11和图6-12的不同。

周期型报文的优点是使用简单,定时发送和接收,适用于实时性要求不太高的应用环境。在数据采集(如传感器数据)、传输的过程中,即使某一帧消息丢失,对整个系统也不会产生较大的影响;但是,其缺点也很明显,即使在数据没有改变的情况下,也需要重复发送同样的报文,占用总线带宽。随着周期型报文数量的增加,总线负载率会不断上升。因此,周期型报文主要适用于需要定时发送报文的情况,如心跳报文。

2. 事件型

事件型报文仅在事件触发时被发送一次。事件触发是指报文中的特定信号值发生改变,这些触发报文发送的信号称为触发信号,报文中的其他信号则称为非触发信号。如果报文中包含多个触发信号,则任意一个触发信号的信号值发生改变时,报文必须被发送一次。非触发信号的信号值发生改变时不允许触发报文发送事件。如图6-13所示,“开门/关门”信号为触发信号,当其值发生改变时,报文被发送一次。

假设图中的“开门/关门”信号由节点2(节点地址为0X02)负责采集,发送给节点1(节点地址为0X01)时,采用特定目标地址通信,并使用J1939/21协议中给企业预留的特定目标地址通信PGN段:61184～61439,即数据页DP=0,PF=239,PS=01;开门信号采用0X01表示,关门信号采用0X02表示,在字节0中发送。每次在开

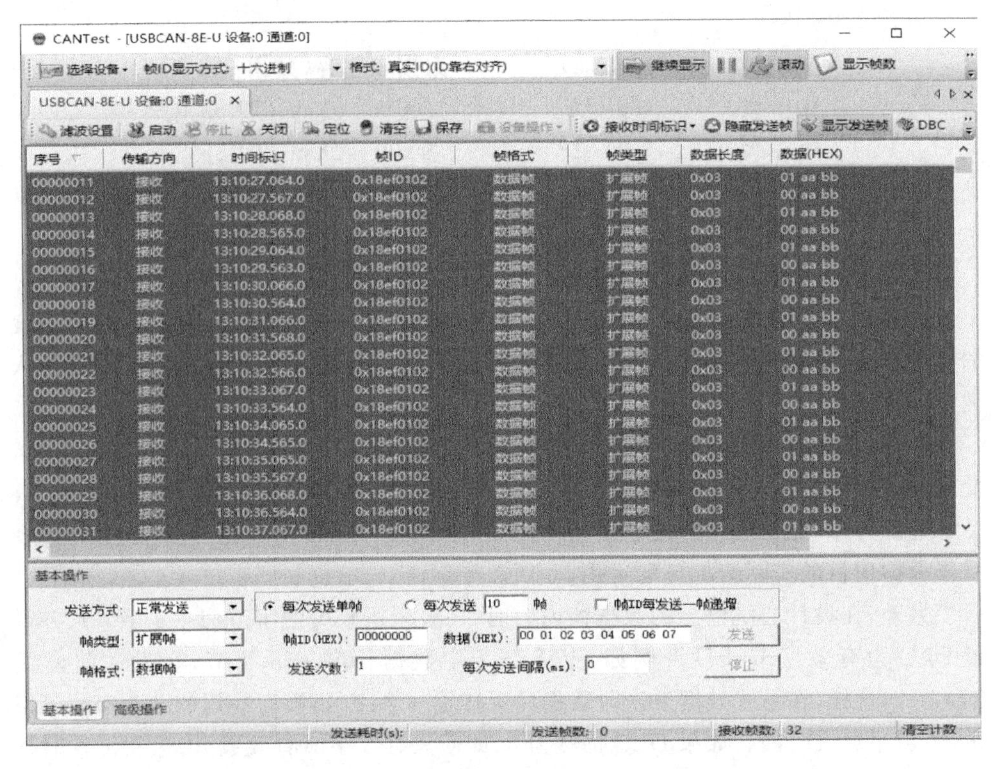

图 6-11 CAN 总线数据传输中的心跳信息(DLC=3)

门/关门事件出现的时刻发送一帧报文,其他时间均不发送报文。在其他 7 字节数据不变的情况下,那么节点 2 发送的数据如下:

	目标地址(主节点地址)	数据帧内容(数据长度 8)
第一次(开门)	0X01	0X01 0X55 0X7a 0Xff 0X00 0Xd5 0X32 0X00
第二次(关门)	0X01	0X02 0X55 0X7a 0Xff 0X00 0Xd5 0X32 0X00
第三次(开门)	0X01	0X01 0X55 0X7a 0Xff 0X00 0Xd5 0X32 0X00

事件型报文的优点:信号不发生改变时不发送报文,有效减少总线报文数量,降低总线负载;缺点:假如事件发生时刻报文接收方没能成功接收到报文,那么就错过了该事件,没有后续报文补救。推荐的事件型报文的最小时间间隔为 5 ms。

3. 使能型

使能型报文在任意一个事件触发时开始周期发送报文,在事件结束后停止发送。

事件触发是指报文中的特定信号值发生改变,这些触发报文发送的信号称为触发信号,报文中的其他信号则称为非触发信号。如果报文中包含多个触发信号,则任意一个触发信号的信号值发生改变时,报文必须被周期发送,直到该触发信号消失。非触发信号的信号值发生改变时,不允许触发报文发送事件。如图 6-14 所示,开门/关门信号为触发信号,当其值发生改变时,报文被周期发送直至开门信号结束。

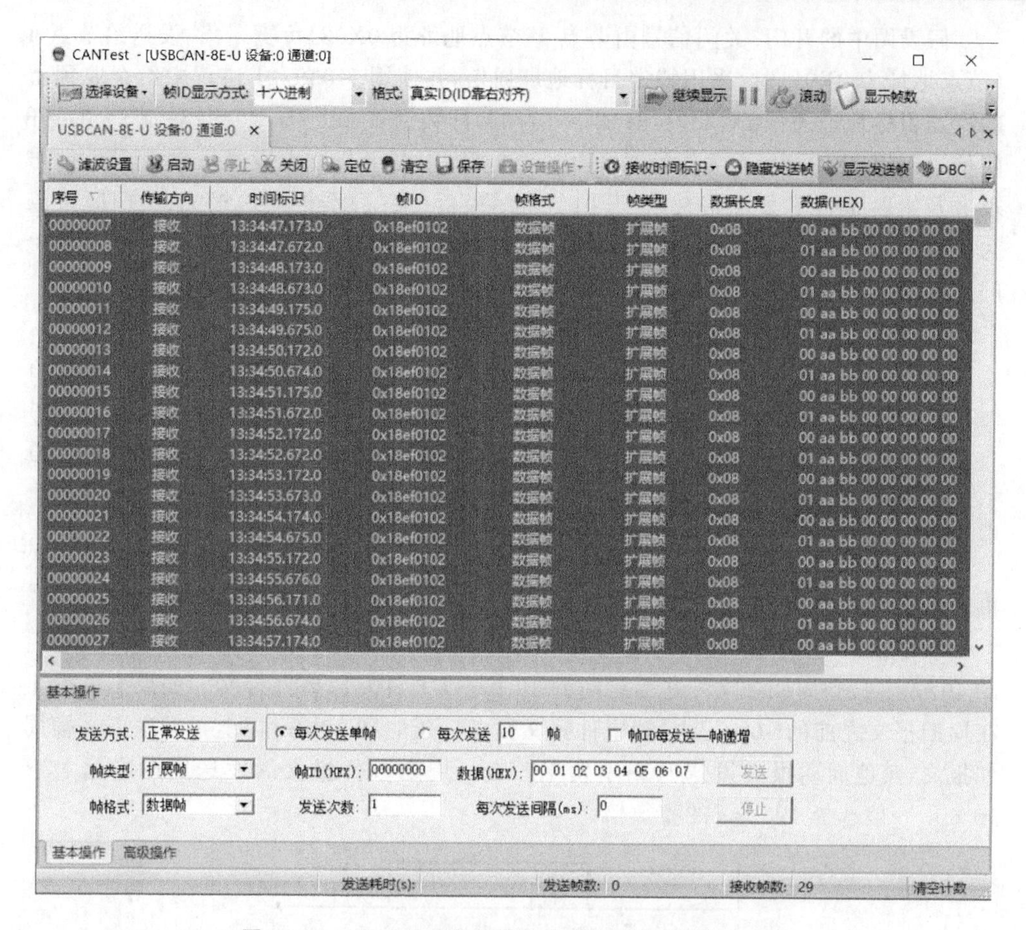

图 6－12　CAN 总线数据传输中的心跳信息(DLC＝8)

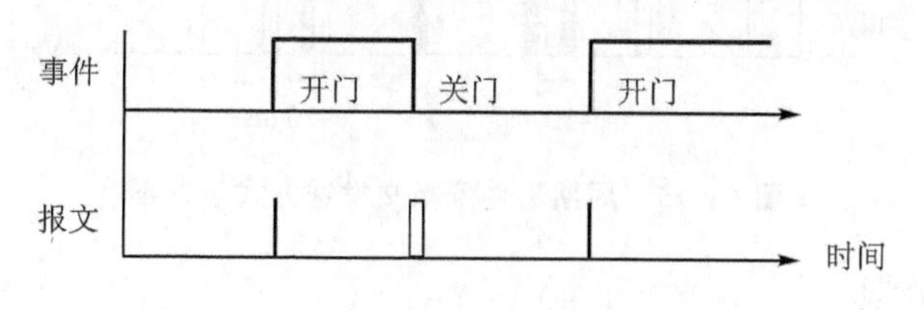

图 6－13　事件型报文发送方式示意图

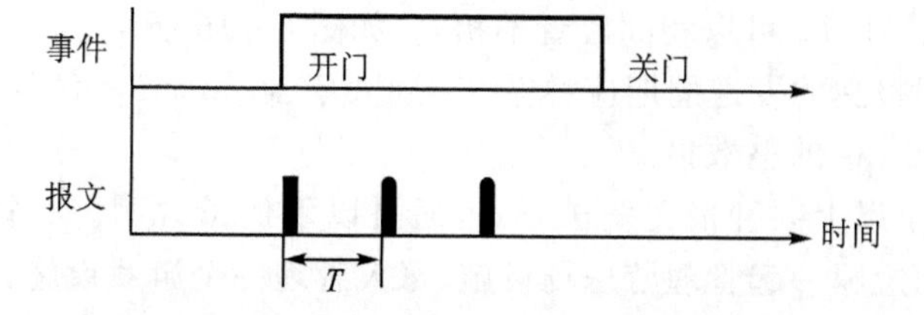

图 6－14　使能型报文发送方式示意图

假设图中的开门/关门信号由节点 2(节点地址为 0X02)负责采集,发送给节点 1(节点地址为 0X01)时,采用特定目标地址通信,并使用 J1939/21 协议中给企业预留的特定目标地址通信 PGN 段:61184~61439,即数据页 DP=0,PF=239,PS=01;开门信号采用 0X01 表示,关门信号采用 0X02 表示,在字节 0 中发送。在开门事件出现后开始以周期 T 发送报文,在开门信号结束后(关门)不再发送报文,关门时可以为了通信的可靠性增加发送一帧关门报文,也可以不发送,开门信号消失后默认已关门。在其他 7 字节数据不变的情况下,那么节点 2 发送的数据如下:

	目标地址(主节点地址)	数据帧内容(数据长度 8)
第一次	0X01	0X01 0X55 0X7a 0Xff 0X00 0Xd5 0X32 0X00
第二次	0X01	0X01 0X55 0X7a 0Xff 0X00 0Xd5 0X32 0X00
第三次	0X01	0X01 0X55 0X7a 0Xff 0X00 0Xd5 0X32 0X00

4. 周期事件型

周期事件型报文以一定的间隔时间 T 发送,当事件触发时,在周期报文中插入事件报文,如图 6-15 所示。

事件报文与周期报文的间隔时间不小于 10 ms。如果事件发生在周期报文之后的 10 ms 内,则周期报文发送后延时到 10 ms 以上再发送事件报文。如果事件发生在周期报文之前的 10 ms 内,则事件报文发送后延时到 10 ms 以上再发送下一帧周期报文,其他周期报文发送时刻不发生改变。周期事件报文的发送周期应远大于 10 ms,一般选择 100 ms 的整数倍。

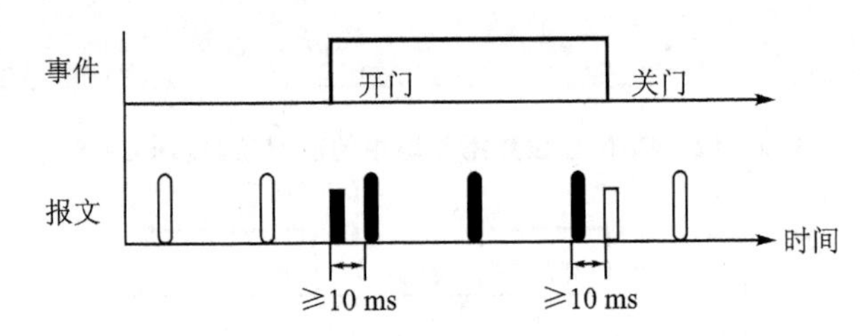

图 6-15　周期事件型报文发送方式示意图

5. 周期使能型

周期使能型报文在事件触发前按照周期 T_1 发送报文,在事件触发后按照周期 T_2 发送报文,T_1 和 T_2 可以相同或者不相同,如图 6-16 所示。

周期使能型报文的发送周期应遵循 T_1 远大于 10 ms、T_2 不小于 5 ms 的原则,T_1 一般选择 100 ms 的整数倍。

一点通:对于以上 5 种报文发送方式,通过以下例子说明。4 个小朋友张三、李四、王二麻子、刘短腿一起管理游乐场设施,每人管理一个游戏设施,并使用对讲机通信,每个人分别记录所有人的数据情况,当天工作结束后报给游乐场领导,工作做不好就没有糖吃。对讲机与 CAN 总线十分类似,都是无主通信(4 个小朋友无论谁想

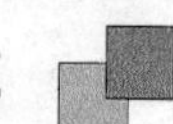

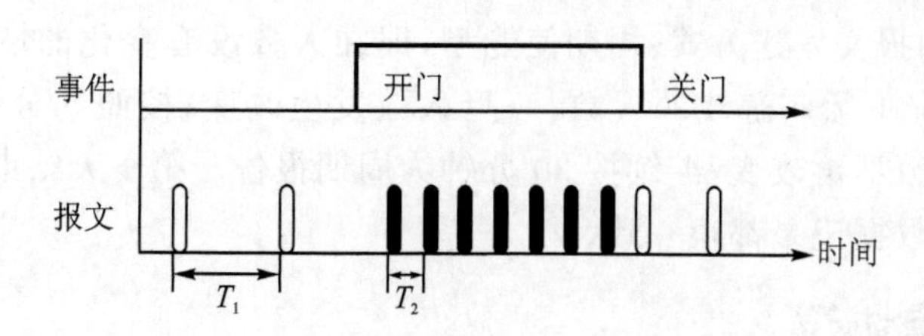

图 6-16　周期使能型报文发送方式示意图

要讲话时都可以按下按钮开始讲话），都支持广播（其他 3 个小朋友都可以听见），都需要设置为相同的通信参数（CAN 的波特率和对讲机的频段），都需要通过竞争占用总线使用权（谁先按下谁可以先说话，其他人需要等待），那么 5 种报文发送方式分别对应以下通信情况，优缺点及适用场景一目了然。

(1) 周期型

第一天，4 个小朋友约定采用周期型报文发送方式进行通话，每个小朋友每 5 分钟负责给其他人报告一次“当前在玩该游戏的人数”，因此需要按周期按下按钮占用对讲机频道说话，其他小朋友回答：收到（应答）；同时，每个小朋友要以 30 分钟的周期按下按钮说一句：我在（心跳信号）。第一天结束，每个小朋友在人数没有改变的时候和没有人玩游戏的时候都需要不停报告，虽然数据都很准确，但是累得再也不想这么通话了，4 个小朋友都很不开心。

(2) 事件型

第 2 天，在吸取了第一天的教训以后，张三、李四、王二麻子、刘短腿决定采用事件型报文发送方式通话，每个小朋友在人数不改变的时候不报告，人数改变时报告一次（触发事件为人数改变）；同时，每个小朋友要以 30 分钟的周期按下按钮说一句：我在（心跳信号）。第 2 天结束，每个小朋友很轻松地完成了任务，都很开心，但是结果数据不够准确，有人贪玩了，漏听数据，从而导致 4 个人的记录不一致，4 个小朋友都很不开心。

(3) 使能型

第 3 天，4 个小朋友改用使能型报文发送方式通话，在没有人玩游戏的时候不报告；在有人玩的时候，每个小朋友每 5 分钟给其他人报告当前在玩该游戏的人数（触发事件是有人玩）；同时，每个小朋友要以 30 分钟的周期按下按钮说一句：我在（心跳信号）。第 3 天结束，小朋友们顺利地完成了任务，不是很累，质量也不错，吃到了糖。但是，在人数变化的时刻记录得不太准确，4 份记录还是有差异。

(4) 周期事件型和周期使能型

第 4 天，4 位小朋友总结前面 3 天的经验和教训，结合周期型、事件型、使能型的优点，张三和李四提出使用周期型和事件型相结合的报文发送方式：周期事件型，即在人数没有变化的情况下，以 30 分钟为周期报告当前在玩该游戏的人数，一旦人数发生改变，在改变发生时立即报告最新人数；王二麻子和刘短腿提出了使用周期型和使能型相结合的报文发送方式：周期使能型，即在人数没有变化的情况下以30分钟为周期报告当前在玩该游戏的人数，一旦人数发生改变，按照5分钟为周期报告3次，此时如果人数不再改变，继续按30分钟为周期报告。第4天结束，小朋友们轻松地完成了任务，数据记录都很一致。

6.4.5 通信协议

徐工集团总线通信系统标准推荐的通信协议格式中，每个数据帧的描述都使用了17项信息项，此处摘取较为重要的9项，如表6-4所列。

表6-4 用于描述协议的信息项含义

序号	名称	说明
1	索引	报文序号，项目开展过程中便于查找和交流
2	CAN-ID	CAN总线的标识符，J1939协议采用29位标识符
3	发送方式	根据6.4.4小节内容选择，共5种
4	功能名称	报文数据所代表的具体功能的名称
5	起始位	数据在数据帧中的位置，位置范围为0.0～7.7，个位数字代表Byte序号，十分位数字代表bit序号
6	长度	数据长度，单位为bit
7	数据解析	数据代表的具体含义
8	发送/接收	该报文为节点发送的报文或接收的报文
9	备注	其他需要说明的事项，如分辨率、偏移量、单位等

表6-5中给出的是摊铺机找平控制系统中找平仪的通信协议，根据6.4.1小节中的节点划分可知，找平仪的源地址为02。

表6-5 摊铺机找平仪通信协议

索引	CAN-ID	发送方式	功能名称	起始位	长度bit	数据解析	发送/接收	备注
1	0X18FF2002	周期型	心跳信号	0.0	8	0X55：心跳信号	发送	广播消息
2	0X18EA0102	事件型	请求认证	0.0	24	0X11 0XFF 0X00：3字节认证请求数据	发送	请求消息
3	0X18EA0302	事件型	请求认证	0.0	24	0X31 0XFF 0X00：3字节认证请求数据	发送	请求消息

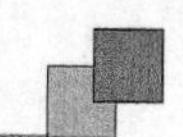

续表 6-5

索引	CAN-ID	发送方式	功能名称	起始位	长度/bit	数据解析	发送/接收	备注
4	0X08FF2202	周期事件型	当前运行模式	0.0	8	0X00:待机 0X01:灵敏度设置 0X02:手动模式 0X04:自动模式 0X08:控制范围调整 0X10:高级参数预设 0X20:高级参数设置 其他:预留	发送	广播消息
			当前灵敏度	1.0	8	0X01～0X0a:当前灵敏度值		
			相对调整高度	2.0	16	相对用户0基准调整高度		分辨率0.1 mm
			相对高度	4.0	16	相对用户0基准高度		分辨率0.1 mm
			设备类型	6.0	8	0X01:转角 0X02:超声梁 0X04:平衡梁		
			保留位	7.0	8	保留		
5	0X08FF2302	周期型	指示灯状态	0.0	4	0X00:向上箭头亮 0X01:向上箭头闪 0X02:向上箭头闪中间亮 0X03:中间亮 0X04:向下箭头闪中间亮 0X05:向下箭头闪 0X06:向下箭头亮 0X07:所有灯闪 0X08:无效状态	发送	广播消息
			预留	0.4	3	预留		
			指示灯当前状态	0.7	1	0:当前时刻点亮 1:当前时刻熄灭		
			PWM输出方向	1.0	1	0:上升 1:下降		
			预留	1.1	7	预留		
			PWM信号大小	2.0	16	数据范围0～500(2 Hz), 0～333(3 Hz)		单位ms
			找平仪内部温度	4.0	8	数据范围0～140		单位℃ 偏移量－40
			故障报警信息	5.0	8	0X00:无故障 0X01:超电压(大于30 V) 0X02:欠电压(小于22 V) 0X04:过电流(大于3 A) 0X08:电位器故障 0X10:相对高度设置超限 其他:预留		
			AD采样值	6.0	16	数据范围0～4 095		

续表 6-5

索引	CAN-ID	发送方式	功能名称	起始位	长度 bit	数据解析	发送/接收	备注
6	0X18FF1001	周期型	心跳信号	0.0	8	0X55:心跳信号	接收	广播消息
7	0X18FF1101	事件型	认证数据响应	0.0	64	8字节认证响应数据	接收	响应消息
8	0X08EF0201	事件型	停机指令	0.0	24	根据停机对象确定	接收	命令消息
9	0X18FF3003	周期型	心跳信号	0.0	8	0X55:心跳信号	接收	广播消息
10	0X18FF3103	事件型	认证数据响应	0.0	64	8字节认证响应数据	接收	响应消息
11	0X08FF3203	周期事件型	当前运行模式	0.0	8	0X00:待机 0X01:灵敏度设置 0X02:手动模式 0X04:自动模式 0X08:控制范围调整 0X10:高级参数预设 0X20:高级参数设置 其他:预留	接收	广播消息
			手动模式方向	1.0	2	0X01:手动模式上升 0X02:手动模式下降		

中央控制单元、找平仪、线控盒的节点编号分别为01、02、03;采用J1939协议中给企业预留的PGN段,PGN=65280~65535,即数据页DP=0,PF=255,PS=0~255。表5-5中的部分CAN_ID设置说明如下:

① 0X18FF2002报文地址说明(发送):

名称	优先级	PGN (65312, 0X00FF20)				源地址
	P	EDP	DP	PF	PS	SA
位数	3	1	1	8	8	8
数据	110(二进制)	0(二进制)	0(二进制)	0XFF	0X20	0X02 (找平仪地址)

② 0X18FF1001报文地址说明(接收):

名称	优先级	PGN (65296, 0X00FF10)				源地址
	P	EDP	DP	PF	PS	SA
位数	3	1	1	8	8	8
数据	110(二进制)	0(二进制)	0(二进制)	0XFF	0X10	0X01(中央控制单元地址)

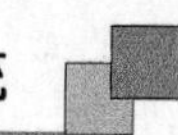

③ 0X08FF3203 报文地址说明(接收)：

名　称	优先级	PGN (65330，0X00FF32)				源地址
	P	EDP	DP	PF	PS	SA
位　数	3	1	1	8	8	8
数　据	010(二进制)	0(二进制)	0(二进制)	0XFF	0X32	0X03 (线控盒地址)

6.4.6　消息类型

消息是一个或多个具有相同参数组编号(Parameter Group Number，PGN)的CAN数据帧。J1939协议目前共支持5种类型的消息，分别为命令、请求、广播/响应、确认和组功能。消息的具体类型可由其分配的参数组编号识别。

1. 命令消息

命令类型的消息是指那些从某个源地址向特定目标地址或全局目标地址发送命令的参数组。目标地址接收到命令类型的消息后，应根据接收到的消息采取具体的动作。PDU1格式(PS为目标地址)和PDU2格式(PS为组扩展)都能用作命令。命令类型的消息例子有传动控制、地址请求、扭矩/速度控制等。

在摊铺机找平系统中，中央控制单元向找平仪发送的停机指令属于命令类型消息，见表6-5通信协议表格中序号8，其采用PDU1格式，消息ID为0X08EF0201，数据段为指定数据0X05 0X02 0X01(自定义)，该消息ID表明中央控制单元地址为0X01(SA＝0X01)，PF＝0XEF，PS＝0X02，优先级为2，保留位为0，数据页位为0；数据段0X05代表为命令数据，0X02代表为接收命令的节点地址，0X01代表停机；优先级为2表示该命令消息的优先级很高。找平仪收到命令消息后，需要向总线发送确认消息。

2. 请求消息

请求类型的消息提供了从全局范围或从特定目标地址请求信息的能力。对特定目标地址的请求称为指向特定目标地址的请求(PGN 59904)。消息传送者的请求是指向特定目标地址还是全局目标地址决定了请求的类型。

对于主动提供的消息，传送者能通过使用长于8字节的PDU1 PGN和PDU2 PGN消息选择将其发送至特定目标地址还是全局目标地址。对于PDU2 PGN，消息长度小于等于8字节时，传送者只能在全局范围内发送数据。

对于特定目标地址的请求，目标地址必须做出响应。对请求的响应取决于该PGN是否被支持。若支持，响应设备会发送被请求的信息。若确认PGN是正确的，则控制字节置0或2或3；若不支持该PGN，则响应设备会发送控制字节值为1的确认PGN，作为否定应答(具体见确认消息)。有些PGN是多包的，因此一个单帧请求的响应可能有多个CAN数据帧响应。

注意，如果是全局请求，则当一个节点不支持某个 PGN 时，不能发出 NACK 响应。

在摊铺机找平系统中，找平仪分别向中央控制单元和线控盒发送认证请求消息，见表 6－5 通信协议表格中序号 2 和序号 3：

序号 2 消息 ID 为 0X18EA0102，该消息 ID 表明找平仪地址为 0X02(SA＝0X02)，中央控制单元地址 0X01(PS＝0X01)，PF＝0XEA，优先级为默认优先级 6，保留位为 0，数据页位为 0；数据段为 0X11 0XFF 0X00，表明需要发送的 PGN 为 0X00FF11。

序号 3 消息 ID 为 0X18EA0302，该消息 ID 表明找平仪地址为 0X02(SA＝0X02)，线控盒地址 0X03(PS＝0X03)，PF＝0XEA，优先级为默认优先级 6，保留位为 0，数据页位为 0；数据段为 0X31 0XFF 0X00，表明需要发送的 PGN 为 0X00FF31。

序号 2 和序号 3 的请求消息必须有响应消息，因此，中央控制单元和线控盒接收该请求后，分别回复序号 7 和序号 10 的认证数据响应。

3. 广播/响应消息

此消息类型可能是某设备主动提供的消息广播，也可能是命令或请求的响应。

在摊铺机找平系统中，广播消息占比最大，见表 6－5 通信协议表格备注部分，下面以找平仪发送的周期事件型报文(表 6－5 序号 4)为例说明。消息 ID＝0X08FF2202，表明找平仪地址为 0X02(SA＝0X02)，PF＝0XFF，PS＝0X22，优先级设置为 2，保留位为 0，数据页位为 0；该报文优先级很高，主要是因为该报文为采集的节点重要数据，需要高优先级在仲裁中保持优势，保证实时性。

4. 确认消息

确认 ACK 有两种形式：

第一种是 CAN 协议规定的，它由一个帧内确认 ACK 组成，用来确认一个消息已被至少一个节点接收到；CAN 2.0 均支持这种确认形式，它由硬件芯片实现，不需要软件操作。另外，如果没有出现 CAN 出错帧，消息将被进一步确认。不出现出错帧表明所有其他的开启上电并连接在总线上的设备都正确地收到了此消息。

第二种形式的确认 ACK 由应用层规定，由软件实现。J1939 规定了这种确认形式(PGN 59392)，确认消息使用的参数数据范围与数据段字节 1～8 的内容如表 6－6 所列。

表 6－6 确认 ACK 数据域

字节号	0	1	2	3	4	5	6	7
肯定确认	0	组功能值	FF	FF	FF	PGN 低字节	PGN 中间字节	PGN 高字节
否定确认	1	组功能值	FF	FF	FF	PGN 低字节	PGN 中间字节	PGN 高字节
拒绝访问	2	组功能值	FF	FF	FF	PGN 低字节	PGN 中间字节	PGN 高字节
无法响应	3	组功能值	FF	FF	FF	PGN 低字节	PGN 中间字节	PGN 高字节

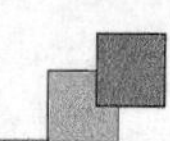

其中，字节0为位控制字节，取值范围为0～3，4～255保留，目前没有定义；字节1组功能值取值范围为0～255，组功能可以不使用，此时置为FF；字节2～4为保留字节，默认置为FF；字节5～7为PGN。拒绝访问表示PGN支持但被拒绝，无法响应表示PGN支持但是ECU忙无法立刻响应，稍后重新请求数据。

在摊铺机找平系统中，中央控制单元向找平仪发送停机指令，具体见命令消息部分。命令消息中提到的找平仪需要发送应答消息，具体内容为ID＝0X18e8ff02，数据段为00ff ff ff ff 00 ef 00，数据段首字节0X00表示一个肯定确认，优先级为6，保留位为0、数据页位为0、PF为232、目标地址0Xff、源地址0X02。

5. 组功能消息

这种类型消息用于特殊功能组(如专用功能、网络管理功能、多包传输功能等)。每个组功能由其PGN识别。使用专用组功能可以消除在传输专用消息时不同制造商之间使用CAN标识符造成的冲突，必要时，也为使用专有消息的接收和辨识提供了一种方法。如果J1939标准中定义的消息不够用，则可以自行规定组功能的请求、ACK和(或)NACK机制。

使用PGN 59904请求能够检查目标地址是否支持某消息类型的特定参数组或组功能。若支持，则响应设备发送确认PGN，其中控制字节值为0(肯定确认)或2(拒绝访问)或3(不能应答)；若不支持，则响应设备发送确认PGN，其中控制字节值为1(否定确认)。

6.5　摊铺机找平仪硬件电路设计

徐工摊铺机找平仪为已量产产品，目前已在天津、内蒙、河南等多个道路铺设工程中使用，取得了较好的效果，得到了用户的好评，电路实物图片如图6-17所示。

6.5.1　硬件电路实现的功能

找平仪硬件电路以MCU为核心，MCU型号为STM32F407VGT7TR，主要模块有电源模块、AD采集模块、CAN通信模块、驱动模块、串口通信模块等，如图6-18所示。

硬件电路实现的功能和实现过程如下：

- 找平仪A/D采集模块采集角度传感器信号；
- 测量当前温度，对角度传感器信号进行温度补偿；
- 经软件算法滤波、计算处理后，输出相应占空比的PWM信号；
- 驱动模块根据PWM信号生成电磁换向阀的驱动信号；
- 通过调平油缸来调整牵引臂，同时调整角度传感器的输出值，形成闭环。

图 6-17　找平仪硬件电路实物图

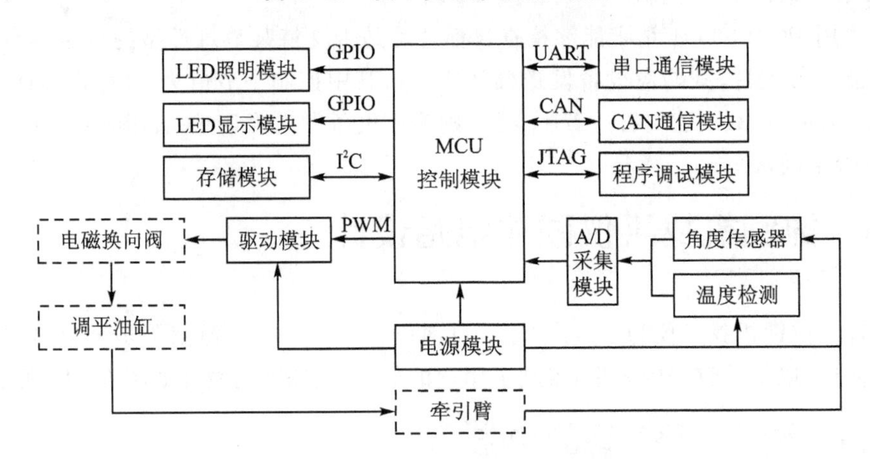

图 6-18　找平仪硬件电路架构示意图

通过以上闭环控制方式实现了根据基准高度对铺设路面高度的调整，从而达到找平的目的。

6.5.2　硬件电路的构成

1. 单片机最小系统

单片机选择 STM32F407VGT7TR，其采用 ARM Cortex-M4 的 32 位 RISC 内核，最大主频 168 MHz，工作电压范围为 1.8～3.6 V，LQFP100 封装，支持 2 路 CAN 总线（CAN 2.0A/CAN 2.0B）。

单片机最小系统如图 6-19 所示，采用外部复位电路，芯片型号为

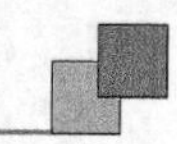

MAX6316LUK29CY－T。其中，L 表示复位输出是推挽输出，低电平有效；29 表示复位门限电压为 2.9 V；C 表示复位周期是 200 ms；Y 表示看门狗超时周期是 1.6 s；T 表示无铅。

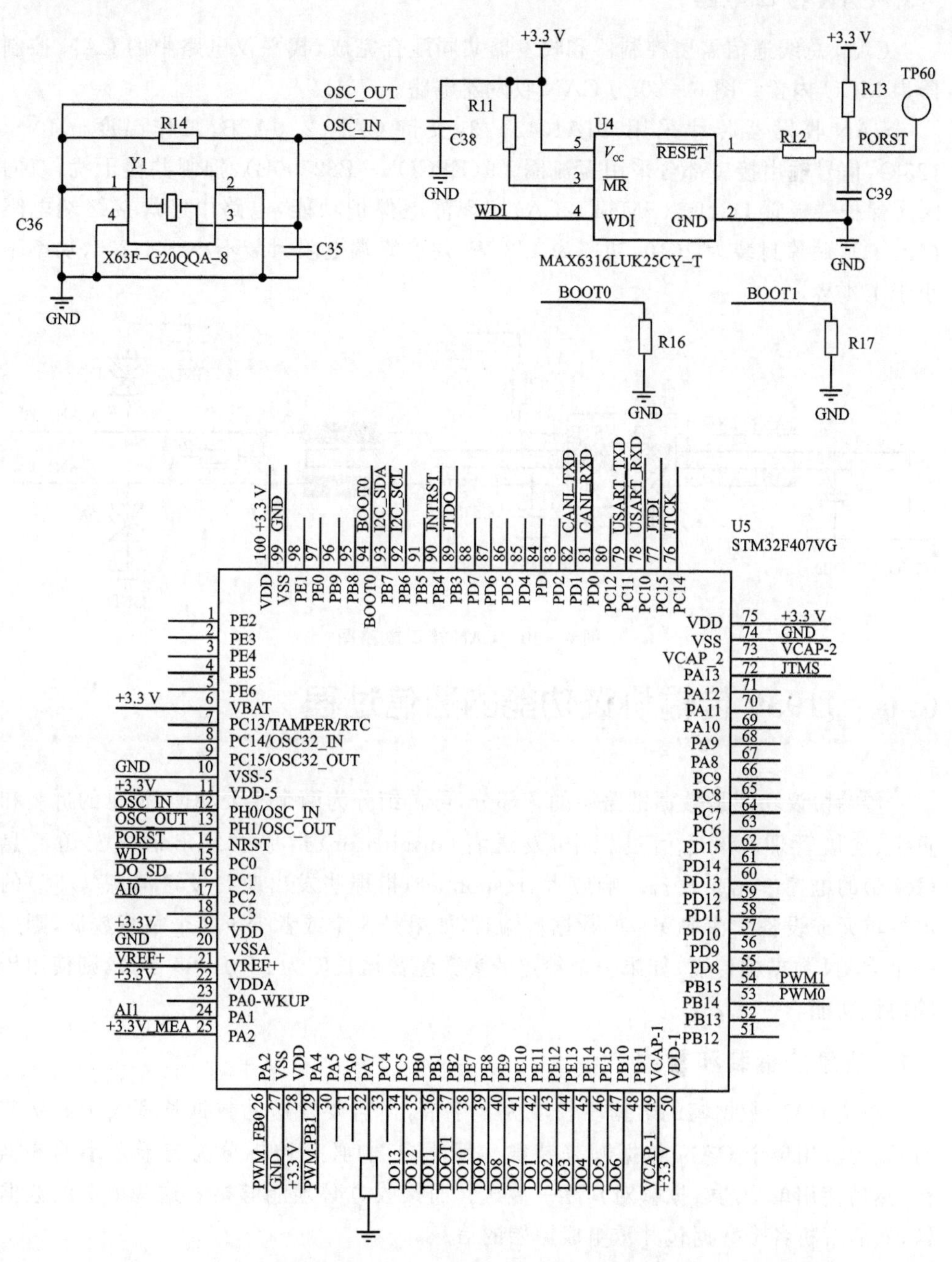

图 6－19　单片机最小系统电路图

单片机最小系统采用北京晶宇兴科技的8 MHz晶体振荡器,型号为X63F-Q20SSA-8。

2. CAN接口电路

CAN总线通信需要控制器和收发器共同配合完成,找平仪电路中的CAN控制器为MCU内置。图6-20为CAN收发器电路。

CAN收发器芯片采用TJA1042T/3,支持CAN 2.0A/B,工作温度-40~125℃,信号输出接口部分采用扼流圈L9(EPCOS-B82790B),抑制共模干扰;双向瞬态保护二极管D5、D6(SM6T12CA)实现静电保护功能,电路中已焊接终端电阻(120 Ω),贴片封装为2010,功率为1/2 W,建议终端电阻封装不小于1 206,功率不小于1/4 W。

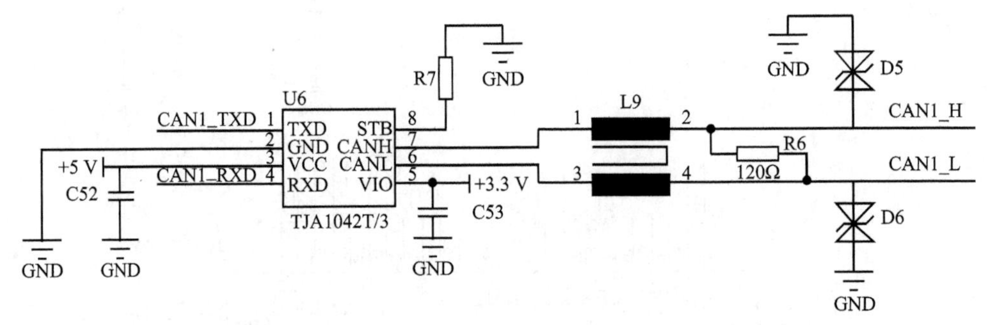

图6-20 CAN接口电路图

6.6 J1939传输协议功能的通信过程

传输协议功能是数据链路层的一部分,可再细分为两个主要功能:消息的拆装和重组、连接管理。该通信过程中,发送者(originator)指那些发出请求发送消息(RTS)的电控单元或设备。响应者(responder)指那些发出应答发送消息(CTS)的电控单元或设备。在J1939的数据传输时,如果是8个或者少于8个字节数据,则用一个CAN数据帧传输;如果一个给定的参数组数据长度为9~1 785字节,则使用传输协议功能。

1. 消息的拆装和重组

单个CAN数据帧的数据段长度为8字节,当需要发送的数据长度大于8字节时,则无法用单个CAN数据帧来装载。因此,它们必须被拆分为若干个小的数据包,然后使用单个的数据帧对其逐一传送。而接收方必须能够接收这些单个的数据帧,然后解析各个数据包并重组成原始的信息。

组成长信息的单个数据包必须能被接收方识别出来,因此把数据域的首字节定义为数据包的序列编号。序列编号是在数据拆装时分配给每个数据包,然后通过网

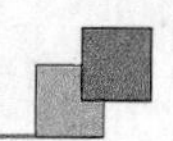

络传送给接收方，接收方接收后，利用这些编号把数据包重组成原始信息。序列编号从 1 开始，依次分配给每个数据包，直到整个数据都被拆装和传送完毕。每个数据包都会被分配到一个 1～255 的序列编号，并从编号为 1 的数据包开始按编号的递增顺序发送。由此可知，最大的数据长度是 255 包×7 字节/包＝1 785 个字节。

具体的数据分包方法为：第一个数据传送包包含序列编号 1 和字符串的头 7 个字节，其后的 7 个字节跟随序列编号 2 存放在另一个 CAN 数据帧中，再随后的 7 个字节与编号 3 一起，直到原始信息中所有的字节都被存放到 CAN 数据帧中并被传送。传送的每个数据包（除了传送队列的最后一个数据包）都装载着原始数据中的 7 个字节。最后一个数据包中数据域的 8 个字节包含数据包的序列编号和参数组至少一个字节的数据，余下未使用的字节全部设置为 0Xff。

举个例子，在找平控制系统中，有长度为 49 字节的数据需要由找平仪发送，具体数据为（16 进制）：

```
00  01  00  02  88  13  88
13  00  01  02  00  03  98
fb  ae  0c  07  1c  01  00
00  00  01  00  00  f4  28
00  00  f4  28  00  3d  9f
e5  00  00  00  00  b0  ff
ff  ff  ff  ff  ff  ff  ff
```

那么数据进行拆装分包后，数据段内容依次为：

```
01  00  01  00  02  88  13  88
02  13  00  01  02  00  03  98
03  fb  ae  0c  07  1c  01  00
04  00  00  01  00  00  f4  28
05  00  00  f4  28  00  3d  9f
06  e5  00  00  00  00  b0  ff
07  ff  ff  ff  ff  ff  ff  ff
```

注意：怎么区分数据中本身含有的 0Xff 和最后一包不满 8 字节补充的 0Xff，这个在后面连接管理中会有讲解。

多包广播信息的数据包发送间隔时间为 50～200 ms。对于发送到某个特定目标地址的多包消息，发送者将保持数据包（在 CTS 允许多于一个数据包时），发送间隔的最长时间不多于 200 ms。响应者必须知道这些数据包都具有相同的标识符。

数据包被顺序接收后，接收节点按照数据拆分步骤逆向操作，依据序列编号的顺序把多包消息的数据包重新组合成原数据格式，同时接收节点发送应答消息给发送节点。

2. 连接管理

连接管理是在特定目标地址传输时,用于处理节点间虚拟连接的打开、使用和关闭。虚拟连接,是指在网络环境中,为了传送一条由单个参数组编号描述的长消息,在两个节点间建立的临时连接。如果连接是一点到多点的广播消息,则不提供数据流控制和关闭的管理功能。

传输协议提供了以下 5 种传输协议连接管理消息:连接模式下的请求发送(TP. CMRTS),连接模式下的准备发送(TP. CMCTS),消息结束应答(TP. CMEndofMsgAck),放弃连接(TP. CMAbort)和广播公告消息(TP. CMBAM)。这 5 种不同的连接管理消息 PGN 相同,数据域不同。

长消息可以是特定地址消息,也可以是广播消息;如果是广播消息,则没有特定目标地址。如果某个节点要广播一条多包消息,则首先要发送一条广播公告消息(BAM)。这条公告消息必须传送到全局目标地址,作为一个长消息预告发送给网络上的节点。

BAM 消息包含了即将广播的长消息的参数组编号、消息大小和它被拆装的数据包的数目。准备接收该数据的那些节点需要分配好接收和重组数据所需的资源。然后,使用数据传输 PGN(PGN=60160)来发送相关的数据。

当某个节点传送一条请求发送消息给一个目标地址时,连接就开始了。请求发送消息(RTS)包含整个消息的字节数、要传送的消息包数,准备发送消息(CTS)包含能发送的最大数据包数以及传送信息的参数组编号。

节点一旦接到请求发送消息(RTS),则可以选择是接收连接或者拒绝连接。如果选择了接收连接,则响应者发送一条准备发送消息。准备发送消息包含了节点可接收数据包的数目和它想要接收的第一个数据包的序列编号。响应者必须确认自己有充足的资源来处理即将接收的这些数据包。对于刚刚打开的连接,数据包的序列编号是 1。注意,准备发送消息可以提出不提供该消息的所有数据包。如果选择拒绝连接,则响应者发送一条放弃连接消息。连接被拒绝可以有很多种原因,例如,缺少资源、缺少存储空间等。

当发送者(如 RTS 设备)接收到来自响应者(如 CTS 设备)的 CTS 消息时,则可以认为发送者的连接已经建立了。在响应者成功传送了对一个 RTS 消息响应的 CTS 消息后,就可以认为响应者的连接已经建立了。这些定义用于决定什么时候发送连接放弃消息来关闭连接。

如果响应者收到 RTS 消息后决定不建立连接,那么它应该发送一条放弃连接消息。这样可以让发送者转移到一个新的连接,而不必等到超时。

当连接的发送者接收到准备发送消息后,数据传输正式开始。有一种例外的情况,就是当节点发送了广播公告消息后开始数据传输,这时不需要使用准备发送消息。用于数据传输的 PGN 将包含在每个数据包的 CAN 标识符域。数据域的首字

节将存放数据包的序列编号。如果消息传向特定目标地址，由响应者负责调整节点间的数据流控制。如果一个连接已打开，响应者想即刻停止数据流，则必须使用准备发送消息把它要接收的数据包数目设置为零。当数据流传输需要停止几秒时，响应者必须每0.5 s(T_h)重复发送一次准备发送消息，从而告知发送者连接没有中断。

传输没有出错时，有两种关闭连接的情形，第一种是连接到全局目标地址，第二种是连接到特定目标地址。在第一种情形下，接收完数据后没有关闭连接的操作。在第二种情形下，当接收到数据流的最后一个数据包时，响应者将发送一个消息结束应答给消息的发送者。这个信号是告诉发送者，连接被响应者关闭了。连接关闭时需要使用消息结束应答来释放连接，以供其他设备使用。

如果是连接到全局目标地址，则响应者不允许使用放弃连接消息。如果是连接到特定目标地址，则发送者或者响应者都可以在任何时候使用放弃连接消息来终止连接。例如，如果响应者认为已经没有可用的资源来处理消息，那么它可以简单地通过发送放弃连接消息来放弃连接。当接收到放弃连接消息时，所有已传送的数据包将被丢弃。

发送者和响应者任一方发生传输故障都会导致连接的关闭，例如，收到上一个数据包后等待下一个数据包(CTS允许有更多)的时间间隔大于T_1，发送一条CTS消息后等待时间大于T_2(发送者发生故障)，发送完最后一个数据包后，等待CTS或者ACK消息的时间大于T_3(响应者发生故障)，发送保持连接的CTS(0)消息后等待下一条CTS时间大于T_4，这些都将会导致关闭连接发生。无论发送者还是响应者，由于某一原因(包括超时)决定要关闭连接，则它都应该发出一条放弃连接消息。

这里，$T_r=200$ ms，$T_h=500$ ms，$T_1=750$ ms，$T_2=1\ 250$ ms，$T_3=1\ 250$ ms，$T_4=1\ 050$ ms。

下面仍然以消息的拆装和重组中有长度为49字节的数据需要由找平仪发送为例，假设找平仪(地址为0X02)与特定目标地址的中央控制单元(地址0X01)进行长消息传输，步骤如下：

① 找平仪首先发送连接模式下的请求发送消息，具体报文为"ID=0X1CEC0102"，数据域第1～8字节为10 31 00 07 ff 00 ef 00。从被发送的ID可知，该信息的PF=236(0XEC)，源地址为0X02，目标地址为0X01，为默认优先级7，保留位为0，数据页为0。从PF值和发送的数据域第1字节10(即0X10=16)可知，该消息是发给目标地址为0X01节点的请求发送消息。数据段的第2、3字节数据表示将要发送0X0031即49字节数据，第4字节数据表示共有0X07个数据包，所装载数据的参数群编号PGN是0X00ef00。

② 中央控制单元接收到请求发送消息后，经软件程序判断，资源充足，满足接收条件，则选择了接收连接，发送一条准备发送消息，具体报文为"ID=0X1CEC0201"，

数据段第 1～8 字节为 11 07 01 ff ff 00 ef 00。该消息 PF＝236(0XEC)，源地址为 0X01，目标地址为 0X02，优先级为默认优先级 7，保留位为 0，数据页为 0；从 PF 值和数据域第 1 字节 0X11(即 0X11＝17)可知，该消息是一个连接模式下的准备发送消息，即向找平仪回应的准备发送信息。可发送的数据包数为 0X07(第 2 字节)，下一个要发送的数据包编号为 0X01(第 3 字节)，对应 PGN 是 0X00ef00。

③ 找平仪收到该连接模式下的准备发送消息后，使用数据传送消息向中央控制单元发送 7 个数据包。具体报文如表 6－7 所列。

表 6－7　数据传送消息报文内容

序　号	ID	数据段内容
1	0X1CEB0102	01 00 01 00 02 88 13 88
2	0X1CEB0102	02 13 00 01 02 00 03 98
3	0X1CEB0102	03 fb ae 0c 07 1c 01 00
4	0X1CEB0102	04 00 00 01 00 00 f4 28
5	0X1CEB0102	05 00 00 f4 28 00 3d 9f
6	0X1CEB0102	06 e5 00 00 00 00 b0 ff
7	0X1CEB0102	07 ff ff ff ff ff ff ff

数据包 6 最后一个字节的 0Xff 和数据包 7 中的 7 个值为 0Xff 的字节均为有效数据，不是因为这些字节未使用而置为 0Xff，这从两个方面可以看出：

ⓐ 若数据包 6 中最后 1 字节 0Xff 为未使用，则不应该有数据包 7；

ⓑ 连接模式下请求发送消息的第 2、3 字节明确指出数据长度为 0X31(49)。

如果数据长度为 50，最后 1 字节数据为 0Xff，会有哪些变化呢？

ⓐ 连接模式下的请求发送消息的第 2 字节应改为 0X32，第 4 字节改为 0X08；

ⓑ 连接模式下准备发送消息的第 2 字节同样改为 0X08，同时增加序号为 8 的数据包，具体报文为“ID＝0X1CEB0102”，数据段第 1～8 字节为 08 ff ff ff ff ff ff ff，数据段第 2 字节为有效数据，第 3～8 字节为未使用而置为 0Xff。

④ 接收到数据流的最后一个数据包时，中央控制单元将发送一个消息结束应答消息给找平仪的发送者，具体报文为“ID＝0X1CEC0201”，数据段第 1～8 字节为 13 31 00 07 ff 00 ef 00。该消息 PF＝236(0XEC)，源地址为 0X01，目标地址为 0X02，优先级为默认优先级 7，保留位为 0，数据页为 0，数据段第 1 字节 0X13，即该消息是一个消息结束应答消息，即向找平仪说明连接已被关闭了；数据段第 3 字节说明中央控制单元正确接收 7 包数据。

为了便于读者理解，以张三和李四两人用手机通话为例，介绍 J1939 的特定地址间通信过程，如表 6－8 所列。

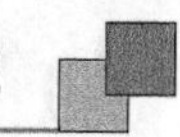

表6-8　手机通话与J1939通信类比表

张三和李四通话过程	输入电话号码	拨　号	通　话	结束通话
两节点间的通信过程	配置目标地址	建立连接	传输报文	关闭连接

(1) 输入电话号码(配置目标地址)

张三想和李四通电话,首先要输入李四的电话号码,然后拨号。众所周知,自己的手机不能拨打自己的电话,否则提示错误。同理,在PDU1格式下配置目标地址,当J1939各节点的源地址不同时,节点间才能正常通信。

(2) 拨号(建立连接)

张三拨打李四的电话,首先出现"嘟…嘟…"声,这时拨号就开始了,接通后传来李四"喂,你好"的声音,这时拨号成功。如果李四因开会或其他原因不便接电话、挂断或长时间未接电话,则电话那头就会传来"你拨打的电话忙"等提示语言,表明张三的这次拨号失败。

同样,当某个节点传送一条请求发送报文(RTS)给一个目标地址时,连接就开始了,其中,RTS包括整个报文的字节数、要传送的报文包数、要传送报文的参数组编号。当目的节点接收到RTS时,就可以选择接收连接或拒绝连接。如果选择了接收连接,则目的节点发送一条准备发送消息(CTS),这时就可认为发送者的连接建立起来了。其中,CTS包括节点可接收数据包的数目和它想要接收的第一个数据包的序列编号。如果选择拒绝连接,则目的节点发送一条放弃连接消息。连接被拒绝可以有很多原因,如缺少资源、缺少存储空间等。

(3) 通话(传输报文)

张三拨通李四电话后,两人在一定的机制下展开通话,例如:

张三问道:"下午一块打篮球吧。"　　　　　　(请求)

李四答道:"好的。"　　　　　　　　　　　　(响应)

……(两人需要在间隔较短时间内,一问一答进行通话)

……(如果张三问李四"下午几点去打篮球?",等了3分钟都听不到李四回答,说明通信中断,张三挂断电话)(连接关闭)

(需要重新拨号建立连接)(拨号)

当连接的发送者接收到CTS后,5种类型的报文传输正式开始,同时由响应者负责调整节点间的数据流控制。如果一个连接已打开,而响应者想即刻停止数据流,则必须使用CTS把它要接收的数据包数目设置为0;当数据流传输需要停止几秒时,响应者必须每0.5 s重复发送一次CTS,从而告知发送者连接没有关闭。这里的连接关闭是响应节点发生故障导致的连接关闭,是一种传输出错时的关闭连接情形。该情形主要由以下原因造成:收到一个数据包后等待下一个数据包的时间间隔超过750 ms;发送一个CTS后等待报文的时间超过1 250 ms;发送完最后一个数据包等待 CTS 或 ACK 的时间超过 1 250 ms；发送保持连接的 CTS 后等待下一条 CTS 的时间超过 1 050 ms。特别强调一下，如果在连接尚未建立时接收到 CTS 的数据包，那么该 CTS 报文将被忽略。

(4) 结束通话(关闭连接)

张三和李四讲完事情后，说"再见"后挂断手机，结束通话。同样，当接收到数据流的最后一个数据包时，响应者将发送一个消息结束应答给消息的发送者以关闭连接。上述结束通话(关闭连接)是在传输没有出错时结束通话(关闭连接)的情形。

如果连接是一点到多点，除不提供数据流控制和关闭的管理功能外，其他与上述两节点间的通信过程一致。

有一个例外，即多包报文广播，如果某个节点要广播一条多包报文，则首先要发送一条广播公告报文(BAM)给网络上所有的节点；BAM 报文包含了即将广播的长报文的参数组编号、报文大小和被拆装的数据包的数目。准备接收该数据的节点需要分配好接收和重组数据所需的资源，然后使用传输 PGN 来发送相关的数据。

为更清晰地了解连接模式下的数据传送和广播数据传送，下面分别对其传送流程进行示意描述。在通常情况下，数据会按照图 6-21 的数据流模式进行传送。发送者发送 TP. CM_RTS 报文，表明有一个 23 字节的报文被拆装成 4 个数据包进行传送，在传送过程中数据包成员的 PGN 值被统一标识为 65259。接收者通过 TP. CM_CTS 消息回复，表示它已经准备好接收从编号 1 开始的两个数据包。RTS/CTS 的具体配置如表 6-9 所列。

表 6-9 RTS/CTS 的具体配置

关键参数	参数值	
	RTS	CTS
PF	236	236
PS	接收者节点的地址	发送者节点的地址
Byte0(控制字节)	16	17
Byte1	23	可发送的数据包数
Byte2		下一个要发送的数据包编号
Byte3	4	255
Byte4	255	255
Byte5	所装载数据的参数群编号低字节	
Byte6	所装载数据的参数群编号中间字节	
Byte7	所装载数据的参数群编号高字节	

通常情况下，数据传送会按照图 6-21 的数据流模式进行，发送者发送 TP. CM_RTS 报文，表明有一个 23 字节的报文被拆装成 4 个数据包进行传送，该例中数据包

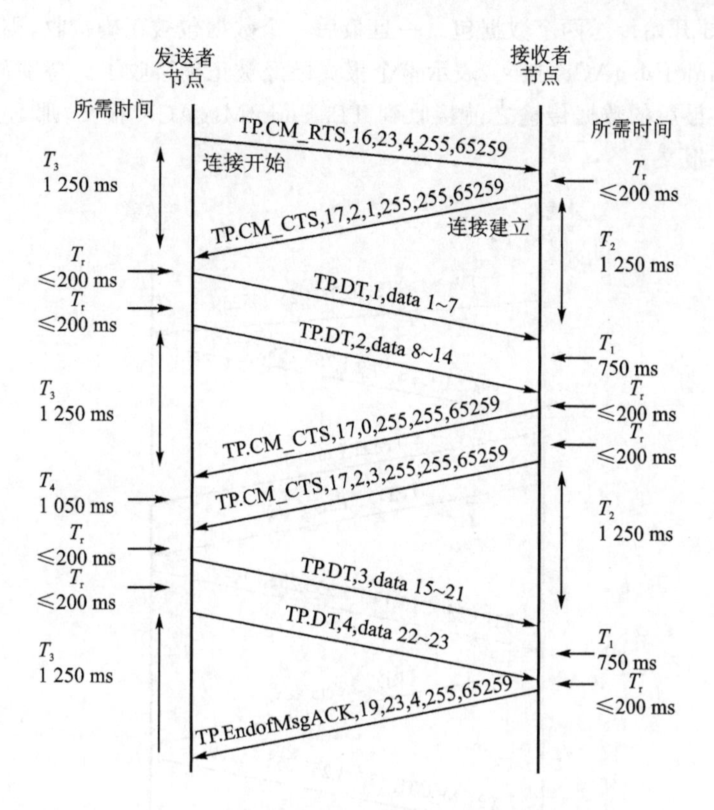

图 6-21 RTS/CTS 协议下无传送错误的数据传输

成员的 PGN 为 65 259。接收者通过 TP. CM_CTS 回复消息，表示它已经准备好接收从编号 1 开始的两个数据包，发送方采用 TP. DT 协议发送前两个数据包，然后接收方发出一条 TP. CM_CTS 报文，此时能接收的数据包数为 0，表示它想保持连接但不能马上接收任何数据。在最长延迟 500 ms 后，它再发一条 TP. CM_CTS 报文，此时，下一个要发送的数据包编号为 3，能接收的数据包数为 2，表示它可以接收从编号 3 开始的两个数据包。一旦数据包传送完毕，接收者将再发送一条 TP. EndofMsgACK 报文，表示所有数据接收完毕，现在关闭连接。

注意，4 号数据包包含 2 个字节的有效数据，那么余下的无效数据都将被置为 255 进行传送，所有数据包的数据长度都是 8 个字节。

在上述传输协议下，当数据传输出现错误时，应对出错的数据包提出重新传输的要求，从而增加传输网络的容错能力。在有传输错误的情况下，数据传送会按照图 6-22 的数据流模式进行。

在这种情况下，发送请求与前面的例子相同，此时，前两个数据包被发送了，但接收者认为 2 号数据包中有错误。然后，接收者发送一条 TP. CM_CTS 报文，要求 2 号数据包重新发送一次。此时，发送者重新传送 2 号数据包。接着，接收者发出报文，从编号 3 开始传送两个数据包。一旦最后一个数据包被正确接收，则接收者发送一条 TP. EndofMsgACK 报文，表示整个报文已经被正确接收了。特别强调一下，如果传送者在最后的数据传输之前接收到 TP. EndofMsgACK 报文，那么发送者将忽略这条应答报文。

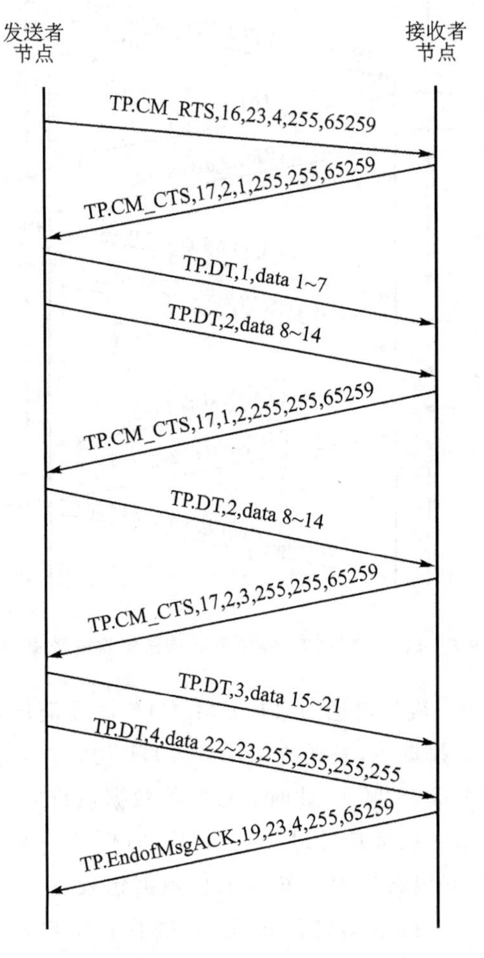

图 6 - 22　RTS/CTS 协议下有传送错误的数据传输过程

6.7　摊铺机找平仪软件设计

徐工摊铺机找平仪软件采用 C 语言实现，开发环境为 Keil MDK，程序采用了层次化、模块化的编程思想，对各功能分别设计程序模块，本节主要阐述与 CAN 总线通信相关的软件设计，如图 6 - 23 所示。

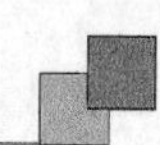

传感器标定
CAN总线通信
零位设置
手动/自动功能
灵敏度设置
数据采集计算
软件滤波
PWM输出

```
App
  App
    App Files
      PLC_PRG.c
      POUs.c
      GlobalVariables.c
      AnalogIn5V.c
      DigitalInput.c
      DigitalOutput.c
      PWM.c
      PI.c
      TT.c
      TrigDo.c
      CT.c
      EE.c
      Rs232.c
      CanTest.c
    Include Files
FunctionBlock
Standard
XC300
Plc
Rts
Target
Drv
CommonLib
Calibration
  Calibration
    Ai32V
      Ai32VCalibration.c
      Ai32VCalibration.h
      Ai32VCalibrationPrivate.h
```

```c
/*---------------------------------------------------------------
 * TP.c  -
 *
 *
 *
 * Copyright (C) 2014 XCMG Group.
 *
 *--------------------------------------------------------------*/
#include "POUs.h"

// VAR
TP TPCan;
BYTE SendInc;
BYTE canBuffer[8] = {0xaa, 0xbb, 0xcc, 0xdd, 0x11, 0x22, 0x33, 0x44};
// END_VAR

void TPCan_TimeOut(void)
{
  CAN20B_NODE_RECIVE(0, 0x102, canBuffer);
  canBuffer[0] += SendInc++;
  CAN20B_NODE_SEND(0, 0x101, canBuffer);
  //CAN20B_NODE_RECIVE(1, 0x104, canBuffer);
  //CAN20B_NODE_SEND(1, 0x103, canBuffer);
}

void CanTest(void)
{
  TP_Start(&TPCan, TRUE, 1000);
  if (TPCan.Q == FALSE) {
    TP_Start(&TPCan, FALSE, 1000);
    TPCan_TimeOut();
  }
}
```

图 6-23　找平仪软件模块划分及代码结构图

6.7.1　软件设计流程图

徐工摊铺机找平仪的软件设计流程(如图 6-24 所示)为：

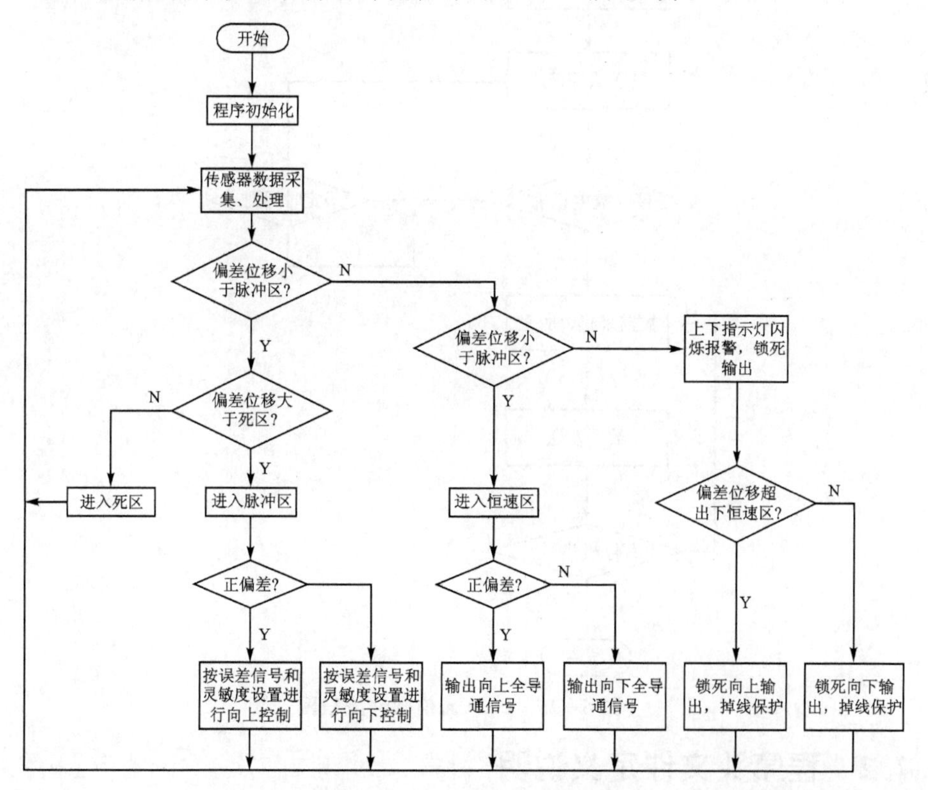

图 6-24　找平仪软件流程图

① 系统上电后进行程序初始化；

② 采集角度、温度等传感器数据，并进行软件补偿、滤波等数据处理；

③ 根据当前计算的偏差位移判断属于哪个区域；

④ 根据当前所属区域，输出不同占空比的 PWM 信号，或者执行锁死操作；

⑤ PWM 信号驱动调平油缸，调整牵引臂，导致传感器信号改变，重复以上过程。

具体到基于 J1939 的 CAN 总线通信，软件设计流程（如图 6－25 所示）为：

① 系统上电后进行 CAN 总线程序初始化；

② 找平仪向中央控制单元和线控盒发送认证请求；

③ 确认无误后开始工作，否则按固定时间间隔继续请求；

④ 数据采集、处理，并按照规划的报文发送方式和周期进行数据发送；

⑤ 重复上一步骤，直至接收到停机指令或系统断电。

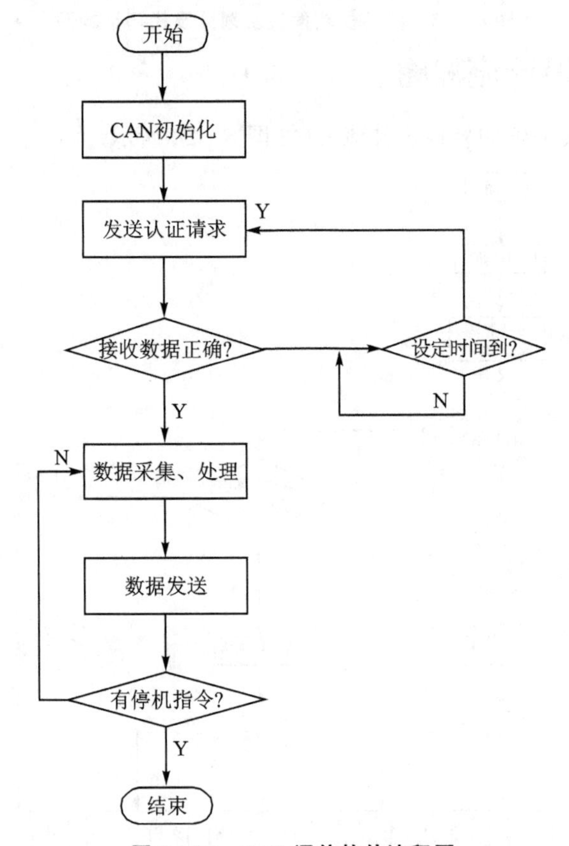

图 6－25　CAN 通信软件流程图

6.7.2　程序头文件定义说明

头文件 CAN.h 中主要包含了预处理命令、变量和函数的声明等内容。预处理指令都以符号#开始,每条预处理指令必须独占一行。

采用#include 命令引入 stm32f4xx.h 头文件,该头文件是 STM32F4 系列单片机的标准头文件,由 ST 提供;头文件 CAN.h 中定义了 TRUE、FALSE 和 CAN1_RX0_INT_ENABLE 共 3 个宏,TRUE 和 FALSE 用来表示标志位的取值情况和函数返回值。

采用#ifndef 宏指令是为了防止重复定义,CAN1_RX0_INT_ENABLE 是 RX0 中断使能位,0 为不使能,1 为使能,可以理解为 RX0 中断的开关,与 CAN.c 中的条件编译指令#if CAN1_RX0_INT_ENABLE 配合,达到根据不同情况编译不同代码、产生不同目标文件的目的。条件编译是项目代码中经常采用的方法,可以有效提高代码编译的效率。

```
#include "stm32f4xx.h"
#ifndef TRUE
   #define TRUE  1
#endif
#ifndef FALSE
   #define FALSE 0
#endif
#define CAN1_RX0_INT_ENABLE1                //CAN1 接收 RX0 中断使能
```

头文件 J1939.h 中定义了 J1939 协议实现函数中采用的数据类型名称、默认优先级常量、传输协议功能的过程参数和过程常数等。

```
/**统一类型定义
 *不同的单片机的编译器, int,short,long 的位数可能不同
 *
 *在移植 J1939 协议栈时,首先应该配置这里
 */
typedef unsigned int    j1939_uint32_t;         /** < 32 位无符号整形*/
typedef int     j1939_int32_t;                  /** < 32 位整形*/
typedef unsigned short j1939_uint16_t;          /** < 16 位无符号整形*/
typedef unsigned char   j1939_uint8_t;          /** < 8 位无符号整形*/
typedef char            j1939_int8_t;           /** < 8 位无符号整形*/
#define J1939_NULL      0
//函数返回代码
#define RC_SUCCESS                          0  /**< 成功*/
#define RC_QUEUEEMPTY                       1  /**< 列队为空*/
#define RC_QUEUEFULL                        1  /**< 列队满*/
#define RC_CANNOTRECEIVE                    2  /**< 不能接收*/
#define RC_CANNOTTRANSMIT                   2  /**< 不能传输*/
#define RC_PARAMERROR                       3  /**< 参数错误*/
//内部常量
```

```
#define J1939_FALSE                    0  /**< 代表函数错误返回 */
#define J1939_TRUE                     1  /**< 代表函数正确返回 */
// J1939 默认的优先级(参考 J1939 文档)
#define J1939_CONTROL_PRIORITY         0x03/**< J1939 文档默认的优先级 */
#define J1939_INFO_PRIORITY            0x06/**< J1939 文档默认的优先级 */
#define J1939_PROPRIETARY_PRIORITY     0x06/**< J1939 文档默认的优先级 */
#define J1939_REQUEST_PRIORITY         0x06/**< J1939 文档默认的优先级 */
#define J1939_ACK_PRIORITY             0x06/**< J1939 文档默认的优先级 */
#define J1939_TP_CM_PRIORITY           0x07/**< J1939 文档默认的优先级 */
#define J1939_TP_DT_PRIORITY           0x07/**< J1939 文档默认的优先级 */
// J1939 定义的地址
#define J1939_GLOBAL_ADDRESS           255/**< 全局地址 */
#define J1939_NULL_ADDRESS             254/**< 空地址 */
//J1939 协议栈的 PNG 请求响应,相关的定义
#define J1939_PF_REQUEST2              201/**< J1939 协议栈的请求 PF */
#define J1939_PF_TRANSFER              202/**< J1939 协议栈的转移 PF */
#define J1939_PF_REQUEST               234/**< 请求 或 用于握手机制 */
#define J1939_PF_ACKNOWLEDGMENT        232/*< 确认请求 或 用于握手机制 */
#define J1939_ACK_CONTROL_BYTE0        0  /* 用于 TP(长帧数据),代表确认 */
#define J1939_NACK_CONTROL_BYTE        1  /* 用于 TP(长帧数据),PNG 不被支持。否
                                             定消息 */
#define J1939_ACCESS_DENIED_CONTROL_BYTE  2/**< 拒绝访问,但是信息是被支持的,暂
时不能响应(需要再次发送请求) */
#define J1939_CANNOT_RESPOND_CONTROL_BYTE  3/**< 不能做出反应,有空但是接收的缓
存不够,或则发送资源被占领,暂时不能响应(需要再次发送请求) */
//TP 协议的一些宏定义
#define J1939_PF_DT                    235/**< 协议传输---数据传输 PF */
#define J1939_PF_TP_CM                 236/**< 协议传输---链接管理 PF */
//TP 的超时时间,单位(ms)
#define J1939_TP_Tr                    200 /**< 宏定义 TP 的超时时间 */
#define J1939_TP_Th                    500 /**< 宏定义 TP 的超时时间 */
#define J1939_TP_T1                    750 /**< 宏定义 TP 的超时时间 */
#define J1939_TP_T2                    1250 /**< 宏定义 TP 的超时时间 */
#define J1939_TP_T3                    1250 /**< 宏定义 TP 的超时时间 */
#define J1939_TP_T4                    1050 /**< 宏定义 TP 的超时时间 */
#define J1939_TP_TIMEOUT_NORMAL          0    /**< 未超时正常 */
#define J1939_TP_TIMEOUT_ABNORMAL        1    /**< 超时 */
#define J1939_RTS_CONTROL_BYTE           16   /**< TP.CM_RTS */
#define J1939_CTS_CONTROL_BYTE           17   /**< TP.CM_CTS */
#define J1939_EOMACK_CONTROL_BYTE        19   /**< 消息应答结束 */
#define J1939_BAM_CONTROL_BYTE           32   /**< 广播公告消息 */
#define J1939_CONNABORT_CONTROL_BYTE     255  /**< 连接中断控制字节(放弃连接) */
```

```
#define J1939_RESERVED_BYTE                 0xFF  /**<变量的保留位的值*/
//与 J1939 网络层有关的定义
#define J1939_PGN2_REQ_ADDRESS_CLAIM   0x00
#define J1939_PGN1_REQ_ADDRESS_CLAIM   0xEA
#define J1939_PGN0_REQ_ADDRESS_CLAIM   0x00

#define J1939_PGN2_COMMANDED_ADDRESS   0x00
#define J1939_PGN1_COMMANDED_ADDRESS   0xFE   /**< 命令地址消息*/
#define J1939_PGN0_COMMANDED_ADDRESS   0xD8   /**< 参考 J1939-81 地址命令配置*/
#define J1939_PF_ADDRESS_CLAIMED 238
#define J1939_PF_CANNOT_CLAIM_ADDRESS 238
#define J1939_PF_PROPRIETARY_A 239            /**< 专用 A*/
#define J1939_PF_PROPRIETARY_B 255            /**< 专用 B*/
/**<是否对 TP 协议的支持(是否支持长帧(大于8字节的数据)的发送与接收)*/
#define J1939_TP_RX_TX J1939_TRUE
/**< TP 协议支持的最大接收发送消息长度(最大可配置为1 785)*/
#define J1939_TP_MAX_MESSAGE_LENGTH 240
```

另外,还有变量和函数的声明,声明部分列出了 CAN.c 文件中需要供其他文件调用的变量和函数,起到模块化功能接口作用。

6.7.3 通信错误的处理

1. 错误类型

J1939 协议与 CAN 2.0 总线协议一样存在5种错误类型,分别为位错误、填充错误、应答错误 CRC 错误和格式错误。其中,与发送节点相关的错误包括位错误、应答错误、格式错误,与接收节点相关的错误包括填充错误、CRC 错误、格式错误。

2. STM32F4xx 系列单片机中与错误处理相关的特殊功能寄存器

在 STM32F4xx 系列单片机中,以上关于错误类型和错误界定的相关计数及转换都由硬件实现,在程序实现过程中只需要配置和读取相关寄存器的值即可实时获取当前状态,相关的寄存器主要有 CAN 主控制寄存器 (CAN_MCR)、CAN 主状态寄存器 (CAN_MSR)、CAN 中断使能寄存器 (CAN_IER)、CAN 错误状态寄存器 (CAN_ESR)。

(1) CAN 主控制寄存器 (CAN_MCR)

CAN_MCR 寄存器(位列表如图 6-26 所示)中与总线通信错误相关的为 ABOM(bit6,自动的总线关闭管理 (Automatic bus-off management)),其控制 CAN 硬件在退出总线关闭状态时的行为:

- 设置为 0:软件发出请求后,一旦监测到 128 次连续 11 个隐性位,并且软件将 CAN_MCR 寄存器的 INRQ(bit0)位先置 1 再清零,则退出总线关闭状态。

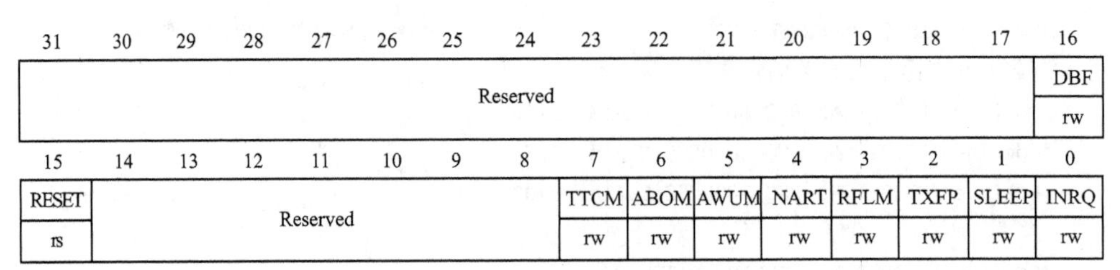

31	30	29	28	27	26	25	24	23	22	21	20	19	18	17	16
Reserved															DBF
															rw

15	14	13	12	11	10	9	8	7	6	5	4	3	2	1	0
RESET	Reserved							TTCM	ABOM	AWUM	NART	RFLM	TXFP	SLEEP	INRQ
rs								rw	rw	rw	rw	rw	rw	rw	rw

注：rw为read/write,该位可读可写。

图 6-26　CAN_MCR 位列表

➢ 设置为 1：一旦监测到 128 次连续 11 个隐性位，则通过硬件自动退出总线关闭状态。

(2) CAN **主状态寄存器** (CAN_MSR)

CAN_ MSR 寄存器(位列表如图 6-27 所示)中与总线通信错误相关的为 ERRI (bit2，错误中断 Error interrupt)，如果在检测到错误时 CAN_ESR 的一个位置 1，并且使能 CAN_IER 中的相应中断，则硬件将 ERRI 置 1。如果 CAN_IER 寄存器的 ERRIE 位置 1，则此位置 1 后将产生状态改变中断。ERRI 位由软件清零，需要清除时通过软件向 ERRI 位(CAN_ MSR 的 bit2)写入 1 即可。

31	30	29	28	27	26	25	24	23	22	21	20	19	18	17	16
Reserved															

15	14	13	12	11	10	9	8	7	6	5	4	3	2	1	0
Reserved				RX	SAMP	RXM	TXM	Reserved			SLAKI	WKUI	ERRI	SLAK	INAK
				r	r	r	r				rc_w1	rc_w1	rc_w1	r	r

注：rc_w1为read/clear,该位可读/写，可以通过写1清除此位，写0无影响；r为read,该位可读。

图 6-27　CAN_MCR 位列表

(3) CAN **中断使能寄存器** (CAN_IER)

CAN_IER 寄存器(位列表如图 6-28 所示)中与总线通信错误相关的有 ERRIE (bit15，错误中断使能 Error interrupt enable)、LECIE(bit11，上一个错误代码中断使能 Last error code interrupt enable)、BOFIE(bit10，总线关闭中断使能 Bus-off interrupt enable)、EPVIE(bit9，错误被动中断使能 Error passive interrupt enable)、EWGIE(bit8，错误警告中断使能 Error warning interrupt enable)。具体说明如下：

位 15 为 ERRIE：错误中断使能(Error interrupt enable)

➢ 设置为 0：CAN_ESR 中有挂起的错误状况时不会产生中断。

➢ 设置为 1：CAN_ESR 中有挂起的错误状况时会产生中断。

位 11 为 LECIE：上一个错误代码中断使能(Last error code interrupt enable)

➢ 设置为 0：如果在检测到错误后硬件将 LEC[2:0]中的错误代码置 1，则不会将 ERRI 位置 1。

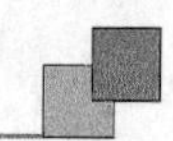

31	30	29	28	27	26	25	24	23	22	21	20	19	18	17	16
Reserved														SLKIE	WKUIE
														rw	rw

15	14	13	12	11	10	9	8	7	6	5	4	3	2	1	0
ERRIE	Reserved			LEC IE	BOF IE	EPV IE	EWG IE	Res.	FOV IE1	FF IE1	FMP IE1	FOV IE0	FF IE0	FMP IE0	TME IE
rw				rw	rw	rw	rw		rw	rw	rw	rw	rw	rw	rw

图 6-28　CAN_MCR 位列表

➢ 设置为1:如果在检测到错误后硬件将LEC[2:0]中的错误代码置1,则将ERRI位置1。

位10为BOFIE:总线关闭中断使能(Bus-off interrupt enable)

➢ 设置为0:BOFF置1时,不会将ERRI位置1。

➢ 设置为1:BOFF置1时,会将ERRI位置1。

位9为EPVIE:错误被动中断使能(Error passive interrupt enable)

➢ 0:EPVF置1时,不会将ERRI位置1。

➢ 1:EPVF置1时,将ERRI位置1。

位8为EWGIE:错误警告中断使能(Error warning interrupt enable)

➢ 设置为0:EWGF置1时,不会将ERRI位置1。

➢ 设置为1:EWGF置1时,将ERRI位置1。

(4) CAN **错误状态寄存器**(CAN_ESR,**位列表如图** 6-29 **所示**)

31	30	29	28	27	26	25	24	23	22	21	20	19	18	17	16
REC[7:0]								TEC[7:0]							
r	r	r	r	r	r	r	r	r	r	r	r	r	r	r	r

15	14	13	12	11	10	9	8	7	6	5	4	3	2	1	0
Reserved									LEC[2:0]			Res.	BOFF	EPVF	EWGF
									rw	rw	rw		r	r	r

图 6-29　CAN_ESR 位列表

位31:24为REC[7:0]:接收错误计数器(Receive error counter)

这是CAN协议故障隔离机制的实施部分。如果接收期间发生错误,则该计数器按1或8递增,具体取决于CAN标准所定义的错误状况。每次成功接收后,该计数器按1递减,直至为0;如果其数值大于128,成功接收后则复位为120。该计数器值超过127时,CAN控制器进入错误被动状态。

位23:16为TEC[7:0]:发送错误计数器 (transmit error counter)

这是CAN协议故障隔离机制的实施部分。如果发送期间发生错误,则该计数器按8递增,每次成功发送后(返回ACK且到帧结束也未检测出错误时),该计数器按1递减,直至为0;该计数器值超过127时,CAN控制器进入错误被动状态。

位15:7为保留,必须保持复位值。

位6:4为LEC[2:0],上一个错误代码(Last error code)。

该字段由硬件置1,其中的代码指示CAN总线上检测到的上一个错误的错误状况。如果消息成功传送(接收或发送)且未发生错误,该字段将清0。

LEC[2:0]位可由软件设置为0b111值。这些位由硬件更新,以指示当前通信状态:

- 设置为0b000:无错误;
- 设置为0b001:填充错误;
- 设置为0b010:格式错误;
- 设置为0b011:确认错误;
- 设置为0b100:位隐性错误;
- 设置为0b101:位显性错误;
- 设置为0b110:CRC错误;
- 设置为0b111:由软件置1。

位3为保留位,必须保持复位值。

位2为BOFF:总线关闭标志(Bus-off flag)。

当TEC大于255时,达到总线关闭状态。由于TEC共占用8 bit,取值范围为0～255,因此只有在TEC向上溢出(超过255)时,进入总线关闭状态。

位1为EPVF:错误被动标志(Error passive flag)

达到错误被动极限(接收错误计数器或发送错误计数器>127)时,此位由硬件置1。

位0为EWGF:错误警告标志(Error warning flag)

达到警告极限时,此位由硬件置1(接收错误计数器或发送错误计数器≥96)。对于对错误较为敏感的情况,在检测到错误警告标志时置1,也就是只要接收错误计数器或发送错误计数器达到96时,就采取相关措施。

3. 总线关闭后的"错误处理"方法

根据实时性、安全性方面的不同要求,对总线关闭状态(Bus-off)的处理可分为3种情况:

(1) 硬件自动处理方式

对于实时性和安全性要求不高,并且主机厂对节点恢复时间和次数没有限制的场合,比如摊铺机找平控制系统,采用的就是硬件自动处理方式。

硬件自动处理方式较为简单,需要在初始化时将CAN_MCR寄存器中的ABOM位设置为1,当总线关闭状态发生后,一旦监测到128次连续11个隐性位(连续11个隐性位为总线空闲状态),硬件自动退出总线关闭状态。这种方法的优点是硬件自动检测和恢复,配置简单,软件干预少;缺点是在总线负载率较高时,出现128

次连续11个隐性位所需时间可能较长。在实际应用中,由于徐工集团总线通信系统标准中规定平均总线负载率(1秒)一般不高于30%,极限情况不得超过50%,突发总线负载率不高于70%,因此在采用硬件自动处理方式恢复总线关闭状态时,实时性仍然较好。

(2) **快速慢速处理方式**

对于实时性和安全性要求不高,但主机厂对节点恢复时间和次数有限制的场合,采用软件处理方式中的快慢速处理流程。

目前,很多主机厂对Bus-off的恢复有时间和次数限制,在这种情况下硬件自动处理方式就无法满足要求。快慢速处理流程包括两种处理模式,分别是快速处理模式和慢速处理模式,优点是恢复过程有序进行,对总线上其他节点影响较小;缺点是实时性没有保证,恢复过程较慢,至少为100 ms。

1) 快速处理模式流程

① 停止本节点所有CAN通信100 ms;

② 100 ms过后立即复位CAN控制器,清空发送和接收错误计数器;

③ 恢复CAN网络通信。

2) 慢速处理模式流程

① 停止本节点所有CAN通信1 000 ms;

② 1 000 ms过后立即复位CAN控制器,清空发送和接收错误计数器;

③ 恢复CAN网络通信。

快速处理模式最多只允许连续执行5次,如果连续执行完5次快速处理后节点仍然进入Bus-off状态,则必须执行慢速处理模式,慢速处理模式可以持续执行到故障解除。Bus-Off处理流程如图6-30所示。

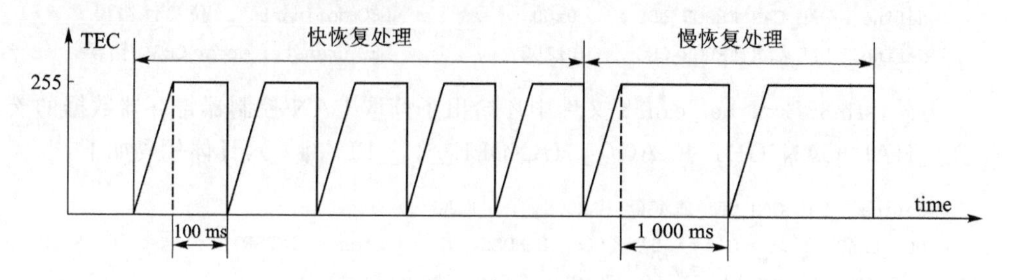

图6-30 Bus-Off处理流程示意图

(3) **立即恢复方式**

对于实时性和安全性要求高的场合,比如高空作业车中伸缩臂的控制节点,涉及高空中作业人员的人身安全,可以采用软件处理方式中的立即恢复方式。

立即恢复的流程较为简单,在节点检测到进入总线关闭状态后,立即复位CAN控制器,清空发送和接收错误计数器。立即恢复的优点是一旦导致节点进入关闭状态的条件解除,就能够以最快速度恢复节点状态,提供相关信号和数据;缺点是如果导致节点进入关闭状态的条件仍然存在，节点将反复恢复和进入关闭状态，可能影响其他节点。

快/慢速处理方式和立即恢复方式都属于软件处理方式，软件处理方式的控制器寄存器设置具体流程如下：

① 设置 CAN_MCR 寄存器中的 ABOM 位设置为 0；

② 设置 CAN_IER 寄存器中的 ERRIE 位为 1，使能总错误中断；

③ 设置 CAN_IER 寄存器中的 BOFIE 位为 1，使能 Bus - off 中断。

经过以上 3 步设置，在进入 Bus - off 状态时 CAN_ESR 寄存器的 BOFF 位由硬件自动置 1，由于已经使能 BOFIE 和 ERRIE 位，因此会产生错误中断，从而进入中断处理程序。

4. 程序实现

STM32F4xx 系列单片机 HAL 库程序中，ST 官方已经将错误类型细分为 10 种，并给出了宏定义，详见 stm32f4xx_hal_can.h 文件：

```
/** HAL_CAN_Error_Code**/
#define   HAL_CAN_ERROR_NONE     0x00    /*! < No error           无错误       */
#define   HAL_CAN_ERROR_EWG      0x01    /*! < EWG error          错误警告     */
#define   HAL_CAN_ERROR_EPV      0x02    /*! < EPV error          被动错误     */
#define   HAL_CAN_ERROR_BOF      0x04    /*! < BOF error          总线关闭错误 */
#define   HAL_CAN_ERROR_STF      0x08    /*! < Stuff error        填充错误     */
#define   HAL_CAN_ERROR_FOR      0x10    /*! < Form error         格式错误     */
#define   HAL_CAN_ERROR_ACK      0x20    /*! < Acknowledgment error  应答错误  */
#define   HAL_CAN_ERROR_BR       0x40    /*! < Bit recessive      位隐性错误   */
#define   HAL_CAN_ERROR_BD       0x80    /*! < LEC dominant       位显性错误   */
#define   HAL_CAN_ERROR_CRC      0x100   /*! < LEC transfer error CRC  错误    */
```

另外，stm32f4xx_hal_can.h 文件中还给出了读取 CAN 控制器寄存器数据的宏定义__HAL_CAN_GET_FLAG(__HANDLE__, __FLAG__)，具体代码如下：

```
#define __HAL_CAN_GET_FLAG(__HANDLE__, __FLAG__) \
((((__FLAG__) >> 8) == 5)? ((((__HANDLE__) ->Instance ->TSR) & (1 << ((__FLAG__)
& CAN_FLAG_MASK))) == (1 << ((__FLAG__) & CAN_FLAG_MASK))): \
(((__FLAG__) >> 8) == 2)? ((((__HANDLE__) ->Instance ->RF0R) & (1 << ((__FLAG__)
& CAN_FLAG_MASK))) == (1 << ((__FLAG__) & CAN_FLAG_MASK))): \
(((__FLAG__) >> 8) == 4)? ((((__HANDLE__) ->Instance ->RF1R) & (1 << ((__FLAG__)
& CAN_FLAG_MASK))) == (1 << ((__FLAG__) & CAN_FLAG_MASK))): \
(((__FLAG__) >> 8) == 1)? ((((__HANDLE__) ->Instance ->MSR) & (1 << ((__FLAG__)
& CAN_FLAG_MASK))) == (1 << ((__FLAG__) & CAN_FLAG_MASK))): \
((((__HANDLE__) ->Instance ->ESR) & (1 << ((__FLAG__) & CAN_FLAG_MASK))) == (1 <<
((__FLAG__) & CAN_FLAG_MASK))))
```

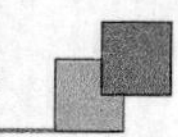

HAL库的CAN中断处理函数中统一对已配置使能的中断进行处理,使用宏定义__HAL_CAN_GET_FLAG(__HANDLE__, __FLAG__)获取各寄存器中通信错误相关数据,处理后确定具体错误类型,根据错误类型、错误重要程度、产品功能要求等采取相应措施,比如故障指示灯闪烁、蜂鸣器鸣叫、屏幕显示信息、停机等具体操作。HAL库提供的CAN中断处理函数HAL_CAN_IRQHandler()的具体代码如下:

```
void HAL_CAN_IRQHandler(CAN_HandleTypeDef * hcan)
{
  uint32_t tmp1 = 0, tmp2 = 0, tmp3 = 0;
   /* Check End of transmission flag */
  if(__HAL_CAN_GET_IT_SOURCE(hcan, CAN_IT_TME))
  {
    tmp1 = __HAL_CAN_TRANSMIT_STATUS(hcan, CAN_TXMAILBOX_0);
    tmp2 = __HAL_CAN_TRANSMIT_STATUS(hcan, CAN_TXMAILBOX_1);
    tmp3 = __HAL_CAN_TRANSMIT_STATUS(hcan, CAN_TXMAILBOX_2);
    if(tmp1 || tmp2 || tmp3)
    {
      /* Call transmit function */
      CAN_Transmit_IT(hcan);
    }
  }
  tmp1 = __HAL_CAN_MSG_PENDING(hcan, CAN_FIFO0);
  tmp2 = __HAL_CAN_GET_IT_SOURCE(hcan, CAN_IT_FMP0);
  /* Check End of reception flag for FIFO0 */
  if((tmp1 != 0) && tmp2)
  {
    /* Call receive function */
    CAN_Receive_IT(hcan, CAN_FIFO0);
  }
  tmp1 = __HAL_CAN_MSG_PENDING(hcan, CAN_FIFO1);
  tmp2 = __HAL_CAN_GET_IT_SOURCE(hcan, CAN_IT_FMP1);
  /* Check End of reception flag for FIFO1 */
  if((tmp1 != 0) && tmp2)
  {
    /* Call receive function */
    CAN_Receive_IT(hcan, CAN_FIFO1);
  }
  tmp1 = __HAL_CAN_GET_FLAG(hcan, CAN_FLAG_EWG);
  tmp2 = __HAL_CAN_GET_IT_SOURCE(hcan, CAN_IT_EWG);
  tmp3 = __HAL_CAN_GET_IT_SOURCE(hcan, CAN_IT_ERR);
```

```
/* Check Error Warning Flag */
if(tmp1 && tmp2 && tmp3)
{
  /* Set CAN error code to EWG error */
  hcan->ErrorCode |= HAL_CAN_ERROR_EWG;
}
tmp1 = __HAL_CAN_GET_FLAG(hcan, CAN_FLAG_EPV);
tmp2 = __HAL_CAN_GET_IT_SOURCE(hcan, CAN_IT_EPV);
tmp3 = __HAL_CAN_GET_IT_SOURCE(hcan, CAN_IT_ERR);
/* Check Error Passive Flag */
if(tmp1 && tmp2 && tmp3)
{
  /* Set CAN error code to EPV error */
  hcan->ErrorCode |= HAL_CAN_ERROR_EPV;
}
tmp1 = __HAL_CAN_GET_FLAG(hcan, CAN_FLAG_BOF);
tmp2 = __HAL_CAN_GET_IT_SOURCE(hcan, CAN_IT_BOF);
tmp3 = __HAL_CAN_GET_IT_SOURCE(hcan, CAN_IT_ERR);
/* Check Bus-Off Flag */
if(tmp1 && tmp2 && tmp3)
{
  /* Set CAN error code to BOF error */
  hcan->ErrorCode |= HAL_CAN_ERROR_BOF;
}
tmp1 = HAL_IS_BIT_CLR(hcan->Instance->ESR, CAN_ESR_LEC);
tmp2 = __HAL_CAN_GET_IT_SOURCE(hcan, CAN_IT_LEC);
tmp3 = __HAL_CAN_GET_IT_SOURCE(hcan, CAN_IT_ERR);
/* Check Last error code Flag */
if((!tmp1) && tmp2 && tmp3)
{
  tmp1 = (hcan->Instance->ESR) & CAN_ESR_LEC;
  switch(tmp1)
  {
    case(CAN_ESR_LEC_0):
        /* Set CAN error code to STF error */
        hcan->ErrorCode |= HAL_CAN_ERROR_STF;
        break;
    case(CAN_ESR_LEC_1):
        /* Set CAN error code to FOR error */
        hcan->ErrorCode |= HAL_CAN_ERROR_FOR;
        break;
    case(CAN_ESR_LEC_1 | CAN_ESR_LEC_0):
```

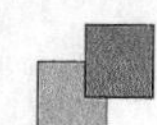

```
            /* Set CAN error code to ACK error */
            hcan->ErrorCode |= HAL_CAN_ERROR_ACK;
            break;
        case(CAN_ESR_LEC_2):
            /* Set CAN error code to BR error */
            hcan->ErrorCode |= HAL_CAN_ERROR_BR;
            break;
        case(CAN_ESR_LEC_2 | CAN_ESR_LEC_0):
            /* Set CAN error code to BD error */
            hcan->ErrorCode |= HAL_CAN_ERROR_BD;
            break;
        case(CAN_ESR_LEC_2 | CAN_ESR_LEC_1):
            /* Set CAN error code to CRC error */
            hcan->ErrorCode |= HAL_CAN_ERROR_CRC;
            break;
        default:
            break;
    }
    /* Clear Last error code Flag */
    hcan->Instance->ESR &= ~(CAN_ESR_LEC);
  }
  /* Call the Error call Back in case of Errors */
  if(hcan->ErrorCode != HAL_CAN_ERROR_NONE)
  {
    /* Clear ERRI Flag */
    hcan->Instance->MSR = CAN_MSR_ERRI;
    /* Set the CAN state ready to be able to start again the process */
    hcan->State = HAL_CAN_STATE_READY;
    /* Call Error callback function */
    HAL_CAN_ErrorCallback(hcan);
  }
}
```

找平仪程序只对 Bus-off 状态进行了处理，采用的是硬件自动管理方式，内置的 CAN 控制器自动进行 Bus-off 状态管理，只需在 CAN 初始化过程中将 ABOM 位置 1 即可。节点进入 Bus-off 状态后，一旦监测到 128 次连续 11 个隐性位，即通过硬件自动退出总线关闭状态。

6.7.4 摊铺机找平仪 CAN 总线通信初始化程序

摊铺机找平仪 MCU 程序基于 ST 公司提供的 HAL 库开发，在初始化阶段主要有系统时钟初始化（SystemClock_Config()函数）、HAL 库初始化（HAL_Init()函

数)和 CAN 初始化(CAN1_Init()函数)等,这里只介绍 CAN 初始化函数,具体函数代码如下:

```
unsigned char CAN1_Init(void)
{
    CAN_FilterConfTypeDef   CAN1_Filer0Conf,CAN1_Filer1Conf;

    CAN1_Handler.Instance = CAN1;
    CAN1_Handler.pTxMsg = &TxMessage;                    //发送消息结构体指针赋值
    CAN1_Handler.pRxMsg = &RxMessage;                    //接收消息结构体指针赋值
    CAN1_Handler.Init.Prescaler = 12;                    //分频系数
    CAN1_Handler.Init.Mode = CAN_MODE_NORMAL;            //模式设置
    CAN1_Handler.Init.SJW = CAN_SJW_3TQ;                 //重新同步跳跃宽度
    CAN1_Handler.Init.BS1 = CAN_BS1_9TQ;                 //CAN_BS1_1TQ~CAN_BS1_16TQ
    CAN1_Handler.Init.BS2 = CAN_BS2_4TQ;                 //CAN_BS2_1TQ~CAN_BS2_8TQ
    CAN1_Handler.Init.TTCM = DISABLE;                    //非时间触发通信模式
    CAN1_Handler.Init.ABOM = ENABLE;                     //软件自动离线管理
    CAN1_Handler.Init.AWUM = DISABLE;                    //睡眠模式通过软件唤醒
    CAN1_Handler.Init.NART =  DISABLE;                   //禁止报文自动传送
    CAN1_Handler.Init.RFLM = DISABLE;                    //报文不锁定,新的覆盖旧的
    CAN1_Handler.Init.TXFP = DISABLE;                    //优先级由报文标识符决定
    if(HAL_CAN_Init(&CAN1_Handler)! = HAL_OK) return 1;  //初始化
    CAN1_Filer0Conf.FilterIdHigh = 0X0000;               //32 位 ID
    CAN1_Filer0Conf.FilterIdLow = 0X000c;
    CAN1_Filer0Conf.FilterMaskIdHigh = 0X0000;           //32 位 MASK
    CAN1_Filer0Conf.FilterMaskIdLow = 0X07fe;
    CAN1_Filer0Conf.FilterFIFOAssignment = CAN_FILTER_FIFO0;
                                                         //过滤器 0 关联到 FIFO0
    CAN1_Filer0Conf.FilterNumber = 0;                    //过滤器 0
    CAN1_Filer0Conf.FilterMode = CAN_FILTERMODE_IDMASK;
    CAN1_Filer0Conf.FilterScale = CAN_FILTERSCALE_32BIT;
    CAN1_Filer0Conf.FilterActivation = ENABLE;           //激活滤波器 0
    CAN1_Filer0Conf.BankNumber = 14;
    //滤波器初始化
    if(HAL_CAN_ConfigFilter(&CAN1_Handler,&CAN1_Filer0Conf)! = HAL_OK) return 2;
    CAN1_Filer1Conf.FilterIdHigh = 0X0000;               //32 位 ID
    CAN1_Filer1Conf.FilterIdLow = 0X001c;
    CAN1_Filer1Conf.FilterMaskIdHigh = 0X0000;           //32 位 MASK
    CAN1_Filer1Conf.FilterMaskIdLow = 0X07fe;
    CAN1_Filer1Conf.FilterFIFOAssignment = CAN_FILTER_FIFO0;
                                                         //过滤器 1 关联到 FIFO0
    CAN1_Filer1Conf.FilterNumber = 1;                    //过滤器 1
```

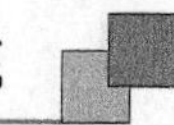

```
    CAN1_Filer1Conf.FilterMode = CAN_FILTERMODE_IDMASK;
    CAN1_Filer1Conf.FilterScale = CAN_FILTERSCALE_32BIT;
    CAN1_Filer1Conf.FilterActivation = ENABLE;          //激活滤波器 1
    CAN1_Filer1Conf.BankNumber = 15;
    //滤波器初始化
    if(HAL_CAN_ConfigFilter(&CAN1_Handler,&CAN1_Filer1Conf)! = HAL_OK) return 2;
return 0;
}
```

CAN 初始化函数确定了 CAN 控制器的具体参数，主要有位时序、标识符过滤、通信模式等。

1. 位时序

位时序逻辑将监视串行总线执行采样并调整采样点，调整采样点时，需要在起始位边沿进行同步，后续的边沿进行再同步。位时序参数确定了通信波特率和采样点的位置，在初始化过程中十分重要，参数设置错误则无法正常通信或通信不稳定。

找平仪采用的 STM32F407VGT7TR 单片机规定的标称位时间结构与 ISO11898 标准中规定的 CAN 标称位时间对应关系如图 6-31 和图 6-32 所示。

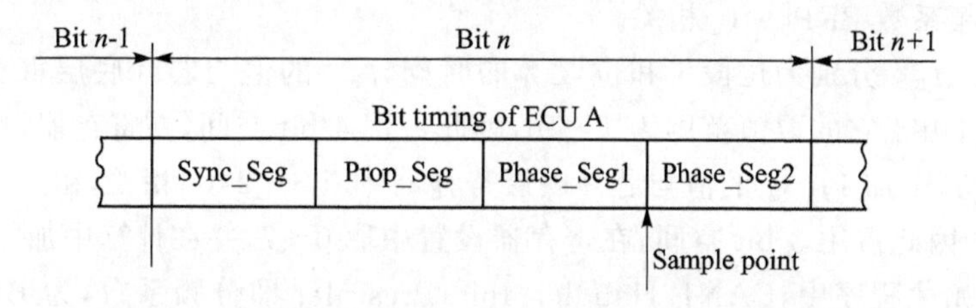

图 6-31 ISO11898—1 标准中 CAN 标称位时间结构

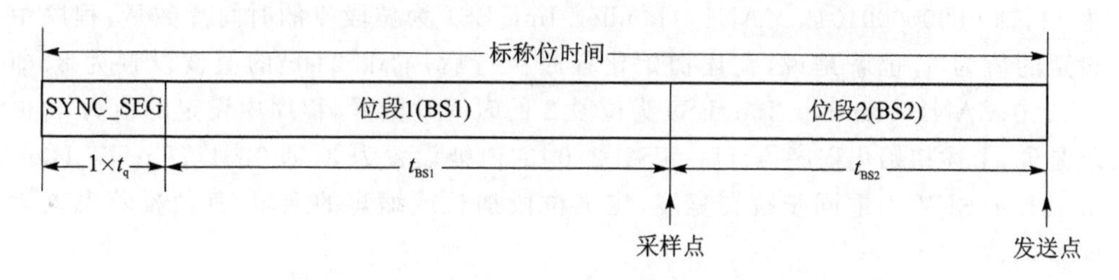

图 6-32 STM32F4xx 系列单片机标称位时间结构

同步段（SYNC_SEG）：位变化应该在此时间段内发生，它只有一个时间片的固定长度（$1t_q$），与标准 CAN 规定一致。

位段 1（BS1）：定义采样点的位置，包括 CAN 标准的 Prop_Seg 和 Phase_Seg1。其持续长度可以在 1～16 个时间片之间，也可以自动加长，以补偿不同网络节点的频率差异所导致的正相位漂移。

位段 2（BS2）：定义发送点的位置，代表 CAN 标准的 PHASE_SEG2。其持续长度可以在 1～8 个时间片之间调整，也可以自动缩短，以补偿负相位漂移。

设定的波特率和采样点可以按照以下方法计算：

$$\text{BaudRate}=\frac{1}{\text{NominalBitTime}}$$

$$\text{NominalBitTime}=1\times t_{q}+t_{BS1}+t_{BS2}$$

其中：

$$t_{BS1}=t_{q}\times(\text{TS1}[3:0]+1)$$

$$t_{BS2}=t_{q}\times(\text{TS2}[2:0]+1)$$

$$t_{BS1}=(\text{BRP}[9:0]+1)\times t_{PCLK}$$

式中，t_q 为时间片 t_{PCLK} = APB 时钟的时间周期，BRP[9:0]、TS1[3:0]和 TS2[2:0]在 CAN_BTR 寄存器中定义。

其中：

① BaudRate 为通信波特率，NominalBitTime 为标称位时间，由公式可以看出，波特率是位时间的倒数。

② t_q 为时间片，也就是 CAN 的最小时间单位。标称位时间的总时间片为(t_q + t_{BS1} + t_{BS2})/t_q，一个标称位时间一般推荐划分为 10～20 个 t_q，t_q 的值与时钟周期 t_{PCLK} 和分频系数 BRP[9:0]相关。

③ t_{BS1}、t_{BS2} 分别为位段 1 和位段 2 的时间，t_{BS1} 的值与芯片底层寄存器中 TS1[3:0]相关，由于它的取值范围为 1～16，因此占用 4 bit 空间，在寄存器设置中取 0～15，并在计算中加 1；t_{BS2} 的值与芯片底层寄存器中 TS2[2:0]相关，由于它的取值范围为 1～8，因此占用 3 bit 空间，在寄存器设置中取 0～7，并在计算中加 1。

④ 初始化程序中，CAN1_Handler. Init. Prescaler 即分频系数，为 BRP[9:0]+1，程序中设定的值为 12，也就是说，上述初始化程序执行后，BRP[9:0]的值被设置为 11，即 0b0000001011；CAN1_Handler. Init. BS1 为位段 1 的时间片数量，程序中设定的值为 9，也就是说，上述初始化程序执行后，TS1[3:0]的值被设置为 8，即 0b1000；CAN1_Handler. Init. BS2 为位段 2 的时间片数量，程序中设定的值为 4，也就是说，上述初始化程序执行后，TS2[2:0]的值被设置为 3，即 0b011；CAN1_Handler. Init. SJW 为重同步跳转宽度，定义位段加长或缩短的上限，其值推荐设置为 BS2-1。

根据以上公式可以得出，CAN 通信波特率和采样点计算方法为：

$$\text{波特率} = F_{pclk1}/((\text{BS1}+\text{BS2}+1)\times\text{Prescaler})$$

$$\text{采样点} = (1+\text{BS1})/(1+\text{BS1}+\text{BS2})\times 100\%$$

本章节编写的程序中，BS1 = 9，BS2 = 4，Prescaler =12，SystemClock_Config()函数中已设置 F_{pclk1} 为 42 MHz，因此可以计算得出波特率为 250 kbit/s，采样点为 71.4%。

2. 标识符过滤(Identifier filtering)

CAN 标识符过滤器组(filter bank 又称为 CAN 滤波器)用于从硬件层面过滤掉

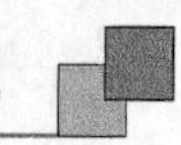

对节点无用的消息。不使用CAN标识符过滤情况下，在接收到消息时，接收器节点会根据标识符的值来确定软件是否需要该消息：如果需要该消息，则将该消息复制到SRAM中；如果不需要该消息，则软件丢弃该消息，结果就是所有消息都需要接收，再由MCU通过软件进行判断，剔除无用消息，十分浪费MCU资源。CAN标识符过滤器组可以根据设定参数在硬件层面剔除无用消息，无需软件干预。

MCU内部的CAN控制器为应用程序提供了28个可配置且可调整的过滤器组，为了根据应用程序的需求来优化和调整过滤器，每个过滤器组可分别进行伸缩调整。根据过滤器尺度不同，一个过滤器组可以：

➢ 为STDID[10:0]、EXTID[17:0]、IDE和RTR位提供一个32位过滤器。

➢ 为STDID[10:0]、RTR、IDE和EXTID[17:15]位提供两个16位过滤器。

过滤器还可配置为2种模式：掩码模式或标识符列表模式。

① 在掩码模式下，标识符寄存器与掩码寄存器关联，用以指示标识符的哪些位必须匹配，哪些位无关。要筛选一组标识符，应将掩码/标识符寄存器配置为掩码模式。

② 在标识符列表模式下，掩码寄存器用作标识符寄存器。这时，不会定义一个标识符和一个掩码，而是指定两个标识符，从而使单个标识符的数量加倍，传入标识符的所有位都必须与过滤器寄存器中指定的位匹配。要选择单个标识符，则应将掩码/标识符寄存器配置为标识符列表模式。

在找平仪CAN初始化程序中，我们采用的是32位过滤器的掩码模式，下面以一个例子来说明。

4个小朋友分别叫张三、李四、王二麻子和刘短腿，想要到一个游乐场去玩，游乐场看门的是个怪老头，他需要根据小朋友是否符合他的规定要求决定是否让小朋友进门。怪老头就是标识符过滤器组，把不符合要求的小朋友拦在门外。具体的条件怎么设定就要看具体的功能要求了，怪老头有一张游乐场领导下发的表，表上列出了需要小朋友满足的条件，共计32个，如表6-10所列。

表6-10　游乐场怪老头(标识符过滤器组)挑选小朋友表

序　号	31	30	……	1	0
ID	左手拿小花	右脚尺码28	……	腿长大于88	貌美如花
掩码1	1	0	……	1	1
掩码2	1	0	……	1	0
掩码3	0	0	……	0	1

第1天，怪老头采用了掩码1，他说只有满足左手拿小花、腿长大于88、貌美如花的小朋友才可以进入游乐场，结果刘短腿(不符合腿长大于88)和王二麻子(不符合貌美如花)被拦下来了，其他2个小朋友可以进入游乐场。

第2天，怪老头采用了掩码2，他说只有满足左手拿小花、腿长大于88的小朋友可以进入游乐场，结果刘短腿(不符合腿长大于88)被拦下来了，其他3个小朋友可

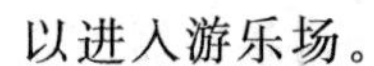

以进入游乐场。

第 3 天，怪老头采用了掩码 3，他说只要满足貌美如花的小朋友就可以进入游乐场，结果王二麻子被拦下来了，其他 3 个小朋友可以进入游乐场。

第 4 天，领导为了吸引更多小朋友，开了两个大门，有两个怪老头分别看守，怪老头 1 采用了掩码 1，怪老头 2 采用掩码 3，怪老头 1 拦下了刘短腿和王二麻子，怪老头 2 只拦下了王二麻子。也就是说，张三、李四可以通过任意一个怪老头看守的大门，刘短腿只能通过怪老头 2 看守的大门，而王二麻子无法通过。

怪老头 1(标识符过滤器组 1)和怪老头 2(标识符过滤器组 2)相互独立工作，通过任何一个怪老头看守的大门都可以进入游乐场(CAN 接收 FIFO)，表格是领导(程序设计人员)制定，并发放给怪老头(标识符过滤器组)执行。

上述表格中，ID 为 32 bit，具体形式如图 6－33 所示，“左手拿小花”、“右脚尺码 28”、“腿长大于 88”、“貌美如花”均为 ID 中的 1 位，占 1 bit 空间，取值为 1 或 0。掩码中某位为 1 时，代表接收数据帧 CAN－ID 的该位必须与 ID 中对应的位取值保持一致，否则无法通过；掩码中某位为 0 时，代表不关注接收数据帧 CAN－ID 的该位，该位取值没有要求。32 bit 的 ID 中，bit0 固定为 0；bit1 为 RTR 位，为 0 时代表数据帧，为 1 时代表远程帧，因此该位一般为 0；bit2 为 IDE 位，为 0 时代表标准帧，为 1 时代表扩展帧，采用 J1939 协议时该位为 1；bit3～bit31 为 CAN－ID。

ID	CAN_FxR1[31:24]	CAN_FxR1[23:16]	CAN_FxR1[15:8]	CAN_FxR1[7:0]
掩码	CAN_FxR2[31:24]	CAN_FxR2[23:16]	CAN_FxR2[15:8]	CAN_FxR2[7:0]
映射	STID[10:3]	STID[2:0] EXID[17:13]	EXID[12:5]	EXID[4:0] IDE RTR 0

图 6－33　ID 与掩码关系

摊铺机找平控制系统中包括中央控制单元(地址 01)、找平仪(地址 02)、线控盒(地址 03)共 3 个节点。在设计标识符过滤器组参数时，考虑各节点接收数据有如下规律：无论是特定目标地址通信还是广播通信，中央控制单元只接收找平仪的消息，线控盒也只接收找平仪的消息，找平仪要求既能够接收中央控制单元的消息，也要能接收线控盒的消息，因此可以根据这种规律，通过对源地址(SA)对应位(bit10～bit3)的设置达到过滤目的，具体设置值如表 6－11 所列。

表 6－11　标识符过滤器组参数设置

名　称	ID 高 16 位(FilterIdHigh)	ID 低 16 位(FilterIdLow)	掩码高 16 位(FilterMaskIdHigh)	掩码低 16 位(FilterMaskIdLow)
中央控制单元	0X0000	0X0014	0X0000	0X07fe
找平仪(组 1)	0X0000	0X000c	0X0000	0X07fe
找平仪(组 2)	0X0000	0X001c	0X0000	0X07fe
线控盒	0X0000	0X0014	0X0000	0X07fe

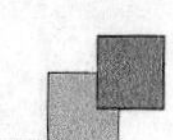

可以看出，中央控制单元和线控盒的ID设置成了相同的ID，那是因为它们都需要接收找平仪发送过来的信息，而不接收对方及网络上其他节点的消息；至于找平仪发送的信息是不是给自己的，那就需要应用程序根据具体消息的PGN来做判断了。

既然该条CAN总线上只有3个节点，要求找平仪能够接收其余2个节点发送过来的信息，那么就可以把找平仪节点的滤波器设置为全接收，不用再分别设置其他2组滤波器了。但是，假如总线上有10个节点，那么滤波器的设置就显得有用了。

为了说明J1939协议中CAN滤波器设置的原理，这里以找平仪标识符过滤器组为例，分别设置2组滤波器，讲解其设置原理。

(1) 屏蔽位模式

找平仪需要接收2个节点的消息，分别是中央控制单元发过来的消息及线控盒发过来的消息，因此，可以配置2个过滤器分别采用屏蔽位模式来实现接收上述消息。

1) 过滤器0配置为可以接收中央控制单元的消息

中央控制单元的地址为0X01，所以在找平仪对应的源地址(对应bit10～bit3位)处设置其地址码为0X01；又因为J1939协议报文是扩展帧、数据帧，所以bit2为1，代表扩展帧；bit1为0，代表数据帧；bit0固定为0；如图6-34所示。

ID28	ID27	ID26	ID25	ID24	ID23	ID22	ID21
优先级			保留位	数据页	PDU格式		
ID20	ID19	ID18	ID17	ID16	ID15	ID14	ID13
PDU格式					特定PDU		
ID12	ID11	ID10	ID9	ID8	ID7	ID6	ID5
特定PDU					0	0	0
					源地址		
ID4	ID3	ID2	ID1	ID0	IDE	RTR	X
0	0	0	0	1	1	0	0
源地址					扩展帧	数据帧	
0X0C							

图6-34　过滤器0的ID配置

可见，找平仪的ID高16位(FilterIdHigh)可以设置为0X0000，ID低16位(FilterIdLow)可以设置为0X000C。由于STM32中关于CAN的滤波器设置规定"掩码中某位为1时，表示接收数据帧CAN-ID的该位必须与ID中对应的位取值保持一致"，所以掩码高16位(FilterMaskIdHigh)可以设置为0X0000，掩码低16位(FilterMaskIdLow)可以设置为0X07fe，如图6-35所示。

ID28	ID27	ID26	ID25	ID24	ID23	ID22	ID21
优先级			保留位	数据页	PDU 格式		
ID20	ID19	ID18	ID17	ID16	ID15	ID14	ID13
PDU 格式					特定 PDU		
ID12	ID11	ID10	ID9	ID8	ID7	ID6	ID5
特定 PDU					0	0	0
					源地址		
					1	1	1
0X07							
ID4	ID3	ID2	ID1	ID0	IDE	RTR	X
0	0	0	0	1	1	0	0
源地址					扩展帧	数据帧	
1	1	1	1	1	1	1	0
0XFE							

图 6-35　过滤器 0 的掩码配置

中央控制单元发送数据的时候，在其 PGN 中源地址(SA)处会注明 0X01，然后发送消息。只要找平仪对应位置设置了上述滤波器，就可以接收中央控制单元的消息了，对于中央控制单元以外的其他消息一概不接收。

2) 过滤器 1 配置为可以接收线控盒的消息

线控盒的地址为 0X03，所以在找平仪对应的源地址(对应 bit10～bit3 位)处，设置其地址码为 0X03；又因为 J1939 协议报文是扩展帧、数据帧，所以 bit2 为 1，代表扩展帧；bit1 为 0，代表数据帧；bit0 固定为 0；如图 6-36 所示。

ID28	ID27	ID26	ID25	ID24	ID23	ID22	ID21
优先级			保留位	数据页	PDU 格式		
ID20	ID19	ID18	ID17	ID16	ID15	ID14	ID13
PDU 格式					特定 PDU		
ID12	ID11	ID10	ID9	ID8	ID7	ID6	ID5
特定 PDU					0	0	0
					源地址		
ID4	ID3	ID2	ID1	ID0	IDE	RTR	X
0	0	0	1	1	1	0	0
源地址					扩展帧	数据帧	
0X1C							

图 6-36　过滤器 1 的 ID 配置

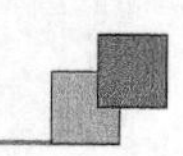

可见,找平仪的 ID 高 16 位(FilterIdHigh)可以设置为 0X0000,ID 低 16 位(FilterIdLow)可以设置为 0X001C。STM32 中关于 CAN 的滤波器设置规定“掩码中某位为 1 时,表示接收数据帧 CAN-ID 的该位必须与 ID 中对应的位取值保持一致”,所以掩码高 16 位(FilterMaskIdHigh)可以设置为 0X0000,掩码低 16 位(FilterMaskIdLow)可以设置为 0X07fe,如图 6-37 所示。

<table>
<tr><td>ID28</td><td>ID27</td><td>ID26</td><td>ID25</td><td>ID24</td><td>ID23</td><td>ID22</td><td>ID21</td></tr>
<tr><td colspan="3">优先级</td><td>保留位</td><td>数据页</td><td colspan="3">PDU 格式</td></tr>
<tr><td>ID20</td><td>ID19</td><td>ID18</td><td>ID17</td><td>ID16</td><td>ID15</td><td>ID14</td><td>ID13</td></tr>
<tr><td colspan="5">PDU 格式</td><td colspan="3">特定 PDU</td></tr>
<tr><td>ID12</td><td>ID11</td><td>ID10</td><td>ID9</td><td>ID8</td><td>ID7</td><td>ID6</td><td>ID5</td></tr>
<tr><td colspan="5" rowspan="3">特定 PDU</td><td>0</td><td>0</td><td>0</td></tr>
<tr><td colspan="3">源地址</td></tr>
<tr><td>1</td><td>1</td><td>1</td></tr>
<tr><td colspan="8">0X07</td></tr>
<tr><td>ID4</td><td>ID3</td><td>ID2</td><td>ID1</td><td>ID0</td><td>IDE</td><td>RTR</td><td>X</td></tr>
<tr><td>0</td><td>0</td><td>0</td><td>0</td><td>1</td><td>1</td><td>0</td><td>0</td></tr>
<tr><td colspan="5">源地址</td><td>扩展帧</td><td>数据帧</td><td></td></tr>
<tr><td>1</td><td>1</td><td>1</td><td>1</td><td>1</td><td>1</td><td>1</td><td>0</td></tr>
<tr><td colspan="8">0XFE</td></tr>
</table>

图 6-37　过滤器 1 的掩码配置

线控盒发送数据的时候,在其 PGN 中源地址处会注明 0X03,然后发送消息。只要找平仪对应位置设置了上述滤波器,就可以接收线控盒的消息了,对于线控盒以外的其他消息一概不接收。

综上所述,通过设置滤波器 0 和滤波器 1,找平仪就可以实现既接收中央控制单元的消息又接收控制盒的消息。

(2) 列表模式

假设允许接收的 CAN-ID 为 0X08EF0201 和 0X18FF3003,其地址解析分别如图 6-38、图 6-39 所示。

在标识符列表模式下,过滤器 x(STM32F4xx 共有 28 个过滤器)的两个标识符寄存器(CAN_FxR1 和 CAN_FxR2)都用于保存完整的标识符。滤波器可以采用硬件过滤报文,节省控制器资源和软件代码量;报文 ID 若与其中一个标识符完全相同,可被保存到接收 FIFO。本文选择使用过滤器 0 进行列表模式配置。

<table>
<tr><td>ID28</td><td>ID27</td><td>ID26</td><td>ID25</td><td>ID24</td><td>ID23</td><td>ID22</td><td>ID21</td></tr>
<tr><td>0</td><td>1</td><td>0</td><td>0</td><td>0</td><td>1</td><td>1</td><td>1</td></tr>
<tr><td colspan="3">优先级</td><td>保留位</td><td>数据页</td><td colspan="3">PDU 格式</td></tr>
<tr><td colspan="5">0X08</td><td colspan="3"></td></tr>
<tr><td colspan="8">CAN_FxR1[31:24]</td></tr>
<tr><td colspan="8">0X47</td></tr>
<tr><td>ID20</td><td>ID19</td><td>ID18</td><td>ID17</td><td>ID16</td><td>ID15</td><td>ID14</td><td>ID13</td></tr>
<tr><td>0</td><td>1</td><td>1</td><td>1</td><td>1</td><td>0</td><td>0</td><td>0</td></tr>
<tr><td colspan="5">PDU 格式</td><td colspan="3">特定 PDU</td></tr>
<tr><td colspan="5">0XEF</td><td colspan="3"></td></tr>
<tr><td colspan="8">CAN_FxR1[23:16]</td></tr>
<tr><td colspan="8">0X78</td></tr>
<tr><td>ID12</td><td>ID11</td><td>ID10</td><td>ID9</td><td>ID8</td><td>ID7</td><td>ID6</td><td>ID5</td></tr>
<tr><td>0</td><td>0</td><td>0</td><td>1</td><td>0</td><td>0</td><td>0</td><td>0</td></tr>
<tr><td colspan="5">特定 PDU</td><td colspan="3">源地址</td></tr>
<tr><td colspan="5">0X02</td><td colspan="3"></td></tr>
<tr><td colspan="8">CAN_FxR1[15:8]</td></tr>
<tr><td colspan="8">0X10</td></tr>
<tr><td>ID4</td><td>ID3</td><td>ID2</td><td>ID1</td><td>ID0</td><td>IDE</td><td>RTR</td><td>X</td></tr>
<tr><td>0</td><td>0</td><td>0</td><td>0</td><td>1</td><td>1</td><td>0</td><td>0</td></tr>
<tr><td colspan="5">源地址</td><td>扩展帧</td><td>数据帧</td><td></td></tr>
<tr><td colspan="5">0X01</td><td colspan="3"></td></tr>
<tr><td colspan="8">CAN_FxR1[7:0]</td></tr>
<tr><td colspan="8">0X0C</td></tr>
</table>

图 6-38 CAN-ID 为 0x08EF0201 时的地址解析表

结合前面的分析结果可知，过滤器 0 的列表配置如图 6-40 所示。

于是，找平仪就可以实现接收中央控制单元的 0X08EF0201 消息（源地址为 0X01）及接收控制盒的 0X18FF3003 消息（源地址为 0X03），其他消息一概不接收。

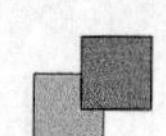

ID28	ID27	ID26	ID25	ID24	ID23	ID22	ID21
1	1	0	0	0	1	1	1
优先级			保留位	数据页	PDU格式		
0X18							
CAN_FxR1[31:24]							
0XC7							
ID20	ID19	ID18	ID17	ID16	ID15	ID14	ID13
1	1	1	1	1	0	0	1
PDU格式					特定PDU		
0XFF							
CAN_FxR1[23:16]							
0XF9							
ID12	ID11	ID10	ID9	ID8	ID7	ID6	ID5
1	0	0	0	0	0	0	0
特定PDU					源地址		
0X30							
CAN_FxR1[15:8]							
0X80							
ID4	ID3	ID2	ID1	ID0	IDE	RTR	X
0	0	0	1	1	1	0	0
源地址					扩展帧	数据帧	
0X03							
CAN_FxR1[7:0]							
0X1C							

图6-39 CAN-ID为0X18FF3003时的地址解析表

ID1	CAN_FxR1[31:24]	CAN_FxR1[23:16]	CAN_FxR1[15:8]	CAN_FxR1[7:0]		
	0X4778		0X100C			
ID2	CAN_FxR2[31:24]	CAN_FxR2[23:16]	CAN_FxR2[15:8]	CAN_FxR2[7:0]		
	0XC7F9		0X801C			
映像	ID28～ID21	ID20～ID13	ID12～ID5	ID4～ID0	IDE	RTR	0

图6-40 过滤器0的列表配置

由于标识符寄存器的值由 CAN - ID 与 IDE、RTR 位组合而成，且最低位固定为 0，那么标识符寄存器值的具体计算方法为：将高 16 位的值（为 CAN - ID 值）右移 13 位，即 CAN_FxR1[31:16] = CAN - ID >>13，低 16 位的值（为 CAN - ID 值）左移 3 位加上 0X04，之后取低 16 位，即 CAN_FxR1[15:0] = ((CAN - ID <<3) + 0X04) & 0x0000ffff，对应 STM32F4xx 的 CAN 初始化程序为：

```
CAN1_Filer0Conf.FilterIdHigh = (0x08EF0201>>13);                    //32 位 ID
    CAN1_Filer0Conf.FilterIdLow = ((0x08EF0201<<3) + 0x04) & 0x0000ffff;
    CAN1_Filer0Conf.FilterMaskIdHigh = (0x18FF3003>>13);   //32 位 MASK
    CAN1_Filer0Conf.FilterMaskIdLow = ((0x18FF3003<<3) + 0x04) & 0x0000ffff;
    CAN1_Filer0Conf.FilterFIFOAssignment = CAN_FILTER_FIFO0;//过滤器 0 关联到 FIFO0
    CAN1_Filer0Conf.FilterNumber = 0;                              //过滤器 0
    CAN1_Filer0Conf.FilterMode = CAN_FILTERMODE_IDLIST;            //标识符列表模式
    CAN1_Filer0Conf.FilterScale = CAN_FILTERSCALE_32BIT;
    CAN1_Filer0Conf.FilterActivation = ENABLE;                     //激活滤波器 0
```

由表 6 - 5 可知，找平仪除了接收 CAN - ID 为 0X08EF0201 消息、0X18FF3003 消息以外，还需要接收 CAN - ID 为 0X18FF1001、0X18FF1101、0X18FF3103、0X08FF3203 的消息。STM32F4xx 共有 28 个过滤器，可以继续增加过滤器以满足上述滤波要求。

注意，J1939 协议接收报文的流程中没有使用滤波器设置，也就是说，将滤波器设置为全接收消息，等接收完消息后，通过软件判断消息的 PGN 信息，确定是不是发送给自己的消息（自己所需要的消息）。这样做有一个弊端就是单片机在不停地接收中断，但是对于现在主频较高、信息处理能力非常强的 32 位 ARM 单片机而言是完全可以应付的，所有消息先统统接收，然后再判断。对于只有 3 个节点的 CAN 通信系统，建议合理设置滤波器，避免单片机不停中断。

(3) 通信模式

STM32F4xx 系列单片机内置的 CAN 控制器支持 2 类模式，分别是工作模式（operating modes）和测试模式（Test mode）。其中，工作模式包括初始化模式（Initialization mode）、正常模式（Normal mode）和睡眠模式（Sleep mode）共 3 种，测试模式包括静默模式（Silent mode）、环回模式（Loopback mode）及环回与静默组合模式（Loopback combined with silent mode）共 3 种。

为了实现 CAN 控制器的参数配置和消息收发，需要进入工作模式中的正常模式，具体过程为：

① 硬件复位后，CAN 控制器进入睡眠模式以降低功耗，同时，CANTX 上的内部上拉电阻激活。

② 软件将 CAN_MCR 寄存器的 INRQ 或 SLEEP 位置 1，以请求 CAN 控制器进入初始化或睡眠模式。一旦进入该模式，CAN 控制器将 CAN_MSR 寄存器的 IN-

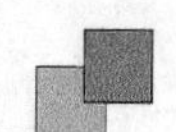

AK 或 SLAK 位置 1,以确认该模式,同时禁止内部上拉电阻。

③ 如果 INAK 和 SLAK 均未置 1,则 CAN 控制器将处于正常模式。进入正常模式之前,CAN 控制器必须始终在 CAN 总线上实现同步。为了进行同步,CAN 控制器将等待 CAN 总线空闲(即已监测到 CANRX 上的 11 个隐性位)。

静默模式、环回模式、环回与静默组合模式均为测试模式,主要是在程序调试和硬件测试过程中使用,一般不在量产产品中使用。

找平仪程序中,CAN 初始化后进入正常模式,通过上述程序中"CAN1_Handler.Init.Mode = CAN_MODE_NORMAL;"语句实现。初始化函数 HAL_CAN_Init()实现了 CAN 控制器进入正常模式的过程,是 ST 公司 HAL 库中提供的函数,具体实现方式可以查看 ST 公司 HAL 库文件中的 stm32f4xx_hal_can.c 文件。HAL 库中给出的可选模式有如下 4 种,读者可以根据需要在项目不同阶段选用不同模式进行测试:

```
#define CAN_MODE_NORMAL((uint32_t)0x00000000)              /*正常模式*/
#define CAN_MODE_LOOPBACK((uint32_t)CAN_BTR_LBKM)          /*环回模式*/
#define CAN_MODE_SILENT((uint32_t)CAN_BTR_SILM)            /*静默模式 */
#define CAN_MODE_SILENT_LOOPBACK((uint32_t)(CAN_BTR_LBKM | CAN_BTR_SILM))
                                                           /* 环回与静默组合模式 */
```

6.7.5　函数详解

1. 主函数

程序中与 CAN 总线通信相关的主函数如下:

```
#include "stm32f4xx.h"
#include "string.h"
#include "tick.h"
#include "usart.h"
#include "led.h"
#include "J1939.H"
#include "J1939_config.H"
CanTxMsgTypeDef * CAN1_SendBuf;        //定义 CAN1 数据发送结构体指针
CanRxMsgTypeDef * CAN1_RecvBuf;        //定义 CAN1 数据接收结构体指针
J1939_MESSAGE msg;
/*全局变量定义*/
unsigned char CentralUnitFlag = FALSE,ControlBoxFlag = FALSE;
unsigned char CentralUnitOK = FALSE,ControlBoxOK = FALSE;
/*函数声明*/
void CAN1_HeartBitSend(void);
void Data_Process(void);
/*本例程主要是为了说明 J1939 通信过程,其他函数体没有体现*/
```

```
/*以下函数为了不出现编译错误,以空函数体代替*/
void Data_Acquisition(void){}                          //数据采集函数
void Data_Transmition(void){}                          //数据传输函数
void CentralUnitPoll(void){}                           //中央控制单元相关线程函数
void ControlBoxPoll(void){}                            //线控盒相关线程函数
void SystemRestart(void){}                             //系统重启函数
void ControlBoxDataPoll(void){}                        //线控盒数据处理函数
int main(void)
{
        unsigned int IdentityDataTime = 0,HeartBitTime = 0;
        HAL_Init();                                    //初始化 HAL 库
        SystemClock_Config();                          //设置时钟
        LED_Init();
        CAN1_Init();                                   //CAN 初始化,波特率 250 kbit/s
        UART_Init(115200);                             //初始化 USART
        CAN1_SendBuf = &TxMessage;
        CAN1_RecvBuf = &RxMessage;
        IdentityDataTime = TICK_Get();
        HeartBitTime = TICK_Get();
        do
        {
            if(TICK_TimeOut(&HeartBitTime,500))        //心跳信号发送周期为 500 ms
            {
                CAN1_HeartBitSend();                   //发送心跳信号
        }
        if(CAN1_ReceiveSuccess)                        //数据接收成功
        {
            Data_Process();                            //系统身份认证
            CAN1_ReceiveSuccess = FALSE;               //接收标志位置 0
        }
    if(TICK_TimeOut(&IdentityDataTime,1000))           //身份认证数据发送周期为 1 000 ms
        {
            CAN1_SendBuf ->ExtId = 0x18EA0102;
            CAN1_SendBuf ->DLC = 3;
            CAN1_SendBuf ->Data[0] = 0x11;
            CAN1_SendBuf ->Data[1] = 0xFF;
            CAN1_SendBuf ->Data[2] = 0x00;
            CANDataFormat2J1939(&msg,DATA_DIRECTION_TX);
            SendOneMessage(&msg);
            CAN1_SendBuf ->ExtId = 0x18EA0302;
            CAN1_SendBuf ->DLC = 3;
            CAN1_SendBuf ->Data[0] = 0x31;
```

```
            CAN1_SendBuf->Data[1] = 0xFF;
            CAN1_SendBuf->Data[2] = 0x00;
            CANDataFormat2J1939(&msg,DATA_DIRECTION_TX);
            SendOneMessage(&msg);
        }
    }while(! (CentralUnitFlag&ControlBoxFlag));
    while(1)
    {
        Data_Acquisition();
        Data_Transmition();
        if(TICK_TimeOut(&HeartBitTime,500))          //心跳信号发送周期为 500 ms
        {
            CAN1_HeartBitSend();                     //发送心跳信号
            HAL_GPIO_TogglePin(GPIOB,GPIO_PIN_0);
        }
        if(CAN1_ReceiveSuccess)
        {
            Data_Process();
            CAN1_ReceiveSuccess = FALSE;             //接收标志位置 0
        }
    }
}
```

主函数 main()首先进行了相关初始化操作，之后进入认证程序。认证程序中首先发送心跳信号和认证数据，并等待中央控制单元和线控盒的回复；如果回复数据正确，则进入主循环程序，否则一直按照 500 ms 为周期发送心跳信号；1 000 ms 为周期发送认证数据(TICK_TimeOut()为定时函数)。主循环程序主要完成数据采集、处理及基于 J1939 的 CAN 数据发送功能。

2. 数据发送和数据处理子函数

CAN 总线通信中主要有数据发送子函数和接收后的数据处理子函数。由于程序中采用的是中断方式(而非查询方式)完成数据的接收，接收过程在 HAL 库的中断函数中完成，因此没有编写相应的接收子函数，只有接收后的数据处理子函数。

数据发送子函数代码如下，该函数由 SendOneMessage()函数调用：

```
unsigned char CAN1_SendMsg(unsigned CAN_ID,unsigned char * MSG,unsigned char DLC)
{
    unsigned int i = 0;
    CAN1_Handler.pTxMsg->ExtId = CAN_ID;
    CAN1_Handler.pTxMsg->IDE = CAN_ID_EXT;           //使用扩展帧
    CAN1_Handler.pTxMsg->RTR = CAN_RTR_DATA;         //数据帧
    CAN1_Handler.pTxMsg->DLC = DLC;
```

```
    for(i = 0;i<DLC;i ++ )
    CAN1_Handler.pTxMsg ->Data[i] = MSG[i];
    if(HAL_CAN_Transmit(&CAN1_Handler,10)! = HAL_OK) return 1;
    return 0;
}
```

该函数有 3 个输入参数和一个输出参数，输入参数包括 CAN_ID，指向待发送数据首地址的指针 MSG 以及数据长度参数 DLC，程序遵循 J1939 协议。因此，配置发送标识符为扩展帧（CAN_ID_EXT），配置帧类型为数据帧（CAN_RTR_DATA），输出参数为发送是否成功的返回值。

采用发送子函数实现的心跳信号发送函数如下（其中，TICK_TimeOut()为定时函数，定时周期 500 ms）：

```
void CAN1_HeartBitSend(void)                          //心跳信号发送函数
{
    CAN1_SendBuf ->ExtId  =  0x18FF2002;
    CAN1_SendBuf ->DLC  =  1;
    CAN1_SendBuf ->Data[0]  =  0x55;
    CANDataFormat2J1939(&msg, DATA_DIRECTION_TX);//数据格式转换
    SendOneMessage(&msg);
}
```

接收后的数据处理子函数如下（该函数主要根据 CAN_ID 判断，并对照通信协议进行数据解析和处理）：

```
void Data_Process(void)                          //接收数据处理函数
{
    CANDataFormat2J1939(&msg,DATA_DIRECTION_RX);
    switch(msg.PGN)
    {
        case   0xFF11:                           //中央控制单元回复的认证数据帧
            CentralUnitFlag  =  1;
            break;
        case   0xFF31:                           //线控盒回复的认证数据帧
            ControlBoxFlag  =  1;
            break;
        case   0xFF10:                           //中央控制单元心跳帧
            CentralUnitPoll();
            break;
        case   0xFF30:                           //线控盒心跳帧
            ControlBoxPoll();
            break;
        case   0xEF02:                           //中央控制单元发来的停机指令
```

```
            SystemRestart();;
            break;
        case  0xFF32:                                   //线控盒上报的相关参数
            ControlBoxDataPoll();
            break;
        default:
            break;
    }
}
```

3. 请求消息子函数

请求消息子函数实现请求消息数据帧中各段数据的处理和赋值,之后将该数据帧放入队列中等待发送。函数形式参数共有3个,参数pgn为被请求的参数群,分为3个字节存储,依次为高8位(保存在Data[2]中)、中间8位(保存在Data[1]中)和低8位(保存在Data[0]中);参数DA为目标地址,当需要发送全局请求消息时,DA=0Xff;_Can_Node为当前消息使用的CAN硬件编号,也就是说,该函数可以支持单路CAN或多路CAN硬件同时使用的情况。

函数中使用的J1939_MESSAGE数据类型为自定义的共用体,通过"typedef union J1939_MESSAGE_UNION   J1939_MESSAGE"语句命名为J1939_MESSAGE,其具体结构如下:

```
union J1939_MESSAGE_UNION
{
    struct   j1939_PID/ * * j1939 的 ID 组成结构体 * * /
    {
        j1939_uint8_tDataPage                      :1;  / * * < 数据页 * /
        j1939_uint8_tRes                           :1;  / * * < Res 位 * /
        j1939_uint8_tPriority                      :3;  / * * < 优先级 * /
        j1939_uint8_tReserve                       :3;  / * * < 空闲 * /
        j1939_uint8_tPDUFormat;                         / * * < PF * /
        j1939_uint8_tPDUSpecific;                       / * * < PS * /
        j1939_uint8_tSourceAddress;                     / * * < SA * /
        j1939_uint8_tDataLength                    :4;  / * * < 数据长度 * /
        j1939_uint8_tRTR                           :4;  / * * < RTR 位 * /
        j1939_uint8_tData[J1939_DATA_LENGTH];           / * * < 数据 * /
        j1939_uint32_t   PGN                       :24; / * * < 参数群编号 * /
        j1939_uint32_t   ReservePGN                :8;  / * * < 空闲 * /
    };
    struct j1939_PID Mxe;                              / * * < j1939 的 ID 组成结构体 * /
    j1939_uint8_tArray[J1939_MSG_LENGTH + J1939_DATA_LENGTH];
```

```
                                        /* *<联合体数组,方便快速处理结构体赋值 */
};
```

请求消息子函数源码如下:

```
void J1939_Request_PGN(j1939_uint32_t pgn ,j1939_uint8_t DA, CAN_NODE _Can_Node)
{
    J1939_MESSAGE _msg;
    _msg.Mxe.DataPage               = 0;
    _msg.Mxe.Priority               = J1939_REQUEST_PRIORITY;
    _msg.Mxe.DestinationAddress     = DA;
    _msg.Mxe.DataLength             = 3;
    _msg.Mxe.PDUFormat              = J1939_PF_REQUEST;
    _msg.Mxe.Data[0]                = (j1939_uint8_t)(pgn & 0x000000FF);
    _msg.Mxe.Data[1]                = (j1939_uint8_t)((pgn & 0x0000FF00) >> 8);
    _msg.Mxe.Data[2]                = (j1939_uint8_t)((pgn & 0x00FF0000) >> 16);
    while (J1939_EnqueueMessage( &_msg, _Can_Node) != RC_SUCCESS);
}
```

4. 响应子函数

当节点接收到请求消息后,对于特定目标地址的请求,目标地址必须做出响应;如果是全局请求,当一个节点不支持某个 PGN 时,不能发出 NACK 响应。在程序中,接收到请求消息后,首先需要查询节点维护的请求链表(REQUEST_LIST)中是否有该 PGN,如果有则处理相关数据,之后发送该 PGN;如果没有,则判断是否为全局请求,如果不是则发送一个 NACK。响应子函数只有一个输入参数,就是 3 个字节的 PGN。

请求链表(REQUEST_LIST)中创建 PGN 的函数为 J1939_Create_Response(),只有创建以后的 PGN 才被节点支持,具体代码如下:/*

```
* data          需要发送数据的缓存
* dataLenght    发送数据的缓存大小
* PGN           需要发送数据的 PGN(参数群编号)
* void ( * dataUPFun)()  用于更新缓存 data 的函数地址指针
* _Can_Node     要入队的 CAN 硬件编号(要选择的使用的 CAN 硬件编号)
* 创建一个 PGN 请求对应的响应,如果收到该请求,则先运行 dataUPFun()函数,再将数据 REQUEST_LIST.data 发送出去
* 本函数只能被串行调用,(多线程)并行调用时须在函数外加互斥操作
*/
void J1939_Create_Response(j1939_uint8_t data[],j1939_uint16_t dataLenght,j1939_uint32_t PGN,void ( * dataUPFun)(),CAN_NODE  _Can_Node)
{
    /*查找可用的链表项*/
```

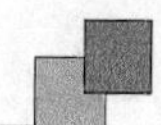

```
    struct Request_List * _requestList = &REQUEST_LIST;
    while(J1939_NULL != _requestList->next)
    {
        _requestList = _requestList->next;
    }
    _requestList->next = (struct Request_List *)malloc(sizeof(struct Request_
                          List));
    _requestList = _requestList->next;
    /*对新的链表项赋值*/
    _requestList->data = data;
    _requestList->lenght = dataLenght;
    _requestList->PGN = PGN;
    _requestList->update = dataUPFun;
    _requestList->Can_Node = _Can_Node;
    _requestList->next = J1939_NULL;
}
```

响应子函数代码如下：

```
/*收到一个 PGN 请求后,如果 REQUEST_LIST 中有相应的 PGN,则自动发送 REQUEST_LIST 中的
PGN。如果没有,则发送一个 NACK;本函数的响应逻辑可参考 J1939-21 17 页表 4*/
void J1939_Response(const j1939_uint32_t PGN)
{
    J1939_MESSAGE _msg;
    /*查找可用的链表项*/
    struct Request_List * _requestList = &REQUEST_LIST;
    while((PGN != _requestList->PGN) || (Can_Node != _requestList->Can_Node))
    {
        if(_requestList->next == J1939_NULL)
        {
            /*原文档规定 全局请求不被支持时不能响应 NACK*/
            if(OneMessage.Mxe.PDUSpecific == J1939_GLOBAL_ADDRESS)
            {return;}
            if((PGN & 0xFF00) >= 0xF000)
            {return;}
            /*没有相应的 PGN 响应被创建,向总线发送一个 NACK*/
        _msg.Mxe.Priority            = J1939_ACK_PRIORITY;
        _msg.Mxe.DataPage            = 0;
        _msg.Mxe.PDUFormat           = J1939_PF_ACKNOWLEDGMENT;
        _msg.Mxe.DestinationAddress  = OneMessage.Mxe.SourceAddress;
        _msg.Mxe.DataLength          = 8;
        _msg.Mxe.SourceAddress       = J1939_Address;
        _msg.Mxe.Data[0]             = J1939_NACK_CONTROL_BYTE;
```

```
            _msg.Mxe.Data[1]          = 0xFF;
            _msg.Mxe.Data[2]          = 0xFF;
            _msg.Mxe.Data[3]          = 0xFF;
            _msg.Mxe.Data[4]          = 0xFF;
            _msg.Mxe.Data[5]          = (PGN & 0x0000FF);
            _msg.Mxe.Data[6]          = ((PGN >> 8) & 0x0000FF);
            _msg.Mxe.Data[7]          = ((PGN >> 16) & 0x0000FF);
            SendOneMessage( (J1939_MESSAGE * ) &_msg);
            return ;
        }else
        {_requestList = _requestList->next;}
    }
    /* 调用 dataUPFun()函数,主要用于参数群数据更新 */
    if(J1939_NULL != _requestList->update)
    {_requestList->update();}
    /* 响应请求 */
    if(_requestList->lenght > 8)
    {/* 回一个确认响应多帧(非广播多帧) */
        if (RC_SUCCESS != J1939_TP_TX_Message(_requestList->PGN,OneMessage.Mxe.
          SourceAddress,_requestList->data,_requestList->lenght,Can_Node))
          {
              /* 原文档规定 全局请求不被支持时不能响应 NACK */
              if(OneMessage.Mxe.PDUSpecific == J1939_GLOBAL_ADDRESS)
              {return;}
              /* 如果长帧发送不成功 */
              _msg.Mxe.Priority             = J1939_ACK_PRIORITY;
              _msg.Mxe.DataPage             = 0;
              _msg.Mxe.PDUFormat            = J1939_PF_ACKNOWLEDGMENT;
              _msg.Mxe.DestinationAddress   = OneMessage.Mxe.SourceAddress;
              _msg.Mxe.DataLength           = 8;
              _msg.Mxe.SourceAddress = J1939_Address;
              _msg.Mxe.Data[0]          = J1939_ACCESS_DENIED_CONTROL_BYTE;
              _msg.Mxe.Data[1]          = 0xFF;
              _msg.Mxe.Data[2]          = 0xFF;
              _msg.Mxe.Data[3]          = 0xFF;
              _msg.Mxe.Data[4]          = 0xFF;
              _msg.Mxe.Data[5]          = (PGN & 0x0000FF);
              _msg.Mxe.Data[6]          = ((PGN >> 8) & 0x0000FF);
              _msg.Mxe.Data[7]          = ((PGN >> 16) & 0x0000FF);
              SendOneMessage( (J1939_MESSAGE * ) &_msg);
              return ;
          }
```

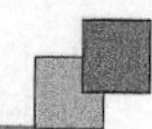

```
        /*回一个确认响应*/
        _msg.Mxe.Priority              = J1939_ACK_PRIORITY;
        _msg.Mxe.DataPage            = 0;
        _msg.Mxe.PDUFormat          = J1939_PF_ACKNOWLEDGMENT;
        /*原文档规定 全局请求响应到全局*/
        if(OneMessage.Mxe.PDUSpecific == J1939_GLOBAL_ADDRESS)
        {
            _msg.Mxe.DestinationAddress   = 0XFF;
        }else{
            _msg.Mxe.DestinationAddress   = OneMessage.Mxe.SourceAddress;
        }
        _msg.Mxe.DataLength            = 8;
        _msg.Mxe.SourceAddress = J1939_Address;
        _msg.Mxe.Data[0]           = J1939_ACK_CONTROL_BYTE;
        _msg.Mxe.Data[1]           = 0xFF;
        _msg.Mxe.Data[2]           = 0xFF;
        _msg.Mxe.Data[3]           = 0xFF;
        _msg.Mxe.Data[4]           = 0xFF;
        _msg.Mxe.Data[5]           = (PGN & 0x0000FF);
        _msg.Mxe.Data[6]           = ((PGN >> 8) & 0x0000FF);
        _msg.Mxe.Data[7]           = ((PGN >> 16) & 0x0000FF);
        SendOneMessage( (J1939_MESSAGE *) &_msg);
    }else{
        /*回一个确认响应*/
        _msg.Mxe.Priority              = J1939_ACK_PRIORITY;
        _msg.Mxe.DataPage            = 0;
        _msg.Mxe.PDUFormat          = J1939_PF_ACKNOWLEDGMENT;
        _msg.Mxe.SourceAddress     = J1939_Address;
        /*原文档规定 全局请求响应到全局*/
        if((OneMessage.Mxe.PDUSpecific == J1939_GLOBAL_ADDRESS) || ((PGN & 0xFF00)
        >= 0xF000))
        {
            _msg.Mxe.DestinationAddress   = 0XFF;
        }else{
            _msg.Mxe.DestinationAddress   = OneMessage.Mxe.SourceAddress;
        }
        _msg.Mxe.DataLength            = 8;
        _msg.Mxe.SourceAddress = J1939_Address;
        _msg.Mxe.Data[0]           = J1939_ACK_CONTROL_BYTE;
        _msg.Mxe.Data[1]           = 0xFF;
        _msg.Mxe.Data[2]           = 0xFF;
        _msg.Mxe.Data[3]           = 0xFF;
```

```
        _msg.Mxe.Data[4]            = 0xFF;
        _msg.Mxe.Data[5]            = (PGN & 0x0000FF);
        _msg.Mxe.Data[6]            = ((PGN >> 8) & 0x0000FF);
        _msg.Mxe.Data[7]            = ((PGN >> 16) & 0x0000FF);
        SendOneMessage( (J1939_MESSAGE * ) &_msg);
        /* 回一个确认响应单帧 */
        _msg.Mxe.Priority                = J1939_ACK_PRIORITY;
        _msg.Mxe.DataPage                = (((_requestList->PGN)>>16) & 0x1);
        _msg.Mxe.PDUFormat               = ((_requestList->PGN)>>8) & 0xFF;
        _msg.Mxe.SourceAddress           = J1939_Address;
        /* 原文档规定 全局请求响应到全局 */
        if(OneMessage.Mxe.PDUSpecific == J1939_GLOBAL_ADDRESS)
        {
            _msg.Mxe.DestinationAddress 0XFF;
        }else{
            _msg.Mxe.DestinationAddress OneMessage.Mxe.SourceAddress;
        }
        _msg.Mxe.DataLength              = _requestList->lenght;
        {
            j1939_uint8_t _i = 0;
            for(_i = 0;_i < (_requestList->lenght);_i++)
            {
                _msg.Mxe.Data[_i] = _requestList->data[_i];
            }
            for(;_i<8;_i++)
            {
                _msg.Mxe.Data[_i] = 0xFF;
            }
        }
        SendOneMessage( (J1939_MESSAGE * ) &_msg);
    }
}
```

5. 传输协议功能相关子函数

传输协议提供了 5 种传输协议连接管理消息，分别是连接模式下的请求发送(TP. CMRTS)、连接模式下的准备发送(TP. CMCTS)、消息结束应答(TP. CMEndofMsgAck)、放弃连接(TP. CMAbort)和广播公告消息(TP. CMBAM)。

连接模式下的请求发送(TP. CMRTS)消息是传输协议功能开始的标志，其软件实现代码如下：

```
void J1939_CM_Start(void)
```

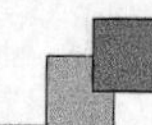

```
{
    j1939_uint32_t pgn_num;
    J1939_MESSAGE _msg;
    pgn_num = TP_TX_MSG.tp_tx_msg.PGN;
    _msg.Mxe.Priority = J1939_TP_CM_PRIORITY;
    _msg.Mxe.DataPage = 0;
    _msg.Mxe.PDUFormat = J1939_PF_TP_CM;
    _msg.Mxe.DestinationAddress = TP_TX_MSG.tp_tx_msg.SA;
    _msg.Mxe.DataLength = 8;
    _msg.Mxe.Data[0] = J1939_RTS_CONTROL_BYTE;
    _msg.Mxe.Data[1] = (j1939_uint8_t) TP_TX_MSG.tp_tx_msg.byte_count ;
    _msg.Mxe.Data[2] = (j1939_uint8_t) ((TP_TX_MSG.tp_tx_msg.byte_count)>>8);
    _msg.Mxe.Data[3] = TP_TX_MSG.packets_total;
    _msg.Mxe.Data[4] = J1939_RESERVED_BYTE;
    _msg.Mxe.Data[7] = (j1939_uint8_t)((pgn_num>>16) & 0xff);
    _msg.Mxe.Data[6] = (j1939_uint8_t)(pgn_num>>8 & 0xff);
    _msg.Mxe.Data[5] = (j1939_uint8_t)(pgn_num & 0xff);
    /* 可能队列已满,发不出去,但是这里不能靠返回值进行无限的死等 */
    J1939_EnqueueMessage(&_msg, Can_Node);
    /* 刷新等待时间,触发下一个步骤() */
    TP_TX_MSG.time = J1939_TP_T3;
    TP_TX_MSG.state = J1939_TP_TX_CM_WAIT;
}
```

连接模式下的准备发送(TP.CMCTS)消息和消息结束应答(TP.CMEndofMsgAck)均由接收节点发出,且数据帧结构相似,因此,可以将这两种消息合并在同一个子函数中。

相关程序代码如下:

```
void J1939_read_DT_Packet()
{
    J1939_MESSAGE _msg;
    j1939_uint32_t pgn_num;
    pgn_num = TP_RX_MSG.tp_rx_msg.PGN;
    _msg.Mxe.Priority = J1939_TP_CM_PRIORITY;
    _msg.Mxe.DataPage = 0;
    _msg.Mxe.PDUFormat = J1939_PF_TP_CM;
    _msg.Mxe.DestinationAddress = TP_RX_MSG.tp_rx_msg.SA;
    _msg.Mxe.DataLength = 8;
    /* 如果系统繁忙,保持连接,但是不传送消息 */
    if(TP_RX_MSG.osbusy)
    {
```

```
            _msg.Mxe.Data[0] = J1939_CTS_CONTROL_BYTE;
            _msg.Mxe.Data[1] = 0;
            _msg.Mxe.Data[2] = J1939_RESERVED_BYTE;
            _msg.Mxe.Data[3] = J1939_RESERVED_BYTE;
            _msg.Mxe.Data[4] = J1939_RESERVED_BYTE;
            _msg.Mxe.Data[7] = (j1939_uint8_t)((pgn_num>>16) & 0xff);
            _msg.Mxe.Data[6] = (j1939_uint8_t)(pgn_num>>8 & 0xff);
            _msg.Mxe.Data[5] = (j1939_uint8_t)(pgn_num & 0xff);
            /*可能队列已满,发不出去,但是这里不能靠返回值进行无限等待*/
            J1939_EnqueueMessage(&_msg, Can_Node);
            return ;
    }
    if(TP_RX_MSG.packets_total > TP_RX_MSG.packets_ok_num)
    {
        /*最后一次响应,如果不足2包数据*/
        if((TP_RX_MSG.packets_total - TP_RX_MSG.packets_ok_num)==1)
        {
            _msg.Mxe.Data[0] = J1939_CTS_CONTROL_BYTE;
            _msg.Mxe.Data[1] = 1;
            _msg.Mxe.Data[2] = TP_RX_MSG.packets_total;
            _msg.Mxe.Data[3] = J1939_RESERVED_BYTE;
            _msg.Mxe.Data[4] = J1939_RESERVED_BYTE;
            _msg.Mxe.Data[7] = (j1939_uint8_t)((pgn_num>>16) & 0xff);
            _msg.Mxe.Data[6] = (j1939_uint8_t)(pgn_num>>8 & 0xff);
            _msg.Mxe.Data[5] = (j1939_uint8_t)(pgn_num & 0xff);
            /*可能队列已满,发不出去,但是这里不能靠返回值进行无限等待*/
            J1939_EnqueueMessage(&_msg, Can_Node);
            TP_RX_MSG.state = J1939_TP_RX_DATA_WAIT;
            return ;
        }
            _msg.Mxe.Data[0] = J1939_CTS_CONTROL_BYTE;
            _msg.Mxe.Data[1] = 2;
            _msg.Mxe.Data[2] = (TP_RX_MSG.packets_ok_num + 1);
            _msg.Mxe.Data[3] = J1939_RESERVED_BYTE;
            _msg.Mxe.Data[4] = J1939_RESERVED_BYTE;
            _msg.Mxe.Data[7] = (j1939_uint8_t)((pgn_num>>16) & 0xff);
            _msg.Mxe.Data[6] = (j1939_uint8_t)(pgn_num>>8 & 0xff);
            _msg.Mxe.Data[5] = (j1939_uint8_t)(pgn_num & 0xff);
            /*可能队列已满,发不出去,但是这里不能靠返回值进行无限等待*/
            J1939_EnqueueMessage(&_msg, Can_Node);
            TP_RX_MSG.state = J1939_TP_RX_DATA_WAIT;
            return ;
```

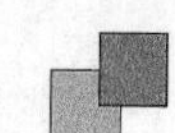

```
    }else
    {
        /* 发送传输正常结束消息,EndofMsgAck */
        _msg.Mxe.Data[0] = J1939_EOMACK_CONTROL_BYTE;
        _msg.Mxe.Data[1] = (TP_RX_MSG.tp_rx_msg.byte_count & 0x00ff);
        _msg.Mxe.Data[2] = ((TP_RX_MSG.tp_rx_msg.byte_count >> 8) & 0x00ff);
        _msg.Mxe.Data[3] = TP_RX_MSG.packets_total;
        _msg.Mxe.Data[4] = J1939_RESERVED_BYTE;
        _msg.Mxe.Data[7] = (j1939_uint8_t)((pgn_num>>16) & 0xff);
        _msg.Mxe.Data[6] = (j1939_uint8_t)(pgn_num>>8 & 0xff);
        _msg.Mxe.Data[5] = (j1939_uint8_t)(pgn_num & 0xff);
        /* 可能队列已满,发不出去,但是这里不能靠返回值进行无限等待 */
        J1939_EnqueueMessage(&_msg, Can_Node);
        TP_RX_MSG.state = J1939_RX_DONE;
        return ;
    }
}
```

放弃连接消息的代码分为发送节点的放弃连接和接收节点的放弃连接。对于一个 CAN 节点,在整个系统工作过程中有可能充当发送节点或接收节点,因此,这两种情况下的放弃连接功能均需要实现。

发送节点的放弃连接程序代码如下:

```
void J1939_TP_TX_Abort(void)    /* 中断 TP 连接 */
{
    J1939_MESSAGE _msg;
    j1939_uint32_t pgn_num;
    pgn_num = TP_TX_MSG.tp_tx_msg.PGN;
    _msg.Mxe.Priority = J1939_TP_CM_PRIORITY;
    _msg.Mxe.DataPage = 0;
    _msg.Mxe.PDUFormat = J1939_PF_TP_CM;
    _msg.Mxe.DestinationAddress = TP_TX_MSG.tp_tx_msg.SA;
    _msg.Mxe.DataLength = 8;
    _msg.Mxe.Data[0] = J1939_CONNABORT_CONTROL_BYTE;
    _msg.Mxe.Data[1] = J1939_RESERVED_BYTE;
    _msg.Mxe.Data[2] = J1939_RESERVED_BYTE;
    _msg.Mxe.Data[3] = J1939_RESERVED_BYTE;
    _msg.Mxe.Data[4] = J1939_RESERVED_BYTE;
    _msg.Mxe.Data[7] = (j1939_uint8_t)((pgn_num>>16) & 0xff);
    _msg.Mxe.Data[6] = (j1939_uint8_t)(pgn_num>>8 & 0xff);
    _msg.Mxe.Data[5] = (j1939_uint8_t)(pgn_num & 0xff);
    /* 可能队列已满,发不出去,但是这里不能靠返回值进行无限等待 */
```

```
    J1939_EnqueueMessage(&_msg, Can_Node);
    /* 结束发送 */
    TP_TX_MSG.state = J1939_TX_DONE;
}
```

接收节点的放弃连接程序代码如下：

```
void J1939_TP_RX_Abort(void)
{
    J1939_MESSAGE _msg;
    j1939_uint32_t pgn_num;
    pgn_num = TP_RX_MSG.tp_rx_msg.PGN;
    _msg.Mxe.Priority = J1939_TP_CM_PRIORITY;
    _msg.Mxe.DataPage = 0;
    _msg.Mxe.PDUFormat = J1939_PF_TP_CM;
    _msg.Mxe.DestinationAddress = TP_RX_MSG.tp_rx_msg.SA;
    _msg.Mxe.DataLength = 8;
    _msg.Mxe.Data[0] = J1939_CONNABORT_CONTROL_BYTE;
    _msg.Mxe.Data[1] = J1939_RESERVED_BYTE;
    _msg.Mxe.Data[2] = J1939_RESERVED_BYTE;
    _msg.Mxe.Data[3] = J1939_RESERVED_BYTE;
    _msg.Mxe.Data[4] = J1939_RESERVED_BYTE;
    _msg.Mxe.Data[7] = (j1939_uint8_t)((pgn_num>>16) & 0xff);
    _msg.Mxe.Data[6] = (j1939_uint8_t)(pgn_num>>8 & 0xff);
    _msg.Mxe.Data[5] = (j1939_uint8_t)(pgn_num & 0xff);
    /* 可能队列已满,发不出去,但是这里不能靠返回值进行无限等待 */
    J1939_EnqueueMessage(&_msg, Can_Node);
    /* 结束发送 */
    TP_RX_MSG.state = J1939_RX_DONE;
}
```

6.7.6 中断的处理

中断函数流程在 HAL 库中已经有定义,开发者只需要添加用户自己的代码即可。在 6.7.2 小节中,为了提高程序编译效率,CAN 中断在头文件中定义了宏 CAN1_RX0_INT_ENABLE,在中断函数部分应首先判断该宏的值。

在中断发生,即有数据接收时,程序自动跳转到中断函数 CAN1_RX0_IRQHandler(),该函数中逐级调用了 HAL_CAN_IRQHandler()、CAN_Receive_IT()及 HAL_CAN_RxCpltCallback()函数,用户代码只需要在 HAL_CAN_RxCpltCallback()函数中添加即可。数据的接收及保存在 CAN_Receive_IT()函数中自动完成,无须用户干预;保存在结构体 RxMessage 中,在主函数中再对接收数据进行具体处理。

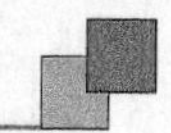

在接收中断中，找平仪程序只设置了一个接收成功标志位，最大程度降低程序在中断的运行时间，防止中断阻塞的出现。

具体的中断程序代码如下：

```
#if CAN1_RX0_INT_ENABLE                                    //如果使能了 RX0 中断
void CAN1_RX0_IRQHandler(void)
{
  HAL_CAN_IRQHandler(&CAN1_Handler);          //此函数会调用 CAN_Receive_IT()接收数据
}
void HAL_CAN_IRQHandler(CAN_HandleTypeDef * hcan)
{
  uint32_t tmp1 = 0, tmp2 = 0, tmp3 = 0;
  /* Check End of transmission flag */
  if(__HAL_CAN_GET_IT_SOURCE(hcan, CAN_IT_TME))
  {
    tmp1 = __HAL_CAN_TRANSMIT_STATUS(hcan, CAN_TXMAILBOX_0);
    tmp2 = __HAL_CAN_TRANSMIT_STATUS(hcan, CAN_TXMAILBOX_1);
    tmp3 = __HAL_CAN_TRANSMIT_STATUS(hcan, CAN_TXMAILBOX_2);
    if(tmp1 || tmp2 || tmp3)
    {
      CAN_Transmit_IT(hcan);   /* Call transmit function */
    }
  }
  tmp1 = __HAL_CAN_MSG_PENDING(hcan, CAN_FIFO0);
  tmp2 = __HAL_CAN_GET_IT_SOURCE(hcan, CAN_IT_FMP0);
  if((tmp1 != 0) && tmp2)                  /* Check End of reception flag for FIFO0 */
  {
   CAN_Receive_IT(hcan, CAN_FIFO0); /* Call receive function */
  }
  tmp1 = __HAL_CAN_MSG_PENDING(hcan, CAN_FIFO1);
  tmp2 = __HAL_CAN_GET_IT_SOURCE(hcan, CAN_IT_FMP1);
  if((tmp1 != 0) && tmp2)                /* Check End of reception flag for FIFO1 */
  {
  CAN_Receive_IT(hcan, CAN_FIFO1); /* Call receive function */
  }
  tmp1 = __HAL_CAN_GET_FLAG(hcan, CAN_FLAG_EWG);
  tmp2 = __HAL_CAN_GET_IT_SOURCE(hcan, CAN_IT_EWG);
  tmp3 = __HAL_CAN_GET_IT_SOURCE(hcan, CAN_IT_ERR);
  if(tmp1 && tmp2 && tmp3) /* Check Error Warning Flag */
  {
  hcan->ErrorCode |= HAL_CAN_ERROR_EWG; /* Set CAN error code to EWG error */
  }
```

```
tmp1 = __HAL_CAN_GET_FLAG(hcan, CAN_FLAG_EPV);
tmp2 = __HAL_CAN_GET_IT_SOURCE(hcan, CAN_IT_EPV);
tmp3 = __HAL_CAN_GET_IT_SOURCE(hcan, CAN_IT_ERR);
if(tmp1 && tmp2 && tmp3)  /* Check Error Passive Flag */
{
 hcan->ErrorCode |= HAL_CAN_ERROR_EPV; /* Set CAN error code to EPV error */
}
tmp1 = __HAL_CAN_GET_FLAG(hcan, CAN_FLAG_BOF);
tmp2 = __HAL_CAN_GET_IT_SOURCE(hcan, CAN_IT_BOF);
tmp3 = __HAL_CAN_GET_IT_SOURCE(hcan, CAN_IT_ERR);
if(tmp1 && tmp2 && tmp3) /* Check Bus-Off Flag */
{
  hcan->ErrorCode |= HAL_CAN_ERROR_BOF; /* Set CAN error code to BOF error */
}
tmp1 = HAL_IS_BIT_CLR(hcan->Instance->ESR, CAN_ESR_LEC);
tmp2 = __HAL_CAN_GET_IT_SOURCE(hcan, CAN_IT_LEC);
tmp3 = __HAL_CAN_GET_IT_SOURCE(hcan, CAN_IT_ERR);
if((!tmp1) && tmp2 && tmp3) /* Check Last error code Flag */
{
  tmp1 = (hcan->Instance->ESR) & CAN_ESR_LEC;
  switch(tmp1)
  {
   case(CAN_ESR_LEC_0): /* Set CAN error code to STF error */
        hcan->ErrorCode |= HAL_CAN_ERROR_STF;
        break;
   case(CAN_ESR_LEC_1): /* Set CAN error code to FOR error */
        hcan->ErrorCode |= HAL_CAN_ERROR_FOR;
        break;
   case(CAN_ESR_LEC_1 | CAN_ESR_LEC_0): /* Set CAN error code to ACK error */
        hcan->ErrorCode |= HAL_CAN_ERROR_ACK;
        break;
    case(CAN_ESR_LEC_2): /* Set CAN error code to BR error */
        hcan->ErrorCode |= HAL_CAN_ERROR_BR;
        break;
   case(CAN_ESR_LEC_2 | CAN_ESR_LEC_0): /* Set CAN error code to BD error */
        hcan->ErrorCode |= HAL_CAN_ERROR_BD;
        break;
   case(CAN_ESR_LEC_2 | CAN_ESR_LEC_1): /* Set CAN error code to CRC error */
        hcan->ErrorCode |= HAL_CAN_ERROR_CRC;
        break;
   default:
        break;
```

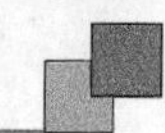

```
        }
        hcan->Instance->ESR &= ～(CAN_ESR_LEC);    /* Clear Last error code Flag */
    }
    /* Call the Error call Back in case of Errors */
    if(hcan->ErrorCode != HAL_CAN_ERROR_NONE)
    {
        hcan->Instance->MSR = CAN_MSR_ERRI; /* Clear ERRI Flag */
        hcan->State = HAL_CAN_STATE_READY;
/* Set the CAN state ready to be able to start again the process */
        HAL_CAN_ErrorCallback(hcan); /* Call Error callback function */
    }
}
//此函数会被 CAN_Receive_IT()调用,hcan 为 CAN 句柄
void HAL_CAN_RxCpltCallback(CAN_HandleTypeDef * hcan)
{
int i = 0; //CAN_Receive_IT()函数会关闭 FIFO0 消息挂号中断,因此我们需要重新打开
__HAL_CAN_ENABLE_IT(&CAN1_Handler,CAN_IT_FMP0);
                                                    //重新开启 FIFO0 消息挂号中断
CAN1_ReceiveSuccess = TRUE;
}
#endif
```

6.7.7　基于J1939协议的摊铺机找平仪通信程序源码

除了上述程序函数外,本项目程序还调用了 CAN.h、CAN.c、J1939.h、J1939.c 等,这里不再赘述,感兴趣的读者可查阅 STM32 库函数以及 J1939 协议的相关函数。

完整的基于 J1939 协议的摊铺机找平仪通信程序源码可在本书配套资料中下载压缩文件包,程序编译环境为 Keil MDK 5.28。

第 7 章

工程机械 J1939 协议故障实例解析

7.1 工程机械 CAN 总线应用特点

国内著名的几大工程机械企业均采用 CAN 总线作为控制通信，应用于挖掘机、装载机、吊车、泵车等。工程机械的 CAN 应用有如下特点：

① 大部分采用 J1939 协议作为应用层协议，应用中可能混杂标准帧协议的报文。

大部分工程机械采用柴油发动机作为动力，新研发的工程机械采用锂电池和氢燃料电池作为动力。J1939 协议对这些动力系统均有良好的支持，所以工程机械绝大部分系统的 CAN 通信应用层都采用 J1939 协议，少部分电机或者编码器采用标准帧作为应用层。

在工程机械中，扩展帧和标准帧混用的情况是比较常见的，如图 7－1 所示。所以，设计者必须要关注实际 CAN 总线报文的兼容性，要做兼容性测试，避免出现报文冲突而导致错误帧和延时丢帧等问题。

② 拓扑结构复杂，长分支问题较多。

工程机械的 CAN 通信距离差别很大，大型吊车可达 200 m，而小型挖掘机只有十几米。而且 ECU(电控单元)的布置分散，难以用理想的直线型拓扑进行连接，多采用较长分支，而长分支会导致波形的“台阶”现象，引起位时间异常，最后产生错误帧，如图 7－2 所示。

③ 工作环境恶劣，可靠性要求高。

工程机械的工作环境非常恶劣，温度、湿度、盐碱、振动都会给电子元器件与线缆带来极大考验。

工程机械的环境温度从－40～65℃均会涉及，机械内部的最高温度可达 120℃，所以要求 CAN 总线器件必须满足车规级别。同时，工程机械的耐环境的湿度和盐

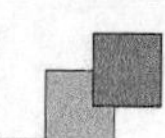

序号	时间	状态	方向	帧类型	数据长度	帧ID	帧数据
在此处输入...	在此处输入文字	在此处输入...	在此处输入...	在此处输入...	在此处输入...	在此处输入...	在此处输入文字
120,155	00:06:04.233 997	成功	接收	扩展数据帧	8	18FC9600 H	39 01 FF FF FF FF FF FF H
120,156	00:06:04.235 825	成功	接收	扩展数据帧	8	0CF00400 H	6E 87 8A D1 15 00 04 8B H
120,157	00:06:04.244 001	成功	接收	扩展数据帧	8	18FEDF00 H	84 E0 2E 7D FB FF FF F5 H
120,158	00:06:04.249 298	成功	接收	扩展数据帧	8	18F00F00 H	5A 10 FF FF 55 9F FF FF H
120,159	00:06:04.250 078	成功	接收	标准数据帧	8	085 H	02 BA 15 08 00 13 61 04 H
120,160	00:06:04.254 006	成功	接收	扩展数据帧	8	0CF00A00 H	00 00 D7 0A FF FF FF FF H
120,161	00:06:04.254 594	成功	接收	扩展数据帧	8	18FEF200 H	28 00 00 00 00 00 00 FF H
120,162	00:06:04.255 843	成功	接收	扩展数据帧	8	0CF00400 H	7E 87 8A D5 15 00 04 8B H
120,163	00:06:04.258 638	成功	接收	扩展数据帧	8	18EA0017 H	E9 FE 00 FF FF FF FF FF H
120,164	00:06:04.263 926	成功	接收	扩展数据帧	8	18FEE900 H	0D 01 00 00 0D 01 00 00 H
120,165	00:06:04.264 498	成功	接收	扩展数据帧	8	18FEDF00 H	84 E0 2E 7D FB FF FF F5 H
120,166	00:06:04.274 003	成功	接收	扩展数据帧	8	18F00E00 H	5E 3A FF FF 55 9F FF FF H
120,167	00:06:04.275 819	成功	接收	扩展数据帧	8	0CF00400 H	6E 87 8A DF 15 00 04 8B H
120,168	00:06:04.278 955	成功	接收	扩展数据帧	8	0CF00300 H	D1 00 1C FF FF 0F 74 7F H
120,169	00:06:04.279 540	成功	接收	扩展数据帧	8	18F00100 H	FF FF FF FF FF FF FF FF H
120,170	00:06:04.283 976	成功	接收	扩展数据帧	8	18FEDF00 H	84 E0 2E 7D FB FF FF F5 H
120,171	00:06:04.289 345	成功	接收	扩展数据帧	8	18FEF000 H	FF FF FF 00 00 FF 33 FF H
120,172	00:06:04.292 576	成功	接收	标准数据帧	8	09C H	0A 4E 32 FF FF FF FF FF H
120,173	00:06:04.295 832	成功	接收	扩展数据帧	8	0CF00400 H	5E 87 8A E6 15 00 04 8B H
120,174	00:06:04.298 972	成功	接收	扩展数据帧	8	18F00F00 H	5A 10 FF FF 55 9F FF FF H
120,175	00:06:04.303 993	成功	接收	扩展数据帧	8	18FEDF00 H	84 E0 2E 7D FB FF FF F5 H
120,176	00:06:04.304 573	成功	接收	扩展数据帧	8	0CF00A00 H	00 00 D7 0A FF FF FF FF H

图 7-1　标准帧和扩展帧混用的情况

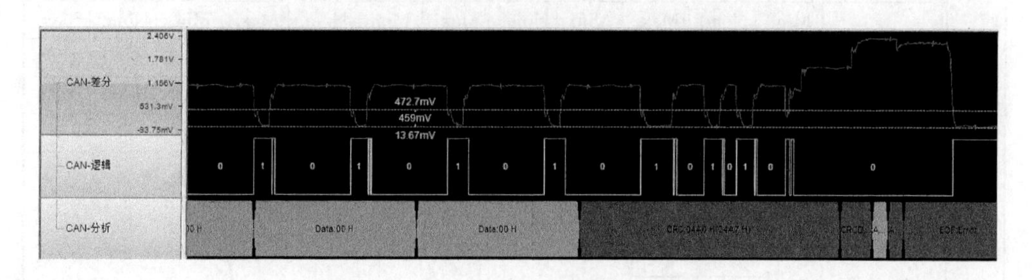

图 7-2　长分支导致的"台阶"现象

碱均须达到严酷级别，必须对电路板进行"三防漆"喷刷处理，某些外露设备甚至要达到 IP67 的防护等级。工程机械的抗振动能力远超高速列车和乘用车辆，设备端子都需要特殊型号，比如压接的防水航空插头(外观如图 7-3 所示)。

图 7-3　防水航空插头外观

④ 通信数据有功能安全要求。

为了保证工程机械的 CAN 通信传输的安全可靠，需要在软件上增加除了 CAN 底层 CRC 校验之外的更多安全措施，比如增加线路冗余、增加应用层的校验、增加硬件的报文过滤、增加故障状态下的错误处理策略等。

7.2　工程机械 CAN 总线布局

不同工程机械中 CAN 节点的布置位置差别很大，CAN 节点是根据自身的功能需求就近布置的，所以工程机械中的 CAN 总线布局难以统一，容易受到实际施工的结构影响。

对于节点数较多、网络拓扑复杂的大型工程机械，如大型吊车，通常要使用 CANBridge 网桥中继器进行分支网络的拓展延伸，以保障每个拓扑内的阻抗匹配、信号稳定。

7.3 高速 CAN 和低速 CAN(容错 CAN)的区别

CAN 总线国际标准 ISO 11898 中规定了两种电平标准，分别是高速 CAN 标准 ISO 11898—2 及低速容错 CAN 标准 ISO 11898—3，对比如表 7-1 所列。

表 7-1　ISO11898—2 和 ISO11898—3 电信号数据对比

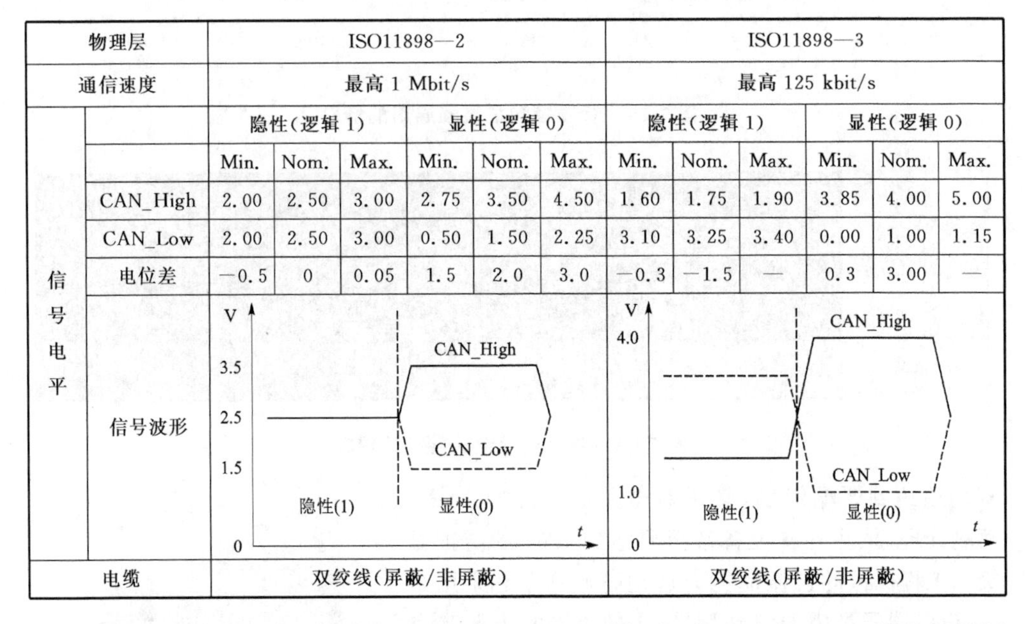

物理层		ISO11898—2						ISO11898—3					
通信速度		最高 1 Mbit/s						最高 125 kbit/s					
信号电平		隐性(逻辑 1)			显性(逻辑 0)			隐性(逻辑 1)			显性(逻辑 0)		
		Min.	Nom.	Max.	Min.	Nom.	Max.	Min.	Nom.	Max.	Min.	Nom.	Max.
	CAN_High	2.00	2.50	3.00	2.75	3.50	4.50	1.60	1.75	1.90	3.85	4.00	5.00
	CAN_Low	2.00	2.50	3.00	0.50	1.50	2.25	3.10	3.25	3.40	0.00	1.00	1.15
	电位差	−0.5	0	0.05	1.5	2.0	3.0	−0.3	−1.5	—	0.3	3.00	—
	信号波形												
电缆		双绞线(屏蔽/非屏蔽)						双绞线(屏蔽/非屏蔽)					

简单来说，高速 CAN 标准即通用的 CAN 电平标准，绝大多数 CAN 设备都使用这个标准，可以实现 CAN 总线的 1 Mbit/s 高速波特率以及良好的抗干扰能力。

低速容错 CAN 标准主要用于需要容错场合，比如一些商务车、卡车和工程机械，主要实现的功能就是两线短路、某线对电源或者地短路、断某一根线的情况下可以继续通信，但为此要牺牲速率和抗干扰方面的一些能力，最高波特率为 125 kbit/s。

7.3.1 高速 CAN 标准的特点与拓扑结构

该标准的主要数据如下：

- 数据传输速率最高为 1 Mbit/s；
- 1 Mbit/s 时总线的最大长度为 40 m；

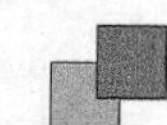

➢ 总的节点数受到电气总线负载的限制；
➢ 两线差分总线；
➢ 典型的线阻抗为 120 Ω；
➢ 共模电压范围为－2CAN_L～＋7CAN_H。

ISO11898—2 标准规定的两线总线的电气参数：

➢ 1 Mbit/s 时总线的最大长度为 40 m；
➢ 支线在 1Mbit/s 时的最大长度为 30 cm；
➢ 典型的线阻抗为 120 Ω；
➢ 每米的线电阻(最大)为 70 MΩ/m；
➢ 标称传输延迟时间为 5 ns/m。

网络拓扑结构必须尽量设计成接近单线结构，以避免信号的反射。图 7－3 为 CAN 网络的基本数据拓扑结构。

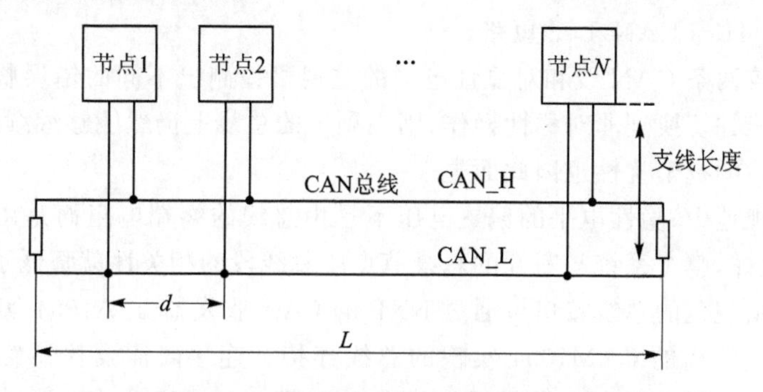

图 7－3　CAN 网络的基本数据拓扑结构

每个 CAN 节点必须能够提供下面差分输出的总线电压：

$$V_{diff} = V_{CAN\_H} - V_{CAN\_L}$$

其中，CAN_H 和 CAN_L 表示 CAN 总线收发器与总线的两接口引脚。

CAN 总线采用两种互补的逻辑数值，即显性和隐性。显性(Daminant)数值表示逻辑 0，而隐性(Recessive)表示逻辑 1。

➢ 隐性位：－500～＋50 mV(无负载)；
➢ 显性位：＋1.5～3.0 V(负载为 60 Ω)。

如果 CAN_H 电压不高于 CAN_L＋0.5 V，则节点将检测到一个隐性位。如果 CAN_H 电压比 CAN_L 高出至少 0.9 V，则检测到显性位。

当总线上同时出现显性位和隐性位时，最终呈现在总线上的是显性位。在总线空闲状态，发送隐性位。

7.3.2　低速容错 CAN 标准的特点与拓扑结构

该规范最重要的参数：

➢ 数据传输速率最大为 125 kbit/s；
➢ 最大总线长度取决于数据速率和总线的容性负载；
➢ 每个网络的最大节点数为 32；
➢ 共模电压范围－2～＋7 V；
➢ 5 V 电源电压。

容错规范可以检测和处理下列总线错误状态：

➢ CAN_H 的中断；
➢ CAN_L 的中断；
➢ CAN_H 与 V_{cc} 的短路；
➢ CAN_L 与 GND 的短路；
➢ CAN_H 与 GND 的短路；
➢ CAN_L 与 V_{cc} 的短路；
➢ CAN_H 与 CAN_L 的短路。

通过比较两条 CAN 线和对显性电平的监视可检测出不同的错误状态。切断出现故障的导线并切换到非对称性操作，则在剩下的总线上仍然能够继续通信。当然，对称信号传输的抗干扰性也因此而失去。

在容错规范中，隐性电平的偏置电压不是由总线的终端电阻而是由总线接口电路提供的，这样，整个系统与断开的总线节点或总线段的相关性就降低了。

符合容错规范的总线接口可通过 NXP 的 CAN 收发器 TJA1054 实现。图 7－4 是使用带电气隔离的 CTM1054 实现的总线连接。连接时需要注意终端电阻的连接，容错 CAN 收发器终端电阻被设定为 100 Ω，即 CAN_H 所有电阻并联为 100 Ω，CAN_L 总线所有电阻并联为 100 Ω。例如，5 个节点时，每个节点 RTH 和 RTL 上需要各加 500 Ω 电阻；而 10 个节点时，就需要改为 1 kΩ 电阻。因此，在构建一个 CAN 总线网络时，必须考虑 CAN 总线网络可能存在的节点数，根据节点数计算出终端电阻值。

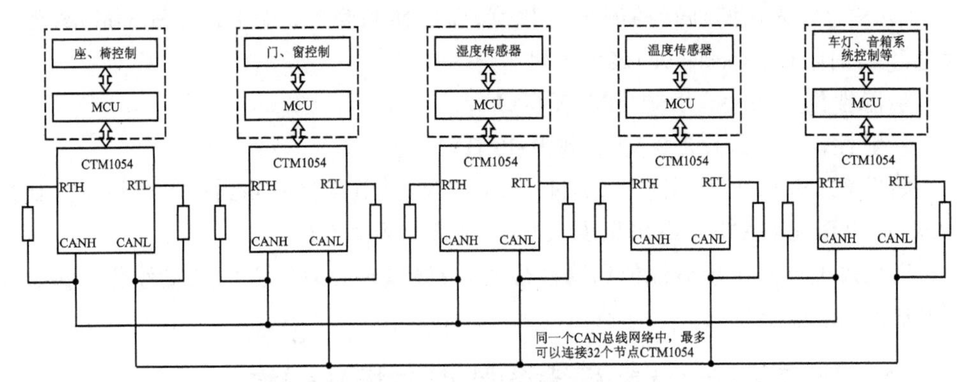

图 7－4　使用 CTM1054 实现的总线连接

7.4 CANScope 总线综合分析仪

7.4.1 设备简介

CANScope 分析仪是 CAN 总线开发与测试的专业工具，外观如图 7-5 所示。CANScope 集海量存储示波器、网络分析仪、误码率分析仪、协议分析仪及可靠性测试工具于一身，并把各种仪器有机地整合和关连；重新定义 CAN 总线的开发测试方法，可对 CAN 网络通信的正确性、可靠性、合理性进行多角度全方位评估。其中，超长的波形存储、可靠的报文记录、精准的出错定位、实时的示波器显示、丰富的高层协议分析能够帮助用户快速定位故障节点，解决 CAN 总线应用的各种问题，是 CAN 总线开发测试的终极工具。

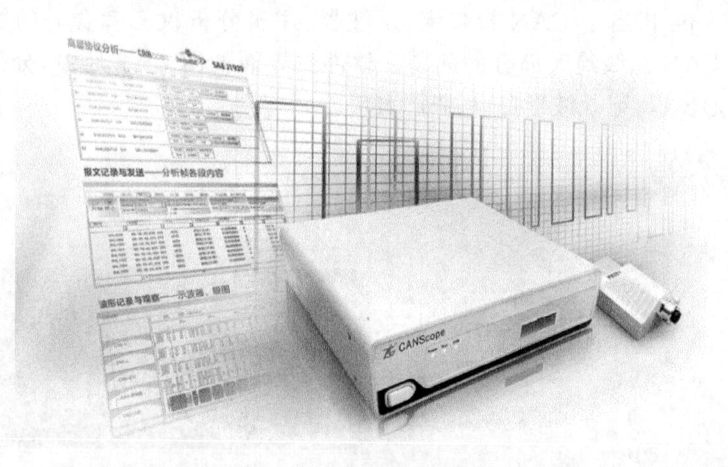

图 7-5　CANScope 分析仪外观

CANScope 测量原理如图 7-6 所示，设备将总线上的信号同时通过模拟通道和

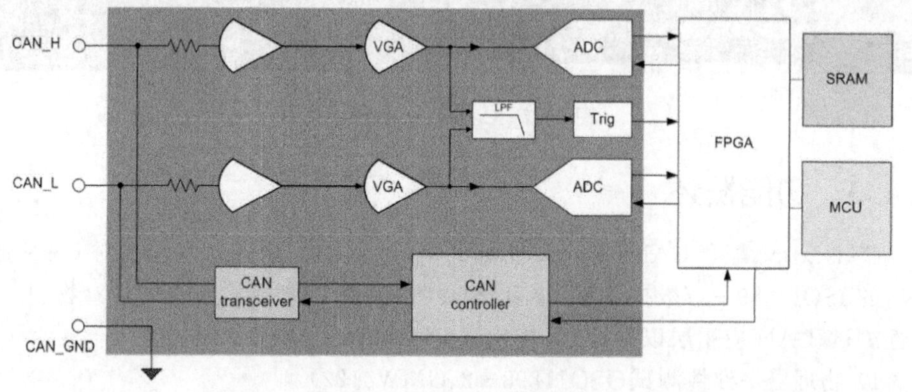

图 7-6　CANScope 内部原理

数字通道进行处理，然后结合后存储，通过 USB 提供给上位机软件分析。

7.4.2 产品特性

CANScope 特性如下：

- 100 MHz 示波器，可以实时显示总线状态，并且能进行 13 000 帧波形的存储；
- 所有报文（包括错误帧）的记录、分析，全面把握报文信息；
- 强大的报文重播，精确重现总线错误；
- 强大的总线干扰与测试，有效测试总线抗干扰能力；
- 支持多种高层协议，图形化仿真各种仪表盘；
- 实用的事件标记，最大限度存储用户关心的波形；
- 从物理层、协议层、应用层对 CAN 总线进行多层次分析；
- 支持软硬件眼图，辅助评估总线质量，并且能通过眼图准确定位问题节点。

CANScope 相当于 CAN 接口卡、示波器、逻辑分析仪三者合一的综合分析仪器，能解决 CAN 总线绝大部分的问题。软件主界面如图 7－7 所示，分别为报文窗口、实时波形窗口、记录波形窗口、眼图窗口。

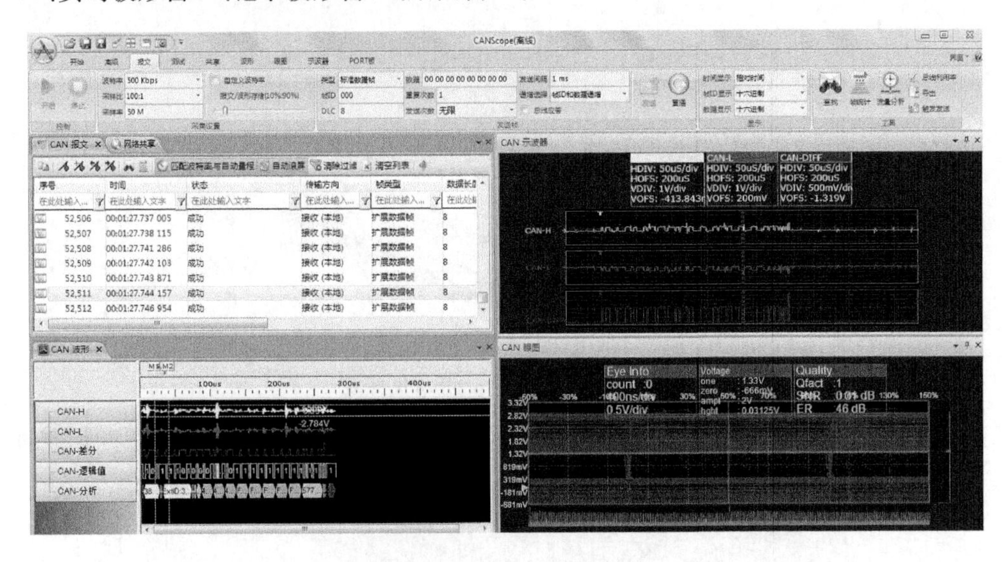

图 7－7　CANScope 软件界面

7.4.3 功能概述

CANScope 配套 CANDT 一致性测试箱，可支持的测试内容包括对 CAN 通信接口的 ISO11989—1（数据链路层）和 ISO11898—2（物理层）、GMW3122（物理层）一致性测试、CAN 应用层以及 CAN 应用层 CIA301 的一致性测试。

1）物理层一致性测试（ISO11898—2、GMW3122）

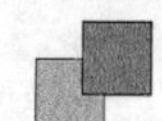

➢ 输出电压测试;
➢ 终端电阻变化时的输入电压阈值测试;
➢ 内阻测试;
➢ 输入电容测试与最大电容压力测试;
➢ 最大/最小设备供电电压;
➢ 信号边沿测试;
➢ 信号特征测试;
➢ 位时间测试;
➢ 波特率容忍度测试;
➢ 容错性能测试;
➢ 内部延时测试与网络延迟评估。

2) 数据链路层一致性测试(ISO11898—1)

➢ 采样点测试;
➢ CAN 2.0B 兼容测试;
➢ 报文的 DLC 测试;
➢ 报文标示符测试;
➢ 报文发送方式测试;
➢ 总线负载压力测试。

3) CAN 应用层一致性测试

➢ 报文的发送周期测试;
➢ BusOff 处理测试。

7.4.4　硬件接口

1. 接线端(背面接口)

CANScope 的接线端主要集中在设备的背面,如图 7-8 所示,接线端说明列表如表 7-2 所列。

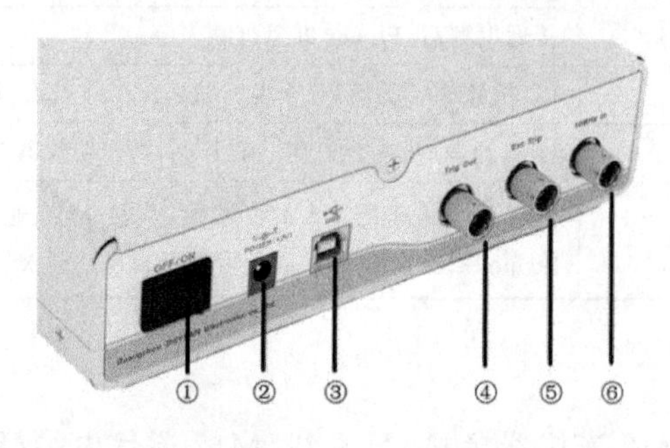

图 7-8　接线端

表 7-2　接线端说明

编　号	说　明	备　注
1	电源开关	ON(打开)和OFF(关闭)
2	电源接口	Power 12 V DC(内正外负)
3	USB接口	连接设备与PC机
4	触发输出	多仪器同步触发(工厂校准使用)
5	外部触发输入	接受外部触发信号(工厂校准使用)
6	时钟输入	外部10 MHz时钟源(工厂校准使用)

2. 端口(正面接口)

CANScope正面接口如图7-9所示,正面接口说明列表如表7-3所列。

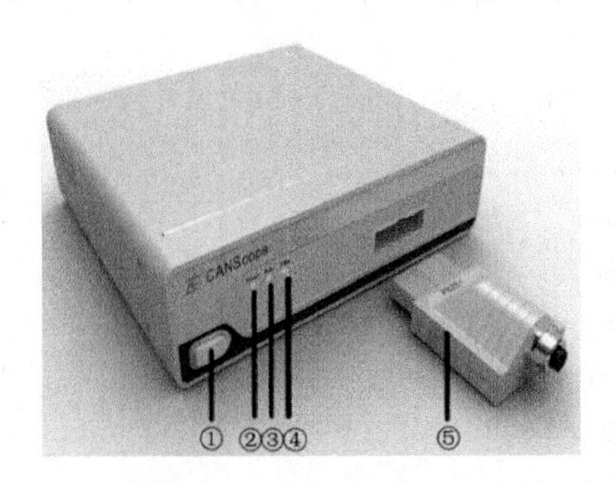

图 7-9　CANScope 正面

表 7-3　正面端口

编　号	说　明	备　注
1	软开关按钮	长按该按钮开机或关机,开机后该按钮呈红色;若按钮快闪,则表明供电电压不足(或者电池电量不足)
2	Power电源指示灯	接通电源后,Power红色灯亮
3	Run运行指示灯	PC机软件启动后,处于监听状态或工作状态时,Run黄色灯亮
4	USB指示灯	USB通信时,蓝色灯闪。若长亮,则表明仪器USB通信有故障
5	PORT插头	内置不同标准的CAN收发器,连接M12通信电缆。选配的CAN-Scope-StressZ模拟扩展板可用于替换此插头

3. 通信电缆

CANScope使用M12连接器接CAN总线,M12通信电缆(制作厂商不同,实际颜色与图片可能有所区别)如图7-10所示。测试套头功能定义如表7-4所列。

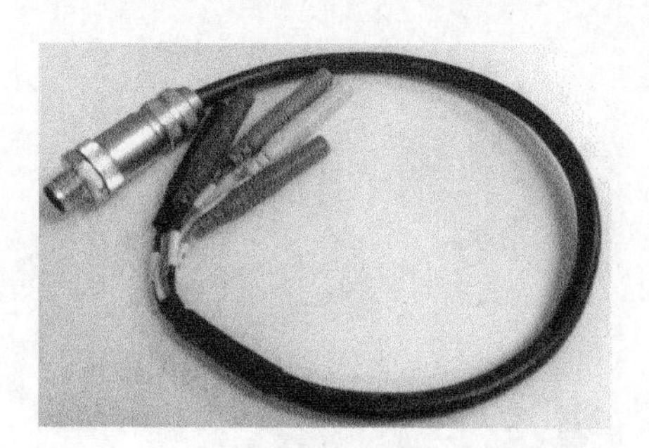

图 7－10　M12 通信电缆(标配)

表 7－4　测试套头

编　号	说　明	备　注
1	黄色香蕉头	CAN 总线信号线(CAN_H)
2	绿色香蕉头	CAN 总线信号线(CAN_L)
3	黑色香蕉头	信号地(一般情况下可以不接)
4	红色香蕉头	保留功能,实际要悬空,不要接任何位置
5	蓝色香蕉头	系统电缆屏蔽层(强干扰场合需要接到屏蔽地)

如果客户需要将 CANScope 快捷地接入车身诊断口,则可以选配 M12－OBD 车身诊断电缆,外观如图 7－11 所示。

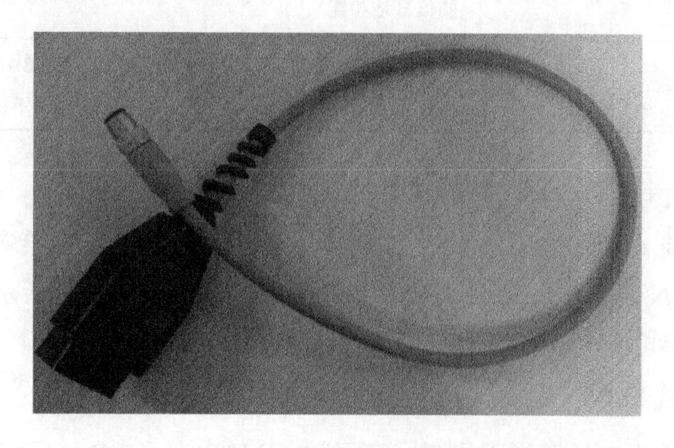

图 7－11　M12－OBD 车身诊断电缆(选配)

4. PORT 插头

CANScope 系列产品为了兼容 ISO11898—1/2/3/4/5 标准,设计了 4 款 PORT 头,内含 4 种不同的 CAN 收发器,可以根据实际系统选择,外观如图 7－12 所示。这 4 款 PORT 头型号及说明如表 7－5 所列。

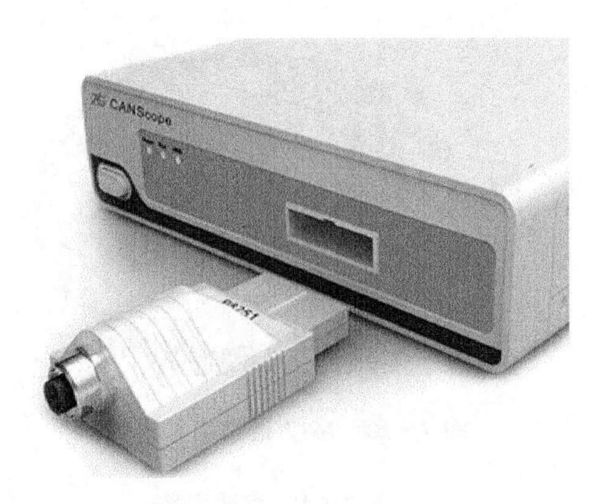

图 7-12　PORT 插头

表 7-5　PORT 插头型号说明

编　号	型　号	说　明
1	CANScope-P8251T(标配)	通用 CAN 收发器 PORT 头,波特率为 0～1 Mbit/s
2	CANScope-P1040T(标配)	高速 CAN 收发器 PORT 头,用于大于 20 kbit/s 波特率的系统,最高可达 1 Mbit/s
3	CANScope-P1055T(选配)	容错 CAN(又称低速 CAN)收发器 PORT 头,波特率小于 125 kbit/s。注意,使用此 PORT 头时,必须将黑色香蕉头的信号地与被测系统的信号地相连
4	CANScope-P7356 (选配)	单线 CAN 收发器 PORT 头,波特率小于 83.3 kbit/s。注意,使用此 PORT 头时,必须将黑色香蕉头的信号地与被测系统的信号地相连

5. CANScope-StressZ 模拟测量与干扰扩展板(选配)

为了增强对 CAN 总线模拟测量与干扰功能,在 CANScope 系列基础上研发了一款扩展板 CANScope-StressZ,外观及内部电气结构如图 7-13 所示。CANScope-StressZ 内部集成了 CAN 总线压力测试模块和网络线缆分析模块。

6. 压力测试模块

压力测试模块包括模拟干扰(数字干扰在 CANScope-Pro 标配)、CAN 总线应用终端的工作状态模拟、错误模拟能力,可以在物理层上进行 CAN 总线短路、总线长度模拟、总线负载以及终端电阻匹配等多种测试,也完整地评估出一个系统在信号干扰或失效的情况下是否仍能稳定可靠地工作。

7. 网络线缆分析模块

网络线缆分析模块具有无源二端网络的阻抗测量分析的能力,可以测试导线在不同频率下的匹配电阻、寄生电容、电感,也可以标定导线在何种波特率下具备最佳

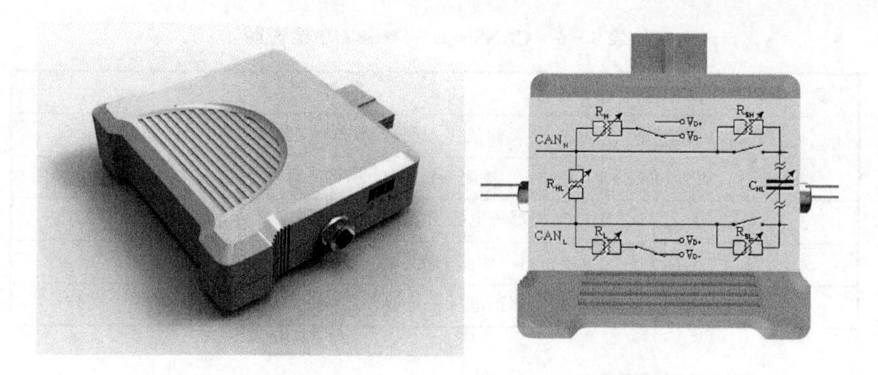

图7-13 CANScope-StressZ模拟测量与干扰扩展板(选配)

的通信效果。

两个模块联合使用可以帮助用户快速而准确地发现并定位错误,完成对节点的性能评估与验证,大大缩短开发周期,方便实现网络系统稳定性、可靠性、抗干扰测试和验证等复杂工作;并且内部已经集成了高速CAN收发器和容错CAN收发器,可以轻松完成任何CAN系统的模拟测量与干扰工作。图7-14为其与CANScope设备连接后的测量连接图。

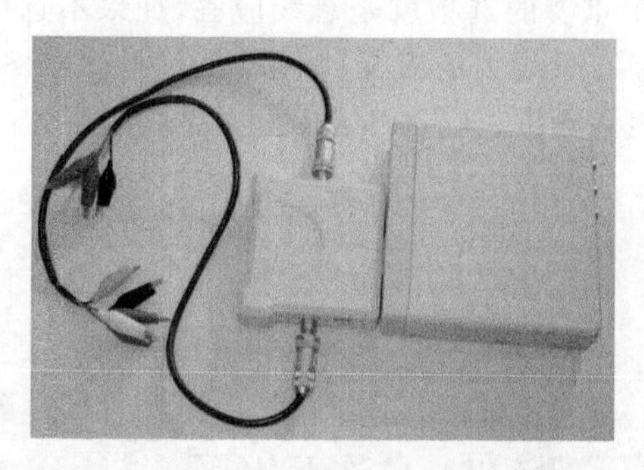

图7-14 CANScope-StressZ接线图

端口功能说明如表7-6所列,内部框图如图7-15所示。

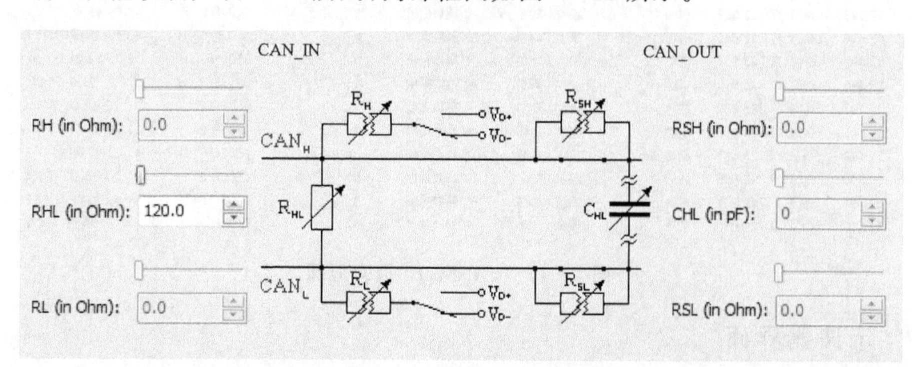

图7-15 接口内部结构示意

表 7－6　CANScope－StressZ 功能说明

编　号	说　明	备　注
1	CAN_IN	测量接入点，即软件中 CANH 和 CANL 位置
2	CAN_OUT	被测系统接入点，即软件中 CAN OUT 位置
3	V_{dis-}	外部负电压干扰接入点，即软件中 V_D- 或者 V_{dis-} 位置
4	GND	外部干扰信号地，与 CANScope 信号地连接
5	V_{dis+}	外部正电压干扰接入点，即软件中 V_D+ 或者 V_{dis+} 位置

7.4.5　设备软件界面

1. 报文界面

CANScope 的 CAN 报文界面可以容纳无数个 CAN 帧，只要计算机的内存足够大，就可以一直保存下去，并且有导出功能。这个 CAN 报文界面与那些带控制器的设备（比如 USBCAN）不同，它不仅可以实时捕获总线错误状态，即可以记录错误帧。比如在状态栏里面输入错误即可将所有错误帧筛选出来，并可以很方便地进行报文发送（重播）。另外一个重要的选项就是总线应答，如果不选中，则 CANScope 作为一台只听设备，不会应答总线上的报文；如果选中，则 CANScope 作为一台标准的 CAN 节点工作，可以发送数据。CANScope 报文界面如图 7－16 所示。

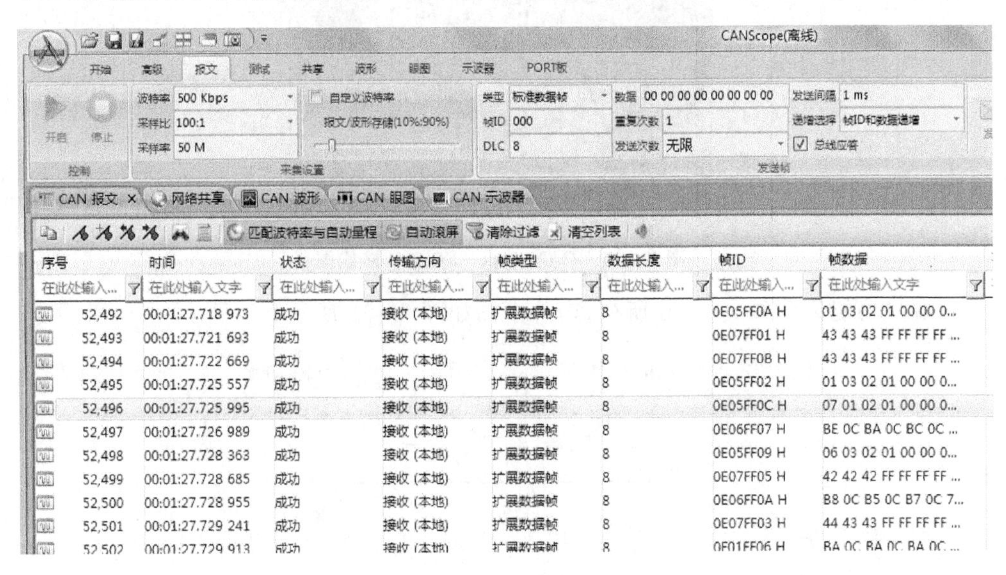

图 7－16　CANScope 报文界面

2. 示波器界面

CANScope 集成 100 MHz 实时示波器，开机即可自动进行匹配波特率；可以对

CAN_H、CAN_L、CAN 差分进行分别测量，获得位宽、幅值、过冲、共模电压等常规信息。另外，还能对波形进行实时傅里叶变换（FFT），将不同频率的信号分离出来，从而实现发现干扰源的目的。CANScope 示波器界面如图 7－17 所示。

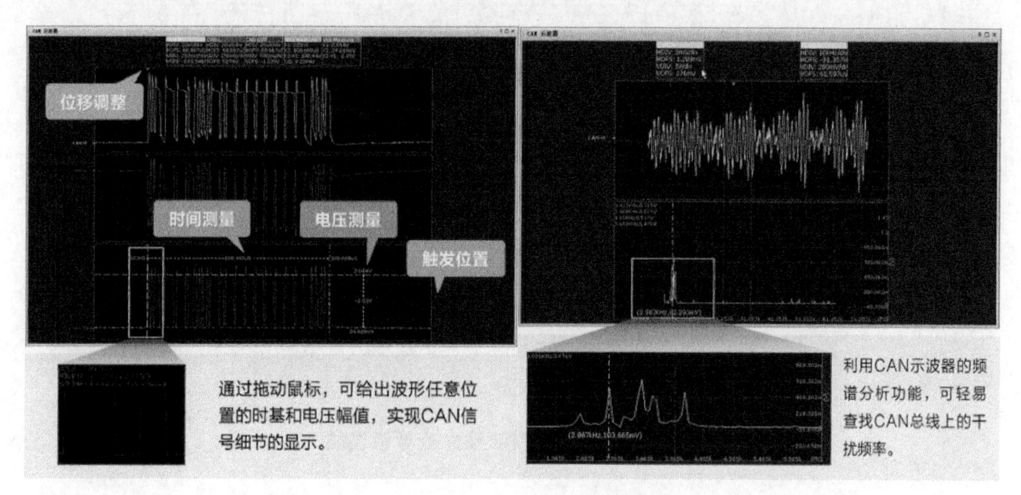

图 7－17　CANScope 示波器界面

3. 波形界面

实时示波器只能看即时窗口的波形，为了更好地发现总线上面的物理问题，CANScope 自带 512 MB 超大波形存储，可以存储 13 000 帧波形数据。分析波形时，已经将模拟、数字、协议按时间解析好，方便查看对应故障所在位置。比如某个 CAN 协议出错，这个错误是什么波形就可以一目了然。CANScope 波形界面如图 7－18 所示。

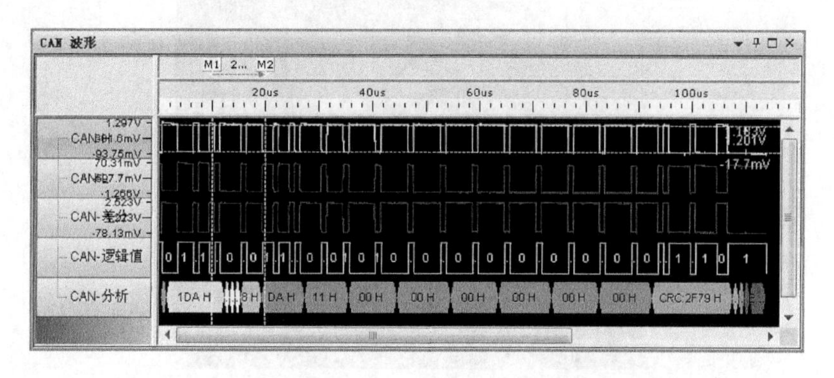

图 7－18　CANScope 波形界面

为方便查看和分析，报文和波形一般不是割裂开的，按照测试习惯，CANScope 还可以同步建立水平选项卡，同步查看报文与对应波形。当然，最重要的不是用来看正常的报文，而是分析错误报文，在筛选框中输入错误即可筛选出错误报文，然后单击即可查看到错误帧的波形。CANScope 波形联动报文查看错误帧功能界面如图 7－19 所示。

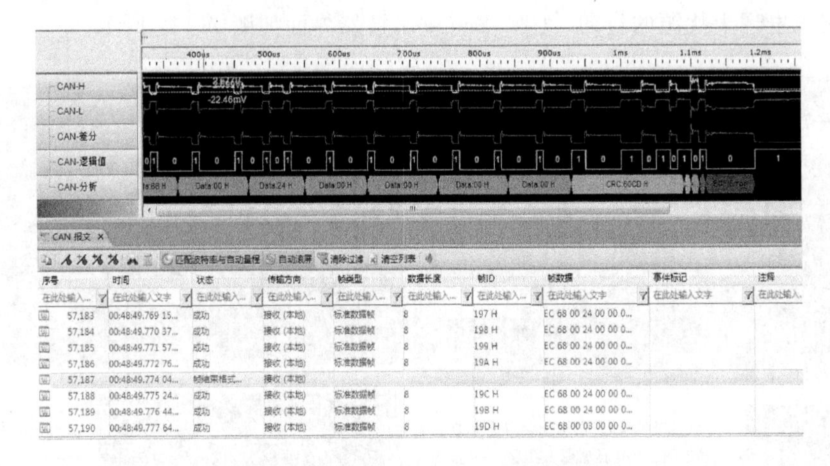

图 7－19　波形联动报文查看错误帧

7.5　工程机械节点硬件常见问题与改进设计

工程机械，特别是目前日益普及的电动工程机械（如图 7－20 所示），在 CAN 总线网络的电磁环境下比较复杂。

图 7－20　电动工程机械 CAN 布线环境

CAN 电缆往往无法远离电机驱动线缆，处于这种环境中的 CAN_H 和 CAN_L 信号会叠加很多干扰信号，如尖峰脉冲、共模干扰等，如图 7－21 所示。

这些不需要的信号对 CAN 节点来说是有害的，轻则干扰正常的数据，重则损坏

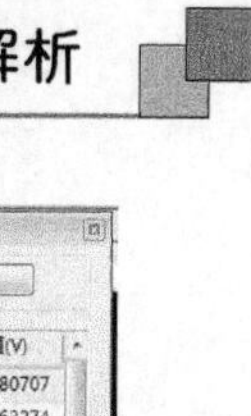

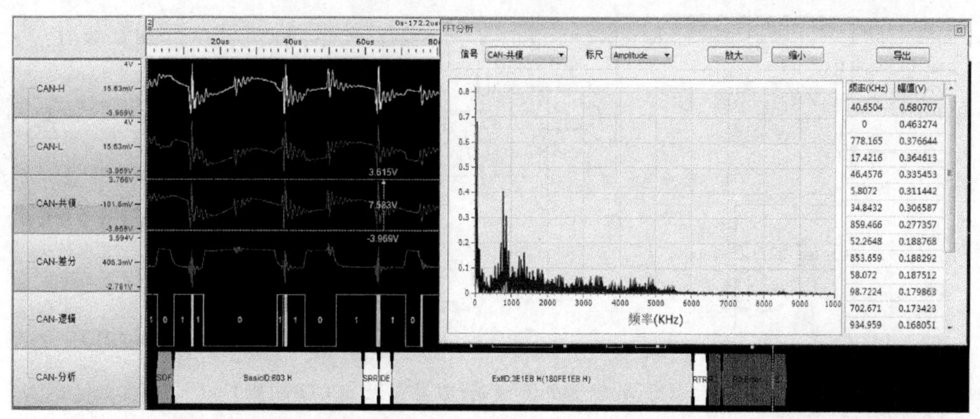

图7-21　实际布线对CAN布线环境受到干扰

设备。所以实际设计硬件时会在CAN收发器的CAN_H、CAN_L与物理电缆之间加入滤波器和抗干扰电路，高防护等级的还会加入隔离电路，在电气上把控制电路与CAN电缆隔离开。

隔离的引入极大提升了CAN网络的可靠性，不但可以有效抵制电势差造成的共模干扰，可以消除地环路的影响，也可以避免高压危险的影响。

7.5.1　接口电路常见损坏排查与高防护接口电路设计

非休眠CAN节点满足ISO 11898—2标准，具备休眠唤醒功能的CAN节点还须满足ISO11898—5标准。

总原则：CAN系统中，应尽量使用同一种型号的CAN收发器或者同一系列的收发器，以达到通信一致性的要求。如果有混用的情况，CAN速率应控制在500 kbit/s以内。

1. 非隔离CAN收发器与外围电路设计

非隔离CAN收发器指CAN收发器的电源、地与MCU控制器的电源、地有直流耦合关系，一般用于现场干扰小、距离短、延时要求小的场合。

根据收发器的不同，部分收发器提供了用于连接分裂式终端的SPLIT引脚（如NXP TJA1040、NXP TJA1041）；部分收发器无此引脚（如NXP TJA1050），本标准针对两类收发器分别推荐了外围电路图，如图7-22和图7-23所示。相关元器件的推荐参数值如表7-7所列，电路的设计应满足下列要求：

① PCB应预留空间和焊盘，用于焊接终端电阻R1、R2、电容C_4以及共模电感L。没有焊接共模电感L时，应采用0 Ω电阻保证CAN_H/L的通路，是否焊接共模电感须根据EMC性能要求决定。对于不需要在内部焊接终端电阻的ECU，则不需要焊接R1、R2和C_4。除R1、R2、C_4以及L以外的其他所有元器件在每个ECU内部都需要焊接。

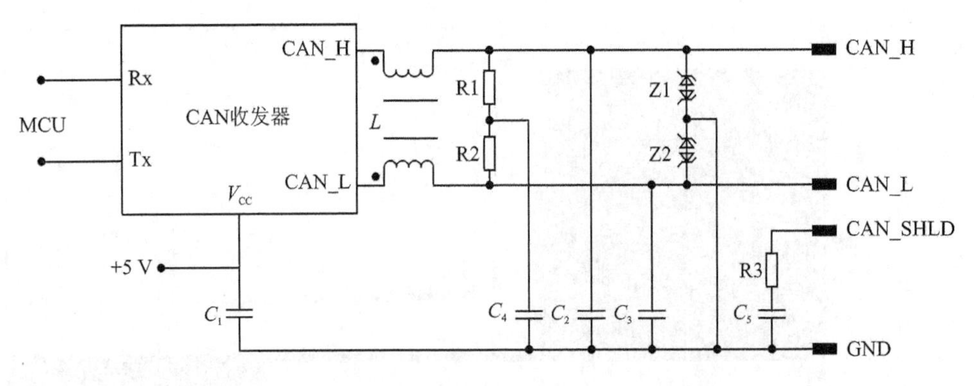

图 7-22　收发器外围电路(收发器无 SPLIT 引脚)

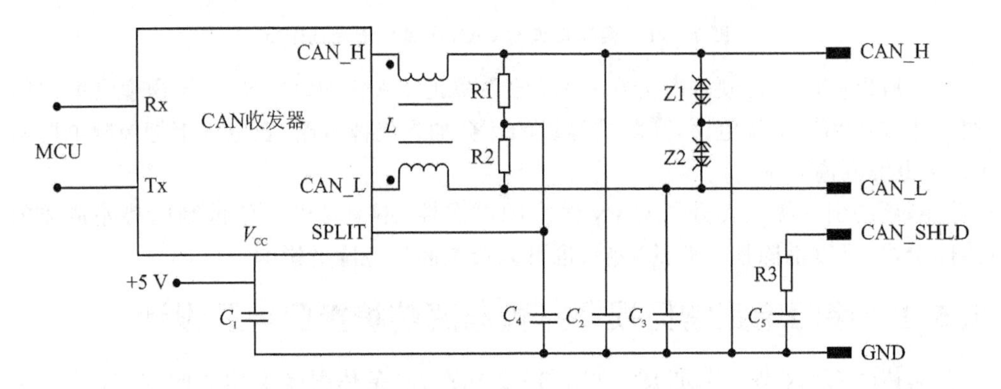

图 7-23　收发器外围电路(收发器有 SPLIT 引脚)

② 收发器应该尽可能靠近 PCB 边缘的接插件,它们之间不允许存在其他集成电路芯片。

③ 接插件和收发器之间的 CAN_H 和 CAN_L 布线应该尽可能紧凑。

④ CAN_H、CAN_L、Tx 和 Rx 电路应做防护措施,如布置地防护线。

⑤ ECU 内部 CAN_H/L 的布线总长度不超过 10 cm。

⑥ 收发器芯片下的焊接面上应布置地平面。

⑦ 布线时,将 C_2、C_3、C_4 及 ESD 的地直接接到地平面,不要与 C_1、C_5 的接地线共线以后再接入地平面。

⑧ 电路中所有的地应与车身的地相连。

表 7-7　CAN 收发器外围电路元器件的推荐参数值

符　号	描　述
C_1	100 nF,工作电压可达 50 V 或更高
C_2、C_3	40～100 pF,工作电压能达 100 V 或更高;C_2 与 C_3 的电容值应尽量相等,整车寿命内两者的偏差不允许超过 10%

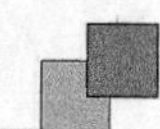

续表 7-7

符　号	描　述
C_4	100(1±10%)nF,工作电压能达50 V或更高
C_5	0.68(1±10%) nF
R1、R2	60.4(1± 1%)Ω(干线终端电阻),最小允许耗散功率250 mW;如果ECU所处环境温度较高,则该功率为400 mW。 619(1±1%)Ω(支线终端电阻),关于耗散功率的要求同上。 30(1±1%)Ω(诊断终端电阻),关于耗散功率的要求同上。 R1与R2的电阻值应尽量相等,整车寿命内两者的偏差不允许超过3%
R3	1(1±1%)Ω
Z1、Z2	ESD/过压保护,推荐型号: NXP: PESD1CAN ON Semiconductor:MMBZ27VCLT1
L	共模电感,推荐型号: TDK:ACT45B-510-2P EPCOS:B82793-S0513-N201

2. 隔离CAN收发器

CAN总线网络常用于电磁环境复杂的工业现场,且物理电缆的长度最长可达数公里,处于这种环境中的CAN_H和CAN_L信号往往会叠加很多干扰信号,如尖峰脉冲、共模干扰等。这些不需要的信号对CAN节点来说是有害的,轻则干扰正常的数据,重则损坏设备。所以,实际设计硬件时会在CAN收发器的CAN_H、CAN_L与物理电缆之间加入滤波器和抗干扰电路,高防护等级的还会加入隔离电路,在电气上把控制电路与CAN电缆隔离开。

隔离的引入极大提升了CAN网络的可靠性,不但可以有效抵制地电势差造成的共模干扰,可以消除地环路的影响,也可以避免高压危险的影响。

电路的抗干扰设计是一门专业的学科,需要通过细致的理论分析和大量的实验测试才能最终确定电路方案。为了降低CAN节点设计者的难度,推荐使用广州致远电子的CAN收发器和外围保护隔离电路封装在一起做成的独立的模块,外观示意图详如图7-24所示,大大简化了CAN硬件设计。

常见的一体化隔离CAN收发器模块如表7-8所列。

图7-24　隔离CAN收发器产品

表 7-8　常见一体化隔离 CAN 收发器模块

器件型号	工作电压/V	CAN 电平	备　注
SC1(3)500B/L/S	(3.3)5	高速 CAN	表贴式
CTM8251K(A)T	(3.3)5	高速 CAN	通用,波特率:5 kbit/s~1 Mbit/s
CTM1051K(A)T	(3.3)5	高速 CAN	波特率:40 kbit/s~1 Mbit/s
CTM1051(A)Q	(3.3)5	高速 CAN	汽车应用,波特率:40 kbit/s~1 Mbit/s
CTM1051(A)M	(3.3)5	高速 CAN	超小体积
CTM(3)5MFD	(3.3)5	高速 CAN/CANFD	超小体积,支持 CANFD
CTM1042K(A)T	(3.3)5	高速 CAN	低功耗,待机可唤醒
CTM1051(A)HP	(3.3)5	高速 CAN	高浪涌防护
CTM8251K(A)D	(3.3)5	高速 CAN	双路双隔离

表 7-8 列出的隔离 CAN 收发器主要由隔离 DC-DC 电源、信号隔离电路、CAN 收发器芯片三大部分组成,如图 7-25 所示。后面将详细介绍不同型号隔离 CAN 收发器的特点,帮助读者有针对性地选型。

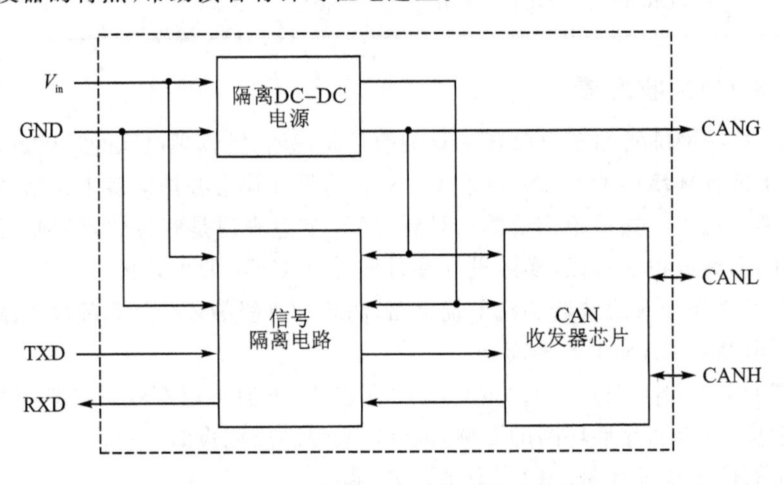

图 7-25　隔离 CAN 收发器基本结构

除此之外,用户也可以使用类似的隔离方案,例如,TI 的 ISO1050 加隔离电源方案、ADI 的 ADM3053 方案、NXP 的 TJA1052i 加隔离电源方案等,或者自行搭建隔离电路。

3. 高防护的外围电路设计

为了使 CAN 节点适应各种应用场合,特别是干扰很强的场合,比如 CAN 线缆不得不与强电捆绑时,增加外围保护电路可以有效地提高 CAN 节点的抗干扰能力,如抗静电、抗浪涌等。结合隔离收发器的特性,此处提供了一个隔离 CAN 收发器的

外围保护电路，如图 7-26 所示。

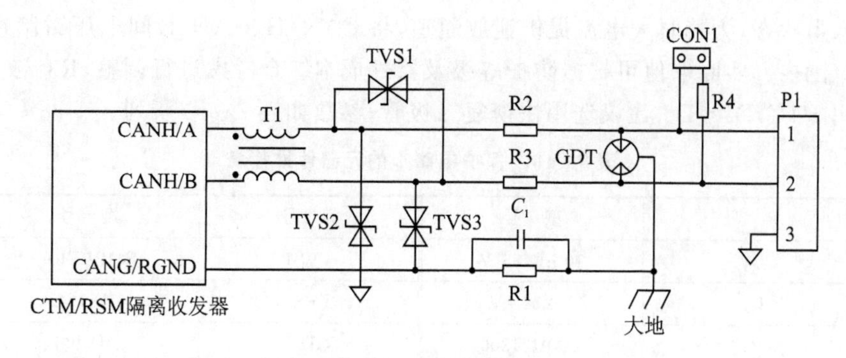

图 7-26　保护电路 1

此保护电路主要由气体放电管、限流电阻、TVS 管、共模电感组成。气体放电管 GDT 用于吸收大部分浪涌能量；限流电阻 R2、R3 用于限制流过 TVS 管的电流，防止流过 TVS 管的电流过大损坏 TVS 管；TVS 管将收发器引脚之间的电压限制在 TVS 的钳位电压，保护后级收发器芯片。T1 用于抑制收发器对外界造成的传导骚扰，并抑制部分共模干扰。此保护电路可以有效地抑制共模浪涌及差模浪涌，推荐参数如表 7-9 所列，根据此表的推荐参数可满足 IEC61000-4-2、IEC61000-4-5 的 4 级要求。

表 7-9　保护电路 1 的元器件推荐表

标　号	型　号	标　号	型　号
R2、R3	2.7Ω、2 W	TVS1、TVS2、TVS3	P6KE12CA
R1	1 MΩ、1206	GDT	B3D090L
C_1	102、2 kV	T1	B82793S0513N201

图 7-26 中 TVS 管的结电容较大，可达到上百皮法，并不适合节点数较多的应用场合。如果总线节点数较多，建议增加快恢复二极管，如 HFM107，以降低结电容对通信造成的影响，如图 7-27 所示。

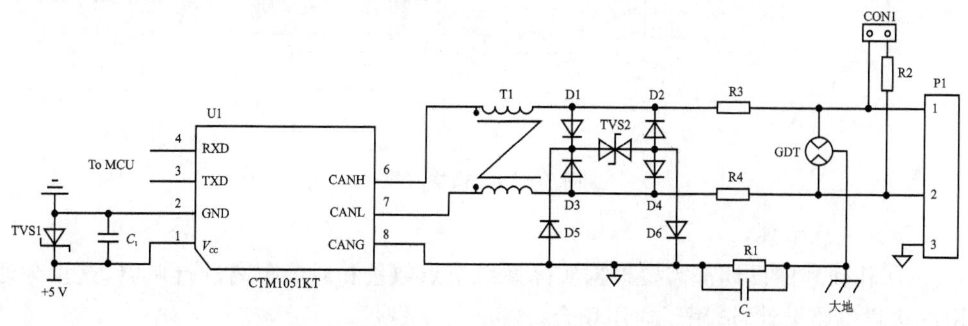

图 7-27　保护电路 2

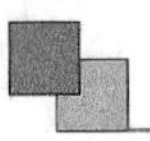

图 7－27 中，GDT 置于最前端，提供一级防护；当雷击、浪涌产生时，GDT 瞬间达到低阻状态，为瞬时大电流提供泄放通道，将 CAN_H、CAN_L 间电压钳制在二十几伏范围内。实际取值可根据防护等级及器件成本综合考虑进行调整，R3 与 R4 建议选用 PTC，D1～D6 建议选用快恢复二极管，参数如表 7－10 所列。

表 7－10　保护电路 2 的元器件推荐表

标　号	型　号	标　号	型　号
C_1	10 μF、25 V	TVS1	SMBJ5.0A
C_2	102、2 kV	TVS2	P6KE15CA
R1	1 MΩ、1206	GDT	B3D090L
R2	120 Ω、1206	T1	B82793S0513N201
R3、R4	2.7 Ω、2 W	CON1	断路器
D1～D6	HFM107 或 1N4007	U1	CTM 模块

分立元器件方案虽然能够提供有效的防护，但需要引入较多的电子器件，意味着接口电路将占用更多的 PCB 空间，而器件参数选择不合适易造成 EMC 问题。有没有更简洁的防护设计呢？答案是肯定的。可选择引入专业的信号浪涌抑制器 SP00S12，可用于各种信号传输系统，并抑制雷击、浪涌、过压等有害信号，对设备信号端口进行保护。模块方案如图 7－28 所示，可极大程度地提升产品的集成度，同时极大程度地缩小开发周期。

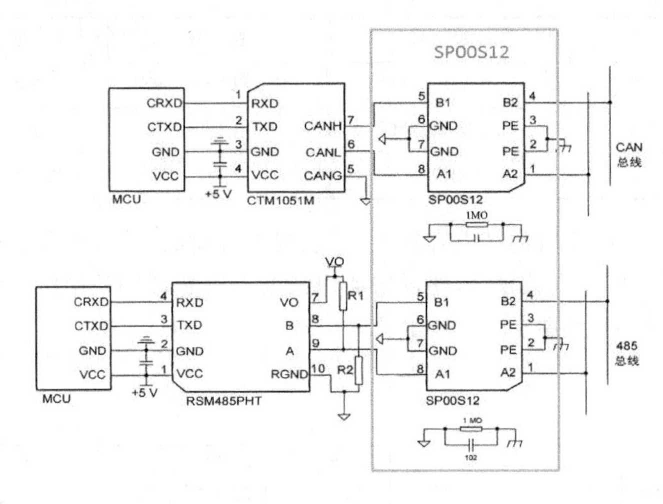

图 7－28　模块方案

设计注意事项：

① 任何外围设计都需要根据实际系统节点数量和通信距离进行调整，这里为通用的接口电路设计，适用于通用场合。

② 当现场有高压或者耐压需求较大时，须将内部 CANG 与大地连接的 1 MΩ

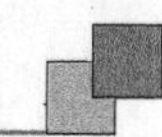

电阻改为 10 MΩ,并且将 102 电容去除。

③ 使用以上高防护的外围电路时,CAN 网络采用标准的首尾 120 Ω 终端电阻时,500 kbit/s 网络中不得超过 3 个节点具备此电路,250 kbit/s 网络中不超过 7 个节点具备此电路,125 kbit/s 网络中不超过 15 个节点具备此电路。如果具备此电路的节点过多,则可采用减小终端电阻的方式来抵消电路的结电容影响,终端电阻并联值最小不得小于 30 Ω,或者降低波特率以增加节点数量。

7.5.2　线缆参数选择问题与规范线缆

1. 总线传输速率

推荐的总线传输速率为 125 kbit/s、250 kbit/s、500 kbit/s。根据传输速率不同,分为 HS－CAN、MS－CAN、LS－CAN。其中,HS－CAN 采用的传输速率是 500 kbit/s,MS－CAN 采用的传输速率是 250 kbit/s,LS－CAN 采用的传输速率是 125 kbit/s。

2. 网络节点布置要求

整车网络拓扑架构视具体车型而定,在对应车型的网络通信标准中描述。通常一个整车网络会由数个网段组成,每个网段由若干网络节点组成,如图 7－29 所示。

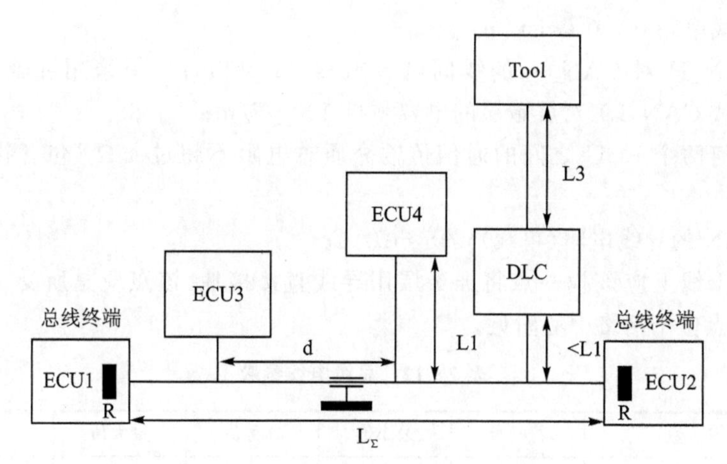

图 7－29　整车网络拓扑架构示意图

网络节点布置需要满足如表 7－11 所列出的技术要求,例如,任何两个 ECU 之间 d 值不得小于 0.2 m。

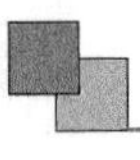

表 7-11　保护电路 2 的元器件推荐表

参　数	符　号	速率/(kbit/s)	最小值	标称值	最大值	单　位
总线电缆总长度(不含支线)	L_{Σ}	500	0.1	—	50	m
		250			100	m
		125			200	m
ECU 支线长度	L_1	500	0	—	0.5	m
		250			1	m
		125			2	m
诊断工具到总线距离	L_3		0	—	2	m

3. CAN 总线电缆技术要求

总线电缆参数如表 7-12 所列，必须同时满足以下技术要求：

① CAN 总线电缆需要使用屏蔽三绞线或者使用四芯线缆，以满足 CAN_H、CAN_L、CANG 的连接需求；

② 为了便于与接插件的连接，在连接部分允许有短于 50 mm（最好是 25 mm）的电缆不用绞；

③ 芯截面积：0.35～0.5 mm^2；

④ 绞线率：33～50 twist/m；

⑤ CAN_H 对 CAN_L 的线间电容须≤ 45 pF/m；如果采用屏蔽双绞线，则 CAN_H（或 CAN_L）对屏蔽层的电容须≤ 100 pF/m；

⑥ 任何两个 ECU 之间的通信传输介质总电阻不超过 4 Ω（包含接插件和电缆）；

⑦ CAN 的导线电阻(单线)≤45 mΩ/m；

⑧ 在干线上应该找一点将屏蔽层用导线直接接地，该点应是所受干扰最小的点，同时该点位于网络中心附近。

表 7-12　总线电缆参数

参　数	符　号	最小值	标称值	最大值	单位
特征阻抗	Z	108	120	132	Ω
信号传播延迟时间	—	—	5	5.5	ns/m

4. 接插件

接插件应该有足够的机械强度，以保证即使在车上受到最大的振动也不会断开连接，满足 EQC-1202 要求。接插件插拔次数满足 EQC-1202 的要求，不应对功能造成任何影响。诊断接口的接插件遵照 SAEJ 1962，需要满足不超过 200 次的插拔。

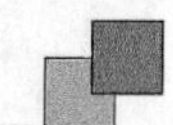

5. 节点数量

若传输介质采用屏蔽绞线，对于 HS－CAN 网段，包含诊断设备在内，每个网段的节点数量不能超过 16 个；对于 MS－CAN、LS－CAN 网段，包含诊断设备在内，每个网段的节点数量不能超过 32 个。

6. 终端电阻

终端电阻是吸收总线电容，并且抑制总线信号反射的主要元件。

CAN 网段应在干线的两端安装终端电阻，这类终端电阻称为干线终端电阻。如果某 ECU 通过一段比较长的支线接入网段，为了防止信号反射，在收发器驱动能力足够的前提下，可以在该 ECU 上安装终端电阻或者内部安装分裂式终端电阻，这类终端电阻称为支线终端电阻。上述终端电阻的阻值如表 7－13 所列。

表 7－13 终端电阻值

参 数	符 号	最小值	标称值	最大值	单 位
干线终端差分电阻[1]	R_{bus}	116	120	128	Ω
支线终端差分电阻	R_{stub}	1091	1238	1253	Ω

注：[1] 此参数指干线一端的差分电阻。

某一段 CAN 网络中，CAN_H 和 CAN_L 之间最终的并联直流电阻值保证在 30～60 Ω 之间。

终端电阻的安装方式有两种：可以直接安装在 CAN 总线干线上，也可以安装在某个 ECU 内部：

① 直接安装在 CAN 总线上：如果采用这种安装方式，则终端电阻必须采用独立的电阻(不允许采用分裂式终端电阻)，建议将此类终端电阻安装在干燥的位置。

② 安装在 ECU 内部：如果采用这种安装方式，则终端电阻应采用分裂式电阻，具体安装方法详见 CAN 节点外围电路设计。

如果终端电阻安装在 ECU 内部，则终端电阻应选择安装在平台内各种车型均会存在的节点。

7.5.3 网络布局常见问题与处理方案

在实际的工程机械布线中，要实现以上规范的布局是非常困难的事情，特别是大型的工程机械中，CAN 节点非常分散，如果用总线全部“手牵手”绕下来，不但通信距离超过极限传输限度，而且线缆增加的成本和重量都将严重影响产品的竞争力，所以下面分几个特殊情况做相应措施。

1. 多节点集中的机箱式布局

大型工程中，CAN 总线经常将多个控制箱联系起来，而每个控制箱中可能分布多个 CAN 节点，此时如果按图 7－30 所示的接法就容易导致负载集中的问题，此处阻抗突变导致信号反射非常严重，可能导致整个网络无法通信。

所以，要将图 7－30 走线布局改成图 7－31 所示的“一进一出”的总线型布局，并且保证两个相邻节点之间距离不小于 2 cm。在箱体中走线时，要保证线缆类型与干线一致；如果是 PCB 走线，则线宽不得小于 15 mil。

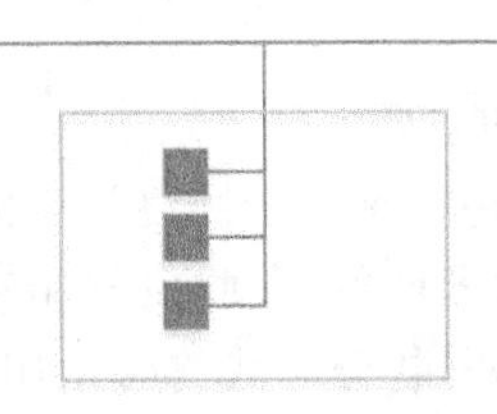

图 7－30　负载集中的布局

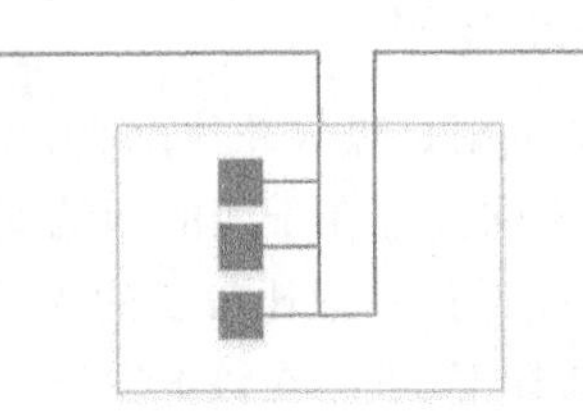

图 7－31 总线型的箱体布局

2. 星型布局

当总线上节点均从一个分线盒中拉出，形成星型布局时，如图 7－32 所示，每个终端均须匹配电阻，汇聚点不得加电阻，原则是“越长的分支匹配越小电阻，越短的分支匹配越大电阻”。为了工程施工方便，建议等长分支，这样每个分支的终端电阻 R＝n＊60，其中，n 为分支总数。比如 5 个等长分支，每个分支末端需要匹配 300 Ω 电阻。注意，这种匹配方式下，分支数量最大为 10 个，更多时就需要使用 CAN 集线器进行分支。

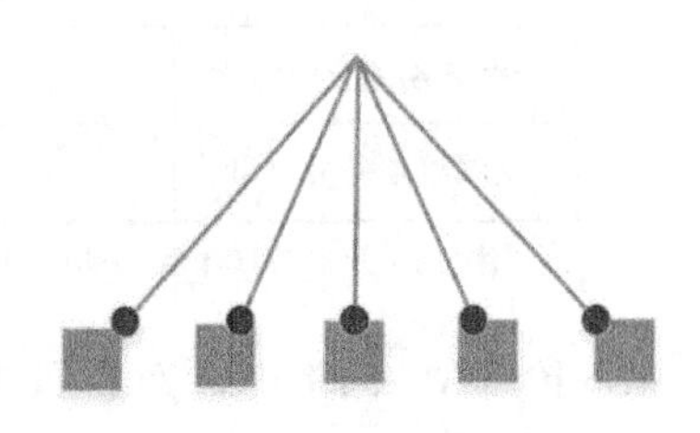

图 7－32　星型布局的匹配

3. 节点分支多且长的布局

当总线型布局上许多节点的分支都超过最大分支长度很多时，比如 500 kbit/s 的波特率下，每个节点分支长度都超过 3 m，这种情况下可以采用 CAN 收发器前置的方式，使用 TTL 电平的线缆进行分支，如图 7－33 所示。这样既保证了 CAN 的分支规则符合规范，又满足了应用。

4. 多处开花状布局

在工程实践中，有一种难以匹配的布局——“多处开花状布局”。这种布局的“开花”分支很长时，每个分支末端所匹配的电阻过大，导致无法吸收总线反射，如图 7－34 所示。

遇到这个情况就只能添加 CAN 集线器进行分支，比如使用致远电子的 CANHub－AS4(4 口 CAN 集线器)、CANHub－AS5(5 口 CAN 集线器)、CANHub－AS8(8 口 CAN 集线器)，把每个分支变成一个独立的拓扑，每个小拓扑的首尾终端

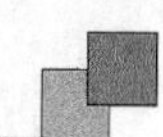

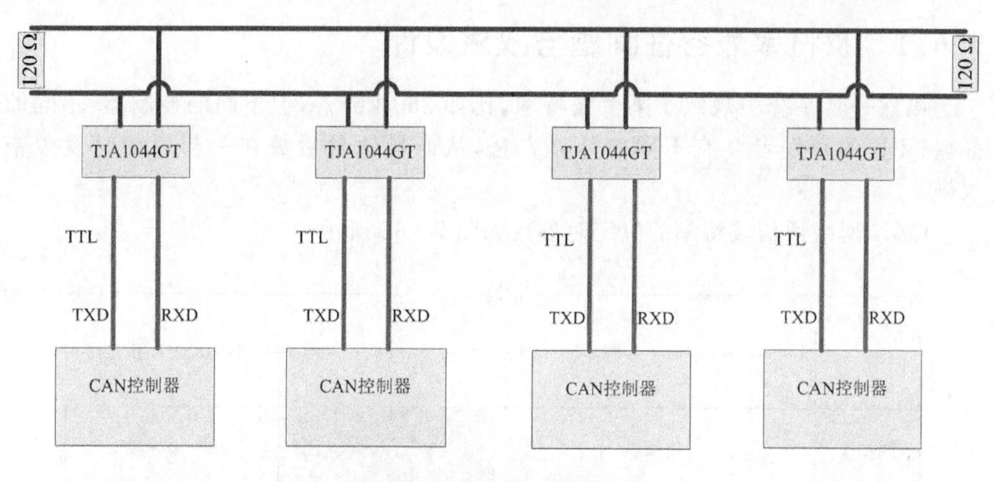

图 7-33　收发器前置的布局

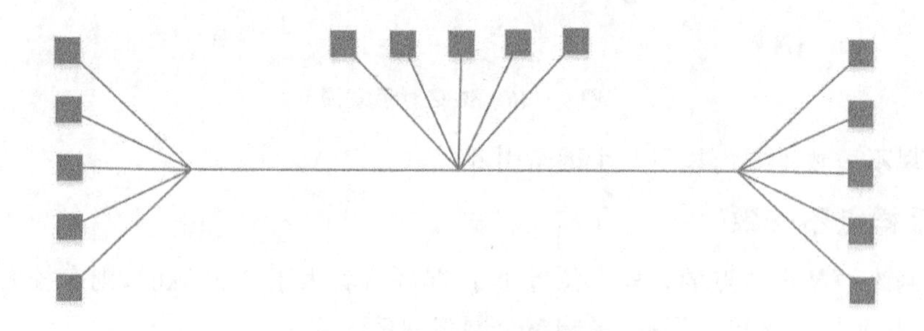

图 7-34　“开花状”布局

电阻都是 120 Ω,这样就可以正常进行通信了,如图 7-35 所示。

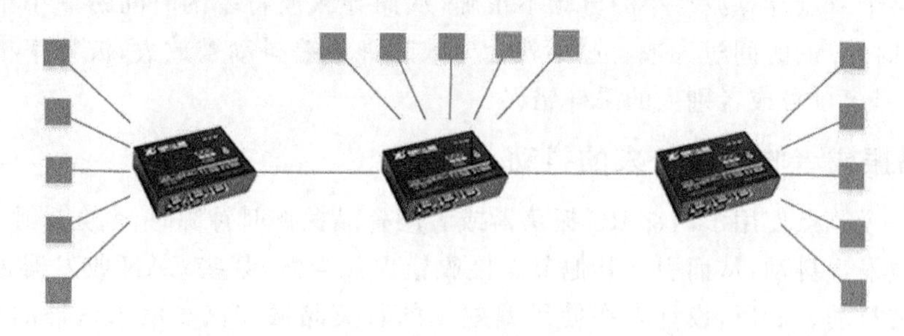

图 7-35　使用 CAN 集线器解决“开花状”布局

7.6　工程机械 J1939 软件常见问题与改进设计

工程机械是一个大型的系统集成产品,系统中每个 ECU 可能从不同的供应商采购,所以规范每个 ECU 的软件是保证整个系统稳定的关键。

7.6.1 波特率兼容性问题与改进设计

虽然一套系统中规定了某个波特率，比如 250 kbit/s，但不同的控制器、不同的晶振、不同的开发者会有不同的计算方法，从而导致最后放在一起通信时发生错误帧。

CAN 网络通信波特率的位定时参数如图 7－36 所示。

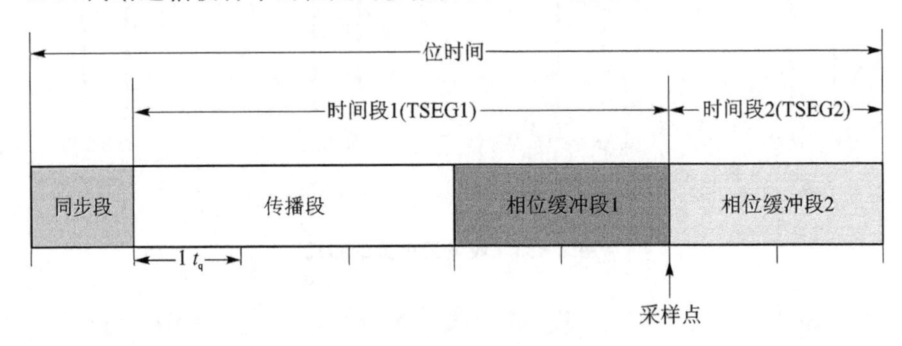

图 7－36　位定时示意图

出现不一致主要由以下几个因素引起：

1. 采样点不一致

当网络中某个节点的采样点位置小于 70％或者大于 87.5％时，则有较大概率采样错误，从而导致报出错误帧，影响整个网络通信。

2. t_q 值偏差太大

当某个节点计算波特率的分频不正确，从而导致波特率的时间份额小于 8 或者大于 20 时，t_q 的时间过大或者过小就会导致时钟误差抖动被放大，波特率精准度下降，从而引起自身或者别人的采样错误。

3. 晶振或者收发器带来的抖动

当一个节点使用了内部 RC 振荡器或者陶瓷晶振作时钟源时，就会导致 CAN 发出的位宽发生抖动，从而引起其他节点接收错误。当然，某些 CAN 收发器也会引入位宽度的抖动。所以，设计者在使用偏差小的石英晶振和汽车电子认证的 CAN 收发器时，必须要注意此类问题。

针对波特率不一致产生的这些问题，我们需要保证 ECU 的 CAN 控制器完全满足 ISO 11898—1 要求，且不允许采用定制的芯片，应采用容易获得且广泛应用的汽车级芯片。CAN 控制器允许采用独立芯片或 MCU 芯片内部自带的 CAN 控制器模块。

CAN 控制器须支持 Bosch 的 CAN 2.0A and CAN 2.0B 规范，须通过 ISO16845 的一致性测试。

位定时参数的总原则是波特率采样点范围必须在70%～87.5%之间，采样点越靠后，理论通信距离越远，但兼容性越差。应用中通常采用汽车电子标准，以兼容性优先，可以减少重同步时的错误帧的产生。

所以，采样点位置统一设置在70%～77%之间，其位定时参数取值如表7-14与表7-15所列，即配置到CAN波特率寄存器中的参数必须选取表里面的值。

表7-14 采样点参数

参 数	符 号	最小值	标称值	最大值	单 位
通信速率误差	$\triangle f_B$	0	—	±0.5	%
采样次数	SN		1		
采样点位置	SP	70	75	77	%

表7-15 可选时间份额与同步跳转带宽

时间份额数	TSEG1	TSEG2	SJW	单位
10	6	3	2	t_q
12	8	3	2	t_q
14	9	4	3	t_q
16	**11**	**4**	**3**	t_q
18	12	5	3	t_q
20	14	5	3	t_q

注意，同一个网段的所有节点应采用相同的位定时参数，加黑部分参数为推荐使用参数。

7.6.2 总线错误处理问题与改进设计

CAN运行时难以避免会遇到各种错误干扰，从而导致CAN控制器自身的错误计数器发生累加。接收错误时，REC接收错误计数器就会累加；发送错误时，TEC发送错误计数器就会累加。

当CAN控制器的发送错误计数器TEC＞255时，CAN控制器进入Bus-Off状态，不能发送也不能接收，处于死机状态。许多用户为了避免这个状态，就在软件中做了Bus-Off后立即恢复的处理，这样会导致一旦节点真的出问题就无法退出总线，会持续影响其他节点正常通信，整个总线就瘫痪了。所以进入Bus-Off后，节点正确的处理模式有两种：快恢复处理模式和慢恢复处理模式。

(1) 快恢复处理模式流程

① 停止所有CAN通信100 ms；

② 100 ms过后立即复位CAN通道，清空发送和接收错误计数器；

③ 恢复 CAN 网络通信。

(2) 慢恢复处理模式流程

① 停止所有 CAN 通信 1 000 ms;

② 1 000 ms 过后立即复位 CAN 通道,清空发送和接收错误计数器;

③ 恢复 CAN 网络通信。

如图 7-37 所示,快恢复处理模式最多只允许连续执行 5 次,如果连续执行完 5 次快恢复处理后节点仍然进入 Bus-Off 状态,则必须执行慢恢复处理模式,直到故障解除。

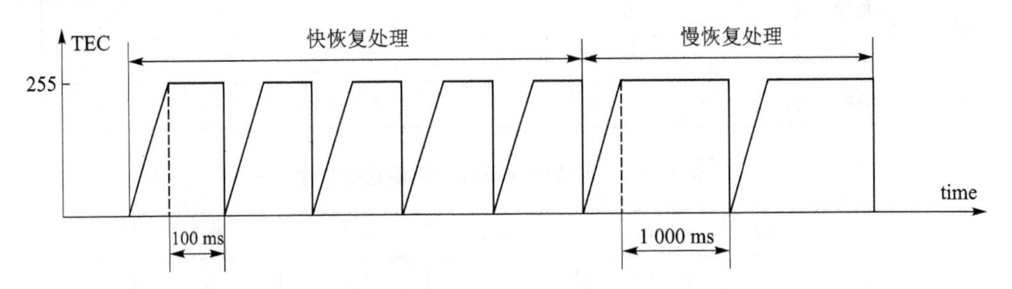

图 7-37 快慢恢复处理流程

在以下特殊情况时,可进行特殊处理:

① 对报文的实时性有很高要求,不允许报文重发场合时。

这种应用情况下应该使用 CAN 报文的单次发送,不允许重发,并且只要发送错误计数器或者接收错误计数器发生计数,则立即清空错误计数。

② 不允许接收丢帧场合时。

这种情况下不但 TEC 发送计数且计数到 255 要进行错误处理,而且 REC 接收错误计数器,而且若计数到 96(错误告警),也要等同于总线关闭进行错误处理。

7.6.3 驱动层收发丢失问题与设计

在 CAN 的数据收发中,经常会出现丢帧的问题,即传送的数据丢失。而导致这种现象的一般有两种原因:

① 总线发生错误,CAN 控制器进入错误被动(REC≥128),只能发送隐性错误帧。

在该状态下,设备依然可以正常参加总线通信,但在检测到错误时,设备将发送被动错误标志;被动错误标志不会影响总线,若此设备为接收节点,则无法让发送节点重发报文,会产生丢帧现象。同时,由于怀疑设备自身出现了问题,为了更加高效地利用总线,其他设备将优先于自己使用总线:处于被动错误状态的节点,帧间隔结束后,还要增加一个延迟传输段(8 个隐性位),结束才能传输数据,以使其他节点(没有延迟传输段)优先传输数据。

② 用户接收驱动处理不当,来不及取数,硬件缓冲区溢出丢帧。

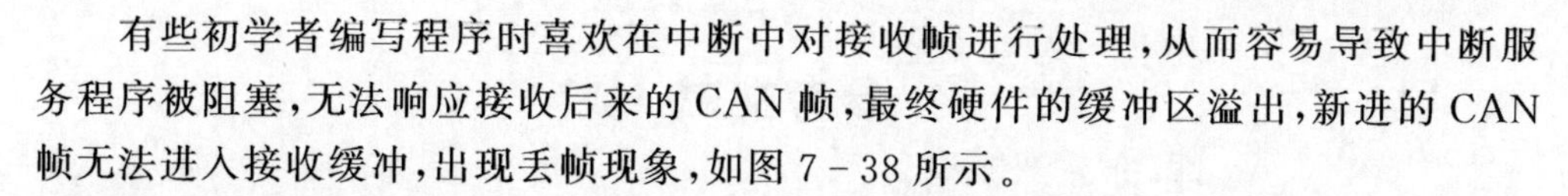

有些初学者编写程序时喜欢在中断中对接收帧进行处理，从而容易导致中断服务程序被阻塞，无法响应接收后来的CAN帧，最终硬件的缓冲区溢出，新进的CAN帧无法进入接收缓冲，出现丢帧现象，如图7-38所示。

```
void CAN_IRQHandler (void)
{
    unsigned char j;
    unsigned int CAN32reg,mes;
    unsigned int regaddr;

    /*
     * 最大CAN通道数为2，分别检测两个通道的中断
     */
    for(j=0;j<2;j++){

        regaddr = (unsigned long)(&LPC_CAN1->ICR)+j*CANOFFSET;
        CAN32reg=RGE(regaddr);

        if((CAN32reg&(1<<0))!= 0)                          /* RI 接收中断          */
        {

            if(j==0)
            {
                CANRCV(j, &MessageCAN0);                    /* 收到CAN0中断，接收帧    */

                MessageDetailT.LEN=MessageCAN0.LEN;
                MessageDetailT.FF=MessageCAN0.FF;
                MessageDetailT.CANID=MessageCAN0.CANID;
                MessageDetailT.DATAA=MessageCAN0.DATAA;
                MessageDetailT.DATAB=MessageCAN0.DATAB;
                CANSend(j, 1);
                regaddr = (unsigned long)(&LPC_CAN1->CMR)+j*CANOFFSET;
                mes=RGE(regaddr);
                mes |= (1<<2);                              /* 释放接收缓冲区        */
                RGE(regaddr)=mes;
            break;
            }
```

图7-38 在中断服务程序中严禁进行应用处理

正确的做法是：在中断服务程序中只对接收帧接收，并且压入软件在RAM中开辟的环形接收缓冲区中，等中断服务程序结束后，在主Main函数中对接收帧再进行应用处理。

参考文献

[1] Philips Semiconductors. CAN Specification Version 2.0 (Parts A and B). 1992.

[2] 徐工工程机械研究院. 徐工 XCB 总线通信系统技术规范. 2018.

[3] 广州周立功单片机发展有限公司. CAN 2.0 协议中文版. 2015.

[4] 广州致远电子有限公司. 群星系列 CAN 接口应用. 2009.

[5] https://github.com/XeiTongXueFlyMe/J1939.

[6] https://www.st.com/content/st_com/zh.html.

[7] 苏喜红. 基于 J1939 的汽车网络控制系统 CAN 高层协议设计与实现[D]. 哈尔滨:哈尔滨工业大学,2007.

[8] 姜周. J1939 汽车通信平台的设计与实现[D]. 杭州:浙江大学,2006.

[9] 李炎. 基于 ARM 的 CAN 总线与 J1939 协议应用与研究[D]. 桂林:桂林电子科技大学,2010.

[10] 美国机动车工程师学会. SAE J1939/71. 1996.

[11] 美国机动车工程师学会. SAE J1939-71 Database Report. 2001.

[12] 美国机动车工程师学会. SAE J1939-71 REVISED. 2006.

[13] 美国机动车工程师学会. SAE J1939-21 Revised. 2001.

[14] 美国机动车工程师学会. SAE J1939-73 Revised. 2004.

[15] 美国机动车工程师学会. SAE J1939 Issued. 2000.

[16] Philips Semiconductors. Data Sheet SJA1000,Stand-alone CAN Controller. 2000.